AutoUni – Schriftenreihe

Band 123

Reihe herausgegeben von/Edited by
Volkswagen Aktiengesellschaft
AutoUni

Die Volkswagen AutoUni bietet Wissenschaftlern und Promovierenden des Volkswagen Konzerns die Möglichkeit, ihre Forschungsergebnisse in Form von Monographien und Dissertationen im Rahmen der „AutoUni Schriftenreihe" kostenfrei zu veröffentlichen. Die AutoUni ist eine international tätige wissenschaftliche Einrichtung des Konzerns, die durch Forschung und Lehre aktuelles mobilitätsbezogenes Wissen auf Hochschulniveau erzeugt und vermittelt.

Die neun Institute der AutoUni decken das Fachwissen der unterschiedlichen Geschäftsbereiche ab, welches für den Erfolg des Volkswagen Konzerns unabdingbar ist. Im Fokus steht dabei die Schaffung und Verankerung von neuem Wissen und die Förderung des Wissensaustausches. Zusätzlich zu der fachlichen Weiterbildung und Vertiefung von Kompetenzen der Konzernangehörigen, fördert und unterstützt die AutoUni als Partner die Doktorandinnen und Doktoranden von Volkswagen auf ihrem Weg zu einer erfolgreichen Promotion durch vielfältige Angebote – die Veröffentlichung der Dissertationen ist eines davon. Über die Veröffentlichung in der AutoUni Schriftenreihe werden die Resultate nicht nur für alle Konzernangehörigen, sondern auch für die Öffentlichkeit zugänglich.

The Volkswagen AutoUni offers scientists and PhD students of the Volkswagen Group the opportunity to publish their scientific results as monographs or doctor's theses within the "AutoUni Schriftenreihe" free of cost. The AutoUni is an international scientific educational institution of the Volkswagen Group Academy, which produces and disseminates current mobility-related knowledge through its research and tailor-made further education courses. The AutoUni's nine institutes cover the expertise of the different business units, which is indispensable for the success of the Volkswagen Group. The focus lies on the creation, anchorage and transfer of knew knowledge.

In addition to the professional expert training and the development of specialized skills and knowledge of the Volkswagen Group members, the AutoUni supports and accompanies the PhD students on their way to successful graduation through a variety of offerings. The publication of the doctor's theses is one of such offers. The publication within the AutoUni Schriftenreihe makes the results accessible to all Volkswagen Group members as well as to the public.

Reihe herausgegeben von/Edited by
Volkswagen Aktiengesellschaft
AutoUni
Brieffach 1231
D-38436 Wolfsburg
http://www.autouni.de

Weitere Bände in der Reihe http://www.springer.com/series/15136

Jan Hasenpusch

Methodik zur Beurteilung eigenschaftsoptimierter Karosseriekonzepte in Mischbauweise

Jan Hasenpusch
Wolfsburg, Deutschland

Zugl.: Dissertation, Technische Universität Carolo-Wilhelmina zu Braunschweig, 2018

Die Ergebnisse, Meinungen und Schlüsse der im Rahmen der AutoUni – Schriftenreihe veröffentlichten Doktorarbeiten sind allein die der Doktorandinnen und Doktoranden.

AutoUni – Schriftenreihe
ISBN 978-3-658-22226-0   ISBN 978-3-658-22227-7   (eBook)
https://doi.org/10.1007/978-3-658-22227-7

Die Deutsche Nationalbibliothek verzeichnet diese Publikation in der Deutschen National-bibliografie; detaillierte bibliografische Daten sind im Internet über http://dnb.d-nb.de abrufbar.

Methodik zur Beurteilung eigenschaftsoptimierter Karosseriekonzepte in Mischbauweise

Von der Fakultät für Maschinenbau

der Technische Universität Carolo-Wilhelmina zu Braunschweig

zur Erlangung der Würde

eines Doktor-Ingenieurs (Dr.-Ing)

genehmigte Dissertation

von: M.Sc. Jan Hasenpusch

aus: Braunschweig

eingereicht am: 06.10.2017

mündliche Prüfung am: 14.02.2018

Vorsitz: Prof. Dr.-Ing. Klaus Dröder

Gutachter: Prof. Dr.-Ing. Thomas Vietor
                                                                 Prof. Dr.-Ing. Christian Weber

2018

*„The man with a new idea is a Crank
until the idea succeeds.",*
Mark Twain

Vorwort

Die vorliegende Dissertation entstand während meiner Tätigkeit in der Konzernforschung der Volkswagen AG und in enger Zusammenarbeit mit dem Institut für Konstruktionstechnik der Technischen Universität Braunschweig. Die in der Zeit und der Kooperation entstandenen Veröffentlichungen [HHV15, CHI$^+$15, HHV16a, HHV16b] fließen in das Ergebnis mit ein.

Mein Dank gilt Herrn Prof. Dr. Thomas Vietor für die wissenschaftliche Betreuung der Arbeit. Der regelmäßige konstruktive Austausch war eine wichtige Voraussetzung für das erfolgreiche Verfassen dieser Arbeit. Auch den Mitarbeitern des Instituts für Konstruktionstechnik gilt mein Dank für Ihre Unterstützung, stellvertretend sei hier Anja Cudok genannt.

Prof. Dr. Christian Weber danke ich für die Übernahme des Zweitreferats und den gemeinsamen fachlichen Austausch, vor allem zu seinem Ansatz des Characteristics-Properties Modelling, der als eine Grundlage für diese Arbeit dient.

Innerhalb der Volkswagen AG gilt neben den vielen Diskussionspartnern aus der Konzernforschung vor allem meinem Betreuer Dr. Andreas Hillebrand großer Dank für die inhaltliche Betreuung und persönliche Motivation. Darüber hinaus Danke ich allen Kollegen aus meiner Unterabteilung und meinen Vorgesetzten, dass Sie mir die Arbeit im Rahmen meiner Tätigkeit ermöglicht und mich aktiv unterstützt haben.

Aus den Fachbereichen und Marken der Volkswagen AG bedanke ich mich für das entgegen gebrachte Interesse an dem Thema und die vielen anregenden Diskussionen. Ebenso bedanke ich mich bei den vielen aktiven und ehemaligen Doktoranden des Volkswagen Doktorandenkollegs für ihre Unterstützung.

Für den Beitrag an meiner Arbeit danke ich den von mir betreuten Studenten Christoph Meyer, Joost Luscher, Tanja Restle, Bartosz Szydlowski, Florian Koch und Lennart Tasche für ihr hohes Engagement bei der Erarbeitung ihrer Abschlussarbeiten [Mey15, Lus15, Res16, Szy16, Koc16, Tas17], hauptsächlich im Rahmen der Umsetzung der Anwendungen. Gerhard-Johannes Meier und Nils Störmer danke ich für ihren Einsatz bei der Gestaltung weiterführender Prozesse [Mei17, Stö17].

Mein besonderer Dank gilt meiner Familie und meinen Freunden für ihre Unterstützung und ihren Verzicht. Ohne ihren Zuspruch wäre die Erstellung dieser Arbeit nicht möglich gewesen.

Ich widme die vorliegende Arbeit meinen Eltern Nela und Walter

und meiner Frau Swantje.

Vielen Dank!

Inhaltsverzeichnis

Abbildungsverzeichnis

Tabellenverzeichnis

Symbolverzeichnis

ρ_{BTk}	Materialdichte
A_{BTk}	Flächeninhalt des Bauteils
a_{FSh}	Länge der Fügestelle
$a_{FVa,Abstand}$	Abstand zwischen den Fügepunkten
$a_{FVa,Rand}$	Randabstand des Fügeverfahrens
A_j	Flächeninhalt zwischen zwei Querschnitten
a_j	Abstand zwischen zwei Querschnitten
A_{QSj}	Flächeninhalt eines Bauraums
$BTBR1$	Bauraum in 1-Richtung des Bauteils BT
$BTBR2$	Bauraum in 2-Richtung des Bauteils BT
$BTBR3$	Bauraum in 3-Richtung des Bauteils BT
g_{Kb}	Gewichtung eines Kriteriums
GW_{LVp}	Gewichteter Wert
GW_{max}	Maximal erreichbarer gewichteter Wert
l_{gesQSj}	Gesamtlänge zwischen den Punkten eines Querschnitts
l_i	Länge zwischen den Punkten
m_{BTk}	Gewicht des Bauteils
$m_{Differenz}$	Wertspanne gesamt
$m_{LVp,max}$	Maximaler Wert der Lösungsvarianten
$m_{LVp,min}$	Minimaler Wert der Lösungsvarianten
m_{LVp}	Gewicht einer Lösungsvariante Bauteils
$m_{Wertspanne}$	Wertspanne eines Wertebereichs
MK_{LVp}	Materialkosten einer Lösungsvariante
MP_M	Materialpreisen
$n_{FSh,P}$	Zahl der Fügepunkte je Fügestelle
n_{PSB}	Anzahl der Wertebereiche
$n_{Standard,LVp}$	Zahl der Fügestellen mit Standardfügeverfahren

NW_{LVp}	Nutzwert
P_i	Punkte i eines Querschnitts
$P_{LVp,Kb}$	Punkte für Lösungsvarianten eines Kriteriums
$p_{Standard,LVp}$	Zahl der Fügestellen mit Standardfügeverfahren
QS_j	Querschnitte j von 1 bis m
r_{BTk}	Verhältnis des ersten und letzten Querschnitts
t_{BTk}	Blechstärke
$t_{FSh,N}$	Prozesszeit Fügestelle mit Naht
$t_{FSh,P}$	Prozesszeit Fügestelle gepunktet
t_{FVa}	Prozesszeit des Fügeverfahrens
t_{LVp}	Fertigungszeit
v_{BTk}	Lage des Bauteilschwerpunktes
v_{QSj}	Position der Bauraumquerschnitte
$XBTQSj$	x-Position Referenzpunkt des Querschnitts j des Bauteils BT
X_{BTk}	Lage des Bauteilschwerpunktes in X
X_{LVp}	Lage des Fahrzeugschwerpunktes in X
$YBTQSj$	y-Position Referenzpunkt des Querschnitts j des Bauteils BT
$ZBTQSj$	z-Position Referenzpunkt des Querschnitts j des Bauteils BT

Abkürzungsverzeichnis

ADT	Axiomatic Design Theory for Systems
AF	Anforderung
AKT	Autogenetische Konstruktionstheorie
AP	Acidification Potential
BMBF	Bundesministerium für Bildung und Forschung
bzgl.	bezüglich
C	Characteristics (Merkmale)
C-K	Concept-Knowledge
CAD	Computer-Aided Design
CASE	Computer-Aided Software Engineering
CFK	Carbonfaserverstärkter Kunststoff
COSP	Co-Simulationsplattform
CP	Complexphasenstahl
CPM	Characteristics-Properties Modelling
DB	Datenbank
DBMS	Datenbankmanagementsystem
DCL	Data Control Language
DDL	Data Description Language
DF	Data Filtering
DML	Data Manipulation Language
DP	Dualphasenstahl
DRM	Digital Right Management
EAI	Enterprise Application Integration
EC	External Conditions (Äußere Randbedingungen
ERM	Entity-Relationship-Modell
EU	Europäische Union
FBS	Function-Behaviour-Structure

FEM	Finite-Elemente-Methode
GCIE	Global Carmanufactures Information Exchange
GUI	Graphical User Interface (Grafische Benutzeroberfläche)
GWP	Global Warming Potential
IDE	Integrated Development Environment
KBE	Knowledge Based Engineering
KBS	Knowledge Based System
KEA	Kumulierter Energieaufwand
KTL	Kathodische Tauchlackierung
LC	Life Cycle
LCA	Life Cycle Assessment
LCC	Life Cycle Costing
MBSE	Model Based Systems Engineering
MG	Magnesium
MLB	Modularer Längs Baukasten
MQB	Modularer Quer Baukasten
MVPE	Modell basierte virtuelle Produktentwicklung
NP	Nutrification Potential
NVH	Noise Vibration Harshness
NWA	Nutzwertanalyse
ODP	Ozon Depletion Potential
OHLF	Open Hybrid Lab Factory
ONT	OverNight-Testing (Programmname)
P	Properties (Ist-Eigenschaften)
PDD	Property-Driven Development
PDM	Produktdaten Management
PDP	Product Development Process
PL	Life-Cycle Properties (Lebenszyklus Eigenschaften)
PLM	Product Lifecycle Managament

PR	Required Properties (Geforderten Eigenschaften)
POCP	Photochemical Ozone Creation Potential
QBE	Query by Example
QUEL	Query Language
R	Relations (Beziehungen)
RE	Requierements Engineering
SgRP	Seating Reference Point
SQL	Structured Query Language
SysML	Systems Modeling Language
TCO	Total Cost of Ownership
TOTE	Test-Operate-Test-Exit
TRIP	Transformation Induced Plasticity Stahl
TWIP	TWinning Induced Plasticity Stahl
UML	Unified Modeling Language
VDL	View Definition Language
VBA	Visual Basic for Applications

Begriffsverzeichnis

Abfragesprache In der Datenbankentwicklung werden Abfragesprachen dazu verwendet, um mit Hilfe des DBMS auf die Datenbank zuzugreifen, z.B. SQL. Sie vereinen die Funktionen der Sprachen, über die das DBMS verfügt.

Analyse Mit Hilfe von Methoden und Werkzeugen auf Basis von Produktmodellen werden die, aus den Merkmalsausprägungen resultierenden, Eigenschaften untersucht. Dieser Schritt wird als Analyse im PDD bezeichnet. [VBWZ09]

Anthropometrie Unter dem Begriff Anthropometrie werden die Maße des Menschen verstanden. Sie sind für die Auslegung des Fahrzeugs von entscheidender Bedeutung. [GN06]

Architektur Die Architektur einer Anwendung beschreibt deren Aufbau. Weit verbreitet ist die Client/Server-Architektur. Die besteht aus der Applikation und einer Datensammlung. Die Applikation besteht wiederum einer Präsentationsschicht und einer Funktionalität. Dagegen beschreibt die Architektur des Gesamtsystems die Kopplung von Anwendungen untereinander und mit dem Prozess, bspw. per Taskflowsteuerung. [Vog06]

Attribut In einer relationen Datenbank bezeichnet ein Attribut, welche Eigenschaften und Merkmale in einer Tabelle aufgeführt werden. [Mei10]

Benchmarking Analysen eines Umfeldes werden als Benchmarking bezeichnet. Damit werden wichtige Kenngrößen in einem Umfeld identifiziert und miteinander verglichen. [Lin09]

Bestimmtheitsmaß Das Bestimmtheitsmaß gibt an, wie gut die funktionale Beziehung die tatsächliche Streuung bei einer Datenerhebung trifft. Es beschreibt damit die Güte des in der Regressionsanalyse ermittelten Zusammenhangs. [FKPT07]

Compiler Der Compiler übersetzt den in einer Programmiersprache geschriebenen Programmcode in eine von Maschinen lesbaren Code. [ULSA08]

Conjunction Conjunction beschreibt die Speicherung von neuem Wissen, das der Entwickler in seinem Wissensraum speichert, [HW03].

Datenbank Nach Schicker ist eine Datenbank *„eine Sammlung von Daten, die untereinander in einer logischen Beziehungen stehen und von einem eigenen Datenbankverwaltungssystem [...] verwaltet werden"*, [Sch14, S.3].

Derivat Tesch [Tes10] definiert ein Derivat als Karosserievariante innerhalb einer Produktfamilie. Außerhalb der Karosserie kann dies auch als Variante eines Fahrzeugs einer Produktfamilie gesehen werden. Auf die Karosserie bezogen hat der Volkswagen *Golf* das Derivat Volkswagen *Golf Variant*. Bezogen auf die Ausstattungen werden die Derivate des *Golf* mit *Highline*, *GTI* oder *R* bezeichnet.

Disjunction Disjunction bezeichnet das Transfer des Wissens von dem Wissensraum in den Konzeptraum zur Entwicklung von Lösungen, [HW03].

Eigenschaft Das Verhalten eines Produktes wird durch seine Eigenschaften beschrieben. Diese resultieren aus den Merkmalen und können daher nicht direkt beeinflusst werden. Eigenschaften sind bspw. Funktionen, Sicherheit, Kosten oder Umweltwirkungen, [VBWZ09].

Entität Im Rahmen der Datenbankentwicklung wird eine Entität als ein eindeutig identifizierbares Objekt definiert. Entitäten können Eigenschaften zugeordnet werden. [Sch14]

Entity-Relationship-Modell Die Beziehungen zwischen Entitäten und deren Eigenschaften werden in Entity-Relationship-Modellen dargestellt. Zum Beispiel können die Arten von Beziehungen und die abhängigen Eigenschaften visualisiert werden. Das Modell ist daher ein Hilfsmittel in der Datenbankentwicklung. [Sch14]

Eutrophierung Bei der Eutrophierung wird der Nährstoff-Eintrag mittels Phosphat beurteilt. Bezeichnet wird die Eutrophierung als Nutrification Potential (NP). [Her10]

Evaluation Nach der Sammlung aller Eigenschaften im PDD wird die Evaluation durchgeführt. Die Übereinstimmungen und Abweichungen der ermittelten im Vergleich zu den geforderten Eigenschaften werden in diesem Schritt festgestellt. [VBWZ09]

Explizites Wissen siehe Wissen.

Extreme Programming Extreme Programming bezeichnet, wie Scrum, ein Vorgehen der agilen Softwareentwicklung. Die Entwicklung folgt definierten Regeln und losgelöst von statischen Vorgehensmodellen, um agil auf neue Anforderungen reagieren zu können. [SBK14]

Fachbereich Auf Themen spezialisierte Organisationseinheiten und auch deren Zusammenschlüsse in einem Unternehmen werden u.a. als Fachbereich bezeichnet.

Gate Ein Gate ist ein Zeitpunkt im Entwicklungsprozess, an dem die erarbeiteten Informationen gesammelt werden und darauf basierend eine Entscheidung für den weiteren Verlauf der Entwicklung getroffen wird, [Coo88].

Hilfsmittel Ein Hilfsmittel ist ein Werkzeug, das bei der Methodenanwendung unterstützt, [Lin09].

Implizites Wissen siehe Wissen.

Integrationstechnologie Für die Kopplung von zwei Anwendungen gibt es unterschiedliche Integrationstechnologien, bspw. über ein weitere Präsentationsschicht oder die Anwendungserweiterung. [Vog06]

Knowledge Based Engineering (KBE) Im Entwicklungsprozess werden die eingesetzten Methoden und Hilfsmittel aus dem Wissensmanagement unter dem Begriff Knowledge Based Engineering (KBE) zusammengefasst, [VDI15].

Konzeptraum Der Konzeptraum umfasst in der C-K-Theory die Entwicklung von Lösungen, siehe Anhang A.1. Sie basiert auf dem Wissen aus dem Wissensraum durch den Entwickler. Bei der Entwicklung entsteht neues Wissen, das der Entwickler in seinem Wissensraum speichert. Dieser Prozess wird als Conjunction bezeichnet. [HW03]

Lösungsmuster Lösungsmuster sind bekannte Merkmalskombinationen. Dabei werden realisierbare und nicht realisierbare Lösungsmuster unterschieden. Ausschlaggebend dafür sind die Abhängigkeiten der Merkmale untereinander. Neue Lösungen entstehen nur, wenn Lösungsmuster auf eine neu miteinander kombiniert werden oder wenn neue Lösungsmuster entwickelt werden. [Web11]

Maßkonzept Ein Maßkonzept stellt die wesentlichen Maße eines Fahrzeuges dar. Es ist Bestandteil eines Fahrzeugkonzeptes und wird im Entwicklungsverlauf detaillierter ausgestaltet. [BS13]

Merkmal Die Gestalt eines Produktes wird durch seine Merkmale beschrieben. Diese definieren das Produkt durch Struktur, räumliche Anordnung der Komponenten, Formen, Abmessungen, Werkstoffe und Oberflächendaten. Diese Parameter kann der Konstrukteur direkt ändern, die Eigenschaften resultieren aus den Merkmalen, [VBWZ09].

Methode Eine Methode ist die *„Beschreibung eines regelbasierten und planmäßigen Vorge-hens, nach dessen Vorgabe bestimmte Tätigkeiten auszuführen sind, um ein gewisses Ziel zu erreichen"*, [Lin09, S.57].

Methodik *„Planmäßige Verfahrensweise zur Erreichung eines bestimmten Ziels nach ei-nem Vorgehensplan unter Einschluss von Strategien, Methoden, Werkzeugen und Hilfsmitteln."*, [Ehr09, S.694]

Middleware Middleware und Enterprise Application Integration (EAI)-Tools bezeichnen Integrationstechnologien zur Kopplung von Anwendungen. [Vog06]

Model Based Systems Engineering (MBSE) *„Model-based Systems Engineering ist die formalisierte Anwendung von Modellbildung, um die Aktivitäten der Anforderungser-fassung, Entwicklung, Verifikation und Validierung eines Systems, beginnend von der Konzeptphase, über die Entwicklungsphase bis zu späteren Lebenszyklusphasen zu unterstützen"*, [ERZ14, S.81].

Mittelflächenmodell In einem Mittelflächenmodell werden die Strukturen mit einer Fläche dargestellt. Diese liegt bezogen auf die Wandstärke einer Struktur in deren Mitte. Sind die Strukturen in einem Bereich überlappend, so werden die jeweils halben Wandstärken der Strukturen für die Positionierung der Mittelflächen zueinander verwendet.

Nummerierungskonvention Bei der Erstellung von Berechnungsmodellen werden bau-gruppenspezifische Nummerierungskonventionen berücksichtigt, um gezielt damit arbeiten zu können. Zum Beispiel können Baugruppen ausgetauscht und Ergebnisse gezielt ausgewertet werden.

Ontologie In Bezug auf semantische Netze werden die dort verwendbaren Begriffe und Beziehungen unter Ontologie zusammengefasst, [Con10].

Package Ein Package wird als „*[...] maßliches Zusammenspiel aller Baugruppen und Komponenten definiert [...]*", [BS13, S.131].

Photochemische Oxidantienbildung Über Ethen werden bei dem Photochemical Ozone Creation Potential (POCP) die Ausstöße an Photooxidantien zusammengefasst. [Her10]

Post-Prozessor In der FEM-Berechnung stellt ein Post-Prozessor „*die verformte Struktur sowie die Dehnungen und Spannungen in einer Struktur dar. Hierzu werden Farbfüllbilder benutzt, die sofort einen Überblick über die herrschenden Verhältnisse geben*", [Kle12, S.6].

Pre-Prozessor „*Die Aufgabenstellung des Pre-Prozessors ist die Generierung eines berechenbaren FE-Modells, d.h. die Erzeugung eines sinnvollen Netzes, Zuweisung der Elementdaten [...] und der Materialwerte [..] sowie Einbringung der Kräfte und Randbedingungen*", [Kle12, S.6].

Primär-Fremdschlüsselbeziehungen Mit Primär-Fremdschlüsselbeziehungen werden Daten in einer relationalen Datenbank miteinander in Beziehung gebracht. Auf diese Verbindungen greifen die Abfrageprozeduren zu. Sie wählen und kombinieren die Daten gezielt mit Hilfe algebraischer Operatoren. [Sch14, Kud15, Mei10]

Produktmodell Ein Produktmodell ist ein spezielles System (Teilsystem) zur Abstraktion eines komplexen realen Sachverhalts. Die Modellerstellung dient der transparenten Abbildung von Objekten, deren Zusammenhängen und ihrem Verhalten. Darunter fallen z.B. geometrische Modelle, deren Parameter miteinander verknüpft seien können und dann als parametrische Modelle definiert werden. Parametrische Modelle können auch Produktmodelle sein, die aus Formeln für die Abschätzung von Eigenschaften bestehen. [Ehr09, VBWZ09, FG13]

Prozess Lindemann definiert den Prozess als „*[...] ausgeführte Menge von Handlungen sowie deren Verknüpfung über Informations- und Materialflüsse, um ausgehend von einer Eingangssituation (Input) ein bestimmtes Ziel (Output) unter gegebenen Randbedingungen zu erreichen.*", [Lin09, S.334].

Regressionsanalyse Bei einer Regressionsanalyse werden Zusammenhänge zwischen zwei Parametern untersucht. Auf Basis einer Datenerhebung werden die Parameter mit funktionalen Beziehungen (Regressionen) beschrieben. Dafür existieren u.a. lineare und nicht lineare Funktionen. [FKPT07]

Requirement Engineering Die Anforderungsentwicklung beinhaltet die Tätigkeiten *Ermittlung, Ergänzung, Überprüfung, Dokumentation* und *Abstimmung* von Anforderungen bzw. Forderungen an ein Produkt, [FG13, ERZ14, Ste10, Neh14, VHH$^+$04].

Srum Scrum bezeichnet, wie Exterme Programming, ein Vorgehen der agilen Software-entwicklung. Die Entwicklung folgt definierten Regeln und losgelöst von statischen Vorgehensmodellen, um agil auf neue Anforderungen reagieren zu können. [SBK14]

Semantische Netze Semantische Netze bestehen aus Knoten und Kanten. Durch die Verbindungen von Knoten durch Kanten entsteht ein Netz, mit dem Objekte in Zusammenhang gebracht werden können. Die Kanten besitzen ein sinnbehaftete Bezeichnung. [Con10]

Solver Ein numerischen Gleichungslöser wird in der FEM als Solver bezeichnet. Er stellt Gleichungen aus Steifigkeit, Verschiebungen und Kräften aus dem Pre-Prozessor auf und löst sie bezüglich der Verschiebungen. [Kle12]

Stage Im Stage-Gate-Prozess nach Cooper wird unter Stage die Phase zwischen den Gates definiert. Sie dient der Erarbeitung der Informationen für die Gates. [Coo88]

Stakeholder Im Projektmanagement werden alle Projektbeteiligten als Stakeholder bezeichnet. Dazu gehören Personen, die durch das Ergebnis oder den Verlauf des Projektes betroffen sind. [DIN09a]

Strak Der Strak ist eine „mathematische Beschreibung der Designflächen", [BS13]. Er ist hauptsächlich Design-getrieben, da Exterieur und Interieur-Flächen beschrieben werden, [BS13].

Stratosphärischer Ozonabbau Das Ozone Depletion Potential (ODP) wird mit Triflourmethan analog zum GWP berechnet. [Her10]

Synthese Nach der Festlegung geforderter Eigenschaften werden daraus mittels Synthese Merkmale mit ihren möglichen Ausprägungen abgeleitet. Dieser Prozessschritt beinhaltet die Untersuchung von Beziehungen zwischen den geforderten Eigenschaften und den Merkmalen. [VBWZ09]

System Im Allgemeinen besteht ein System aus mehreren Elementen, die untereinander und auch mit der Umgebung in Wechselwirkung stehen. Diese Elemente liegen in den Systemen in einer Struktur vor und führen zu spezifischen System-Eigenschaften bzw. dem Verhalten eines Systems. In der Produktentwicklung werden bei jeder Modellerstellung und -untersuchung Systeme erstellt, um einen komplexen realen Sachverhalt zweckmäßig zu abstrahieren. Dieses Vorgehen ist notwendig, um Produkte und ihr Verhalten transparent abzubilden. Ein System besitzt eine Systemgrenze, die definiert welche Elemente das System umfasst. Je nach System sind Elemente auch Teilsysteme die wiederum aus zusammenhängenden Elementen bestehen. [Avg07, Ehr09, VBWZ09, FG13]

Systemmodell Ein spezifisches im MBSE zur Anwendung kommendes zentrales System. Es beinhaltet Aspekte *„der Anforderungen, der Struktur, des Verhaltens, der Parameter, des Kontexts, der Validierung und Verifikation oder anderer Charakteristiken"*, [ERZ14, S.84].

Tailored Products Halbzeuge mit variierender Wandstärke über ihren Verlauf werden als Tailored Products bezeichnet, [Fri13].

Task Ein Task beschreibt den kleinsten Teil eines Prozessschrittes, bei dem eine Anwendung ausgeführt wird. [Vog06]

Taskflowsteuerung Taskflowsteuerung bezeichnet das gemeinsame Ansteuern von Anwendungen für einen Prozessschritt. [Vog06]

Topologie Die Topologie wird als *„die Lage und Anordnung von Strukturelementen"* bezeichnet, [Sch13, S.219].

Treibhauseffekt Unter Global Warming Potential (GWP) werden die Ausstöße von Kohlendioxid, Methan etc. zusammengefasst und in die CO_2-Äquivalente umgerechnet. [Her10]

Tupel In einer relationen Datenbank bezeichnet ein Tupel den Datensatz eines Elements in Abhängigkeit der Attribute. [Mei10]

Versauerung Die Beeinflussung des pH-Wertes des Bodens wird in dem Acidification Potential (AP) bestimmt. Schwefeldioxid dient hier als Referenz. [Her10]

Vorgehensmodell Ein Vorgehensmodell beschreibt die Handlungsfolge und dient als Hilfe bei der Planung und Kontrolle von Prozessen, [Lin09].

Weltausschnitt In einer Datenbank werden Teile einer realen Welt dargestellt, diese werden als Weltausschnitt bezeichnet. [Kud15].

Wissen Wissen stellt vernetzte Informationen dar. Es gibt implizites und explizites Wissen. Implizites Wissen ist das persönliche Wissen einer Person. Es liegt in dem Kopf der Person vor, [Nor16]. Explizites Wissen ist nicht an Personen gebunden und liegt systematisch und formalisierbar vor, [VDI09b].

Wissensmanagement Wissensmanagement stellt und verwaltet Instrumente zur Steuerung, Entwicklung, Verteilung, Nutzung und Speicherung von Wissen unter strategischen und operativen Kriterien, [VDI09b, Fur14].

Wissensraum Der Wissensraum in der C-K-Theory umfasst das implizite Wissen des Entwicklers. Mit diesem entwickelt er im Konzeptraum Lösungen, genannt Disjunction, [HW03].

Workflowsteuerung Bei der Workflowsteuerung werden vom Prozess ausgehend die Anwendungen zentral angesteuert. [Vog06]

Inhaltsangabe

Restriktive Anforderungen von verschiedenen Stakeholdern, der steigende Wettbewerbs-druck und die zunehmende Digitalisierung im Fahrzeug erhöhen die Komplexität von Produktentwicklungsprozessen. Zielkonflikte drohen erst spät entdeckt zu werden. Das führt zu unerwünschten und teuren Iterationsschleifen, die vermieden werden können, wenn die Produktentwicklungsprozesse effizienter und effektiver gestaltet werden. Insbesondere in der frühen Phase ist das Informationsdefizit groß und die Gefahr gegeben, Zielkonflikte nicht wahrnehmen zu können. Mit Hilfe von Model Based Systems Engineering (MBSE) und Knowledge Based Engineering (KBE) haben bereits viele Konzepte versucht, einen Beitrag zur Effektivität und der Effizienz im Produktentwicklungsprozess zu leisten. Verschiedene Randbedingungen verhindern oft diesen Beitrag oder der Fokus liegt nur auf KBE oder MBSE.

Die vorliegende Arbeit beschreibt die Entwicklung einer Methodik zur schnellen und ganz-heitlichen Beurteilung der Auswirkung von Parametervariationen auf die Eigenschaften und Merkmale eines Produktes, am Beispiel von Karosseriekonzepten. Die Entwicklung wird systematisch unter Berücksichtigung von MBSE und KBE durchgeführt, um die Komplexität zu beherrschen und die Vorteile beider Strategien in der frühen Phase zu nutzen. Das Vorge-hen wird von der Planungs- über die Entwicklungs- bis zur Validierungsphase beschrieben und Konzepte zur Einführung und der Verwaltung, Pflege und Aktualisierung werden ent-worfen. Die Grundlage ist eine Erweiterung des Characteristics-Properties Modelling (CPM) und Property-Driven Development (PDD). Daraus resultiert eine Methodik, die aus den Pro-zessschritten Synthese, Analyse und Evaluation besteht, die in einem MBSE-Gesamtsystem, bestehend aus wissensbasierten Teilsystemen, ablaufen. Karosseriekonzepte werden aus geforderten Eigenschaften generiert, analysiert und ganzheitlich bewertet.

Schlüsselworte

Methodik, Karosseriekonzepte, Synthese, Analyse, Evaluation, Merkmale, Eigenschaften

Abstract

Restrictive requirements from different stakeholders, the rising competitive pressure and increasing digitalisation in the vehicle raise the complexity of product development processes (PDP). Goal conflicts tend to be discovered late. That leads to unwanted and expensive iterative cycles which can be avoided if product development processes are designed more efficiently and more effectively. Especially in the early stages the information deficit is large and there is the risk of not being able to discover goal conflicts. With the aid of Model Based Systems Engineering (MBSE) and Knowledge Based Engineering (KBE) many concepts contribute to increasing the effectiveness and the efficiency in the PDP. Different constraints often prevent this contribution or focus solely on KBE or MBSE.

The present work describes the development of a methodology for the rapid and holistic assessment of the effect of parameter variations on the properties and characteristics of a product, at the example of vehicle body concepts. The development is carried out systematically with regard to MBSE and KBE in order to handle the complexity and also to use the advantages of both strategies at an early stage. The procedure is described from the planning through the development up to the validation phase and concepts for the implementation, the management, the care and the updating are composed. The basis is an enlargement of the Characteristics-Properties Modelling (CPM) and the Property-Driven Development (PDD). The result is a methodology based on the process steps of synthesis, analysis and evaluation which use a full MBSE-system, consisting of knowledge based subsystems. Vehicle body concepts are generated from the required properties, analyzed and evaluated holistically.

Keywords

Methodology, Body concepts, Synthesis, Analysis, Evaluation, Characteristics, Properties

1 Einleitung

Seit Beginn der Automobilindustrie beeinflussen Anforderungen unterschiedlicher Stakeholder und neue Technologien den Entwicklungsprozess von Fahrzeugen, [BS13]. Die Eigenschaften und Merkmale der Fahrzeuge werden im Entwicklungsprozess grundlegend unter Berücksichtigung der potentiellen Kundenzielgruppe sowie der gesetzlichen und unternehmensspezifischen Randbedingungen festgelegt. Am Ende des Prozesses beschreibt eine endgültige Merkmalskombination die Fahrzeuggestalt aus Positionen der Bauteile, deren Geometrien, Materialien und Oberflächenbeschaffenheit. Die endgültige Kombination der Merkmalsausprägungen führt zu den tatsächlichen Eigenschaften des Fahrzeugs, wie bspw. dem Fahr- und Crashverhalten. Die aktuelle Fahrzeugentwicklung steht u.a. im Fokus eines zunehmenden Umweltbewusstseins, hoher Sicherheitsanforderungen, zunehmender Komfort- und Qualitätsansprüche sowie der Digitalisierung, [Wed15]. Innerhalb dieser Themenfelder kommt es bei der Festlegung der Eigenschaften und Merkmale im Entwicklungsprozess zu Zielkonflikten, [BS13]. Restriktive Umweltgesetzgebungen geben Anlass, leichtere Fahrzeuge zu entwickeln. Zugleich nehmen die Sicherheitsanforderungen zu. Bei der Festlegung der Eigenschaften muss zusätzlich die Wirtschaftlichkeit für den Kunden und für das Unternehmen berücksichtigt werden, [ELK07]. Neue Werkstoffe und Fertigungstechnologien für die Mischbauweise von Stahl, Aluminium und Magnesium sowie Kunststoffen vergrößern den bisher möglichen Lösungsraum in der Entwicklung von Karosserien in der Großserie, sodass eine Fertigung neuer Lösungen mit leichteren Karosserien möglich ist, [Sie14]. Der Einbau zusätzlicher Komponenten für Komfort und Digitalisierung erhöht das Fahrzeuggewicht und treibt damit das Thema Leichtbau weiter an. Die Herausforderungen der Mischbauweise führen zusammen mit der Diversifikation der Fahrzeugsegmente und dem Wettbewerbsdruck durch die Konkurrenz zu komplexen und verkürzten Entwicklungsprozessen, [BS13, Sch12]. Der Abstimmungsaufwand zwischen den Entwicklungsprozessen der unterschiedlichen Komponenten wird weiter erhöht. Auch die Randbedingungen des automatisierten Fahrens beeinflussen die Fahrzeugentwicklung und ermöglichen neue Lösungen in allen Fahrzeugbereichen, [BS13]. Die Festlegung der Eigenschaften und Merkmale eines Fahrzeugs ist dabei unter ganzheitlicher Betrachtung aller Randbedingungen eine große Herausforderung, die mit methodischer Unterstützung besser bewältigt werden kann. Infolgedessen wird in dieser Arbeit eine Methodik entwickelt, die mit ihrem Prozess und ihrer ganzheitlichen Betrachtung der Zusammenhänge von Eigenschaften und Merkmalen die Effektivität und Effizienz im Entwicklungsprozess steigert.

Zur Festlegung und Überprüfung der Eigenschaften und Merkmale werden im Entwicklungsprozess verschiedene Analysen mit unterschiedlichen Produktmodellen eingesetzt, bspw. CAD-Modelle zur Abbildung der Geometrie oder FEM-Modelle zur Berechnung von Steifigkeiten. Diese unterscheiden sich je nach Zielstellung und Position im Entwicklungsprozess in der Art, dem Detaillierungsgrad und der Systemgrenze. Für die Überprüfung der Insassenpositionierung genügen am Anfang der frühen Phase des Entwicklungsprozesses z.B. grobe Proportionen und Hauptmaße des Fahrzeugs. Im späteren Verlauf werden

© Springer Fachmedien Wiesbaden GmbH, ein Teil von Springer Nature 2018
J. Hasenpusch, *Methodik zur Beurteilung eigenschaftsoptimierter Karosseriekonzepte in Mischbauweise*, AutoUni – Schriftenreihe 123, https://doi.org/10.1007/978-3-658-22227-7_1

detailliertere Produktmodelle für die Untersuchung von Bedienung, Ergonomie und Sichtanforderungen mit hohem Aufwand erstellt. Für die Überprüfung von Sicherheitsforderungen, wie z.b. dem Crash-Verhalten müssen wiederum die Bauräume und Strukturen vorliegen. Die Herausforderung ist hierdurch die Abstimmung des Informationsflusses zwischen den Analysen, deren zugrunde liegenden Produktmodellen und der Zusammenführung der Ergebnisse, [FG13]. Die Ergebnisse dienen als Grundlage für die Entscheidung über die Eigenschaften und Merkmale des Produktes. Um den Entwicklungsprozess effektiv und effizient durchführen zu können, ist es notwendig, die Analysen und deren Produktmodelle aufeinander abzustimmen, [FG13].

Bei der Entwicklung neuer Produkte resultieren Zielkonflikte aus grundlegenden Eigenschaftsforderungen, ohne die endgültigen Merkmale, wie die Produktgestalt, zu kennen, [SR08]. Dieses Informationsdefizit besteht hauptsächlich am Anfang des Entwicklungsprozesses und wird durch die Analysen im Entwicklungsprozess aufgearbeitet. Auch bei in der Automobilindustrie häufig angewandten Anpassungskonstruktionen (Conversion Design) sind die Parameteränderungen mit unbekannten Auswirkungen auf die Eigenschaften und Merkmale verbunden. Werden dabei Zielkonflikte entdeckt, müssen basierend auf den verfügbaren Informationen Parameter angepasst werden. Das führt zu Wiederholungen der Analysen mit angepassten Randbedingungen, um die Auswirkungen abzuschätzen und so die Grundlage für die Entscheidungen im Entwicklungsprozess zu liefern. Es handelt sich um einen iterativen und durch die unterschiedlichen Analysen und Produktmodelle komplexen und aufwendigen Prozess. Die Iterationsschleifen führen zu einer Verzögerung in der Entwicklung, liefern jedoch neue Informationen und erhöhen somit die Entscheidungssicherheit. Mit der zeitlichen Komponente nehmen die Entwicklungskosten zu, siehe Abbildung 1.1. Das mündet in lange und teure Entwicklungsprozesse, die der strategischen Ausrichtung und den Zielen jedes Unternehmens widersprechen, [WFO09].

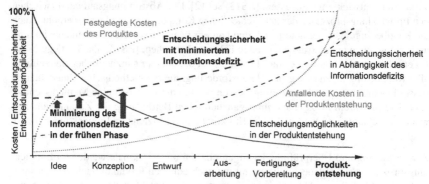

Abbildung 1.1: Auswirkungen des Informationsdefizits in der frühen Entwicklungsphase auf die Entscheidungssicherheit und Kosten im Entwicklungsprozess; eigene Darstellung in Anlehnung an [ELK07, Neh14]

In einem Entwicklungsprozess sollen die Qualitätsziele in einer vorgegebenen Zeit erreicht werden. Iterationen sind für diese Zielerreichung notwendig. Mit jeder Entwicklungsschleife werden Zeit und Kosten gesteigert, deswegen sind sie effektiv und effizient durchzuführen. Eine Iteration scheitert vor allem an zu wenigen Informationen. Je mehr Wissen in einer Iteration generiert und zielgerichtet für Entscheidungen aufbereitet werden kann, desto weniger Iterationen sind notwendig, um das gleiche Ziel zu erreichen. In der Literatur werden verschiedene Strategien zur Optimierung des Prozesses vorgestellt. Das Simultaneous Engineering steht für die Parallelisierung einzelner Schritte im Entwicklungsprozess, [Coo14]. Für eine erfolgreiche Umsetzung müssen die Prozessschritte im Vorhinein abgestimmt werden. Das führt zwangsläufig zur Abstimmung der Analysen und der zugrunde liegenden Produktmodelle untereinander. Unter dem Begriff Model Based Systems Engineering (MBSE) werden die verwendeten Produktmodelle im Zusammenhang betrachtet, [ERZ14, BS13]. Ziel des MBSE ist die Verwendung eines zentralen Systemmodells zur Steuerung und Abstimmung aller weiteren Teilmodelle. Neben dem MBSE ist das Wissensmanagement ein wesentlicher Erfolgsfaktor. Wissen wird u.a. zur Erstellung von Produktmodellen benötigt. Die Anwendung von wissensbasierten Modellen dient der Verteilung und Nutzung von Wissen. Im Produktentwicklungsprozess wird das als Knowledge Based Engineering (KBE) bezeichnet.

Aus den Strategien MBSE und KBE wurden Konzepte zur Steigerung der Effektivität und der Effizienz im Produktentstehungsprozess entwickelt. Die Effektivität betrifft die Abfolge eines Prozessablaufes, u.a. geht es darum *was* getan wird, [Ehr09]. Bei der Effizienz geht es darum, *wie* es getan wird, [Ehr09]. Die Konzepte betreffen zum Großteil beide Punkte, da nur eine Symbiose aus beidem eine ganzheitliche Optimierung des Prozesses zur Folge hat. Die Art der Konzepte reicht von theoretischen Ansätzen über umgesetzte Tools bis hin zu implementierten Systemen. Moses [Mos14], Wiedemann [Wie14], Kuchenbuch [Kuc12], Prinz [Pri10] und Hahn [Hah17] beschäftigen sich mit der Abschätzung von Eigenschaften in Abhängigkeit von Merkmalen mit Hilfe spezifischer Produktmodelle. Sie schließen aus Eigenschaften auf erste grundlegende Merkmale wie Proportionen für neue Fahrzeugkonzepte und Packages für Elektrofahrzeuge. Darüber hinaus stellt Böhme [Böh04] einen methodischen Ansatz zur Produktmodellierung mit hierarchischer Parameterstruktur vor. Die Schnittstelle zwischen den Produktmodellen und der Parameterhierarchie muss genau definiert werden, sodass Produktmodelle parametrisch modelliert werden können. Die Automatisierung des Prozesses wird bei bestehender Produktstruktur erleichtert. Notwendige Änderungen bei der Planung, z.B. der Bauweise für ein neues Produkt, sind damit jedoch aufwendig. Münster et al. [MSSF16] zeigen in dem aus ihrem Konzept abgeleiteten Prozess ebenfalls, wie aufeinander abgestimmte Produktmodelle miteinander gekoppelt werden können. In ihrem zweiphasigen Prozess liegt der Fokus auf der Entwicklung einer Karosserie eines kleinen Elektrofahrzeugs. Die Wiederverwendbarkeit der Produktmodelle für einen schnellen Konzeptvergleich ist aufgrund des hohen manuellen Aufwands zwischen den Prozessschritten nicht gewährleistet. Für einen hohen Detaillierungsgrad sind die Produktmodelle aufeinander abzustimmen und variabel zu gestalten. Das beeinflusst die Automatisierbarkeit der auf den jeweiligen Konzepten aufbauenden Prozesse. [Böh04]

Die genannten Konzepte zur Effektivitäts- und Effizienzsteigerung können auf grundlegende Beschreibungen eines Produktentwicklungsprozesses bezogen werden. Neben den Theorien von Bercsey und Vajna [VBWZ09], Suh [Suh98], Hatchuel und Weil [HW03] und Gero und Kannengießer [GK07] ist das Characteristics-Properties Modelling (CPM) von Weber [Web11] zur Einordnung der Konzepte geeignet. Die Anwendung des CPM erfolgt unter dem Begriff Property-Driven Development (PDD) in den Schritten Synthese, Analyse und Evaluation. Sie beschreiben die grundlegenden und wiederkehrenden Abläufe im Entwicklungsprozess.

Die auf geforderten Eigenschaften bestehende Merkmalsfindung (Synthese) findet bei vielen in der Literatur beschriebenen Konzepten getrennt von der Analyse und Evaluation statt. Der Datenaustausch mit anderen Produktmodellen im Entwicklungsprozess wird nicht beachtet, sodass das jeweils entwickelte System nicht kompatibel mit bestehenden Entwicklungsprozessen ist. Der manuelle Aufwand und der Nutzen stehen selten in einem akzeptablen Verhältnis. Durch den manuellen Datenaustausch geht zudem Wissen verloren. Eine Parametrik innerhalb eines Teilmodells stellt die Speicherung von Wissen dar. Sind keine Schnittstellen vorhanden, werden die Teilsysteme manuell gekoppelt und Iterationen sind nur mit hohem Aufwand möglich. Die Informationen können zudem im weiteren Verlauf verloren gehen, daraus können Fehlentscheidungen folgen. Das Problem tritt bei jeder Iterationsschleife erneut auf. Die Integration der Konzepte in bestehende Entwicklungsprozesse ist daher oft fraglich. Zusammengefasst wird der Beitrag der Konzepte zur Effektivitäts- oder Effizienzsteigerung des Entwicklungsprozesses als fraglich eingestuft. Viele Konzepte sind deshalb nur für spezifische Fragestellungen zur eingeschränkten Beurteilung von Parametervariationen einsetzbar.

1.1 Ziel der Arbeit

Ziel der vorliegenden Arbeit ist die Entwicklung einer Methodik zur Effektivitäts- und Effizienzsteigerung im Entwicklungsprozess, indem Informationen zu einem früheren Zeitpunkt generiert, Entscheidungen fundiert getroffen und Iterationsschleifen reduziert werden. Dazu werden Systeme in einem Prozess miteinander verknüpft, sodass eine schnelle und ganzheitliche Beurteilung der Auswirkungen von Parametervariationen auf die Eigenschaften und Merkmale eines Produktes ermöglicht wird. Die Methodik fokussiert die frühe Konzeptphase, da hier das Informationsdefizit hoch ist. Sie wird unter Berücksichtigung des KBE und MBSE konzipiert, umgesetzt und validiert. Die Entwicklung von Karosseriekonzepten dient als Beispiel. Mit wenigen geforderten Eigenschaften sollen herstellbare Karosseriekonzepte generiert und anschließend deren Eigenschaften analysiert und evaluiert werden, sodass die Konzepte frühzeitig virtuell abgesichert werden.

Abbildung 1.2: Übersicht der zu entwickelnden Methodik mit dem grundlegenden Prozess und dessen Ein- und Ausgabedaten; eigene Darstellung

Parametervariation werden in einem wissensbasierten, mit Produktmodellen verknüpften, Systemmodell in Anlehnung an das MBSE durchgeführt, sodass die Auswirkungen schnell und ganzheitlich ermittelt werden können. Ergebnisse werden bewertet und zur Entscheidungsgrundlage im Entwicklungsprozess aufbereitet. Das zugrunde liegende Gesamtsystem aus System- und Produktmodellen wird modular umgesetzt und automatisiert, sodass Iterationen möglich sind und das entscheidende Wissen weitergegeben werden kann. Die vorliegende Arbeit fokussiert den Ansatz des CPM und erweitert ihn. Darauf aufbauend werden unter Berücksichtigung der Strategien KBE und MBSE die Prozessschritte Synthese, Analyse und Evaluation und ein darauf abgestimmtes Gesamtsystem entwickelt.

Basierend auf geforderten Eigenschaften werden Merkmalsbereiche für die Produktgestalt definiert, Lösungsvarianten abgeleitet und die Eigenschaften ermittelt, siehe Abbildung 1.2. Die Ergebnisse werden aufbereitet, sodass der Anwender für seine Eingaben die Auswirkungen der Parametervariationen beurteilen kann.

1.2 Aufbau der Arbeit

Ausgehend von dieser Aufgabenstellung wird in Kapitel 2 der Stand der Forschung und Technik vorgestellt. Ein Produktentwicklungsprozess wird zunächst allgemein beschrieben. Das CPM von Weber [Web11] wird thematisiert. Außerdem wird der Umgang mit Anforderungen und Eigenschaften sowie Methoden und Hilfsmitteln im Produktentwicklungsprozess beschrieben. Am Ende des Kapitels werden Strategien zur Effektivitäts- und Effizienzsteigerungen von Produktentwicklungsprozessen vorgestellt. Dazu zählen Wissensmanagement, KBE und MBSE. In der Literatur bekannte Konzepte werden in diesem Zusammenhang diskutiert.

In den folgenden Kapiteln wird in einem ersten Schritt der Handlungsbedarf aus der Diskussion der Konzepte und der Betrachtung der Strategien abgeleitet. Weitere Ziele und das Vorgehen werden abgeleitet. Im Rahmen des KBE und MBSE wird eine Methodik geplant, siehe Kapitel 3. Daraus resultiert ein Prozess, der am Ende des Kapitels grundlegend ausgearbeitet ist und zur Detaillierung weiteres Wissen benötigt, welches ebenso identifiziert wird.

Die Entwicklungsphase der Methodik beginnt mit der Erhebung, Analyse und Strukturierung des benötigten Wissens, siehe Kapitel 4. Damit kann der Prozess der Methodik ausdetailliert werden, siehe Kapitel 5. Die Prozessschritte werden in Anwendungen umgesetzt und in ein Gesamtsystem zur Implementierung der Methodik eingebunden, siehe Kapitel 6. Diese Anwendungen und das Gesamtsystem werden in Kapitel 7 validiert.

Zur Implementierung, Verwaltung und Pflege der Anwendungen und des Gesamtsystems werden in Kapitel 8 Lösungen erarbeitet.

Abschließend werden die Ergebnisse in Kapitel 9 zusammengefasst. Ergebnisse und Vorgehen werden kritisch gewürdigt und künftige Potentiale aufgezeigt. Der Aufbau der Arbeit ist in Abbildung 1.3 dargestellt.

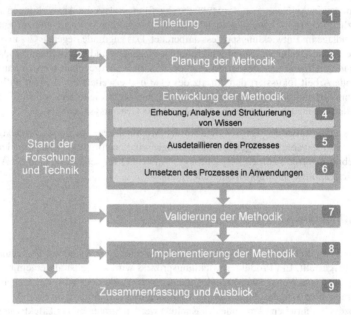

Abbildung 1.3: Überblick des Aufbaus der vorliegenden Arbeit mit den Kapiteln 1 bis 9; eigene Darstellung

2 Stand der Forschung und Technik

Das Fahrzeug selbst und dessen Entwicklungsprozess stehen im Fokus von Umweltbewusstsein, Sicherheitsanforderungen, Komfort- und Qualitätsansprüchen sowie Digitalisierung. Um diese Anforderungen zu erfüllen, werden vermehrt zusätzliche Komponenten eingebaut. Das erhöht das Fahrzeuggewicht und wiederum den Verbrauch. Dem soll das Entwicklungsziel Fahrzeugleichtbau entgegen wirken, [Fri13, BS13]. Neben den einzelnen Komponenten u.a. für Komfort, dem Antrieb und dem Fahrwerk besitzt die Karosserie hierbei großes Potential. Sie trägt den größten Gewichtsanteil im Fahrzeug, [Sah11]. Abgesehen von der grundlegenden Eigenschaft, Fahrzeug-Komponenten miteinander zu verbinden, werden weitere von der Karosserie verlangt: Technische Forderungen zur Aufnahme statischer und dynamischer Lasten bzgl. Fahrdynamik und Insassensicherheit werden durch Zielvorgaben, die die Wirtschaftlichkeit und Umwelt betreffen, ergänzt, [GN06, BS13].

Zur optimalen Auslegung der Karosserie müssen die Forderungen an die Eigenschaften im Entwicklungsprozess ganzheitlich betrachtet werden. Unter den zeitlichen Randbedingungen eines Entwicklungsprozesses stellt dies vor allem in der frühen Phase eine große Herausforderung dar. Änderungen von Maßen oder Materialien haben unbekannte Auswirkungen auf die erreichbaren Eigenschaften der Fahrzeugkarosserie und müssen im Entwicklungsprozess validiert werden. Führen die anfangs definierten Parameter nicht zu den geforderten Eigenschaften, müssen diese erneut variiert und anschließend validiert werden. Das Defizit an Informationen über die Zusammenhänge der Variationen von Merkmalen und Eigenschaften führt zu Iterationsschleifen, die den Entwicklungsprozess verzögern, um die Qualitätsziele zu erreichen. Zur Effektivitäts- und Effizienzsteigerung werden in vielen bekannten Konzepten Strategien des Knowledge Based Engineering (KBE) und des Model Based Systems Engineering (MBSE) verwendet, um Produktmodelle über eine Parametrik aufzubauen und Wissen zu implementieren. Die Systeme sind oft unflexibel und die Produktmodellerstellung ist selten mit der Analyse oder mit einer anschließenden Bewertung der Ergebnisse, wie im MBSE empfohlen, verknüpft. Das hat zur Folge, dass die Konzepte nicht effektiv eingesetzt werden können. Zudem wird bei vielen Konzepten der Datenaustausch mit anderen Produktmodellen im Entwicklungsprozess nicht beachtet und das Beziehungssystem nicht darauf angepasst. Findet der Datenaustausch nicht statt, geht Wissen im Prozess verloren.

Für eine anwendbare Methodik zur Effektivitäts- und Effizienzsteigerung ist daher die Kenntnis des umgebenden Entwicklungsprozesses von entscheidender Bedeutung. Ausgehend von allgemeinen Produktentstehungsprozessen wird deshalb in Kapitel 2.1 auf fahrzeugspezifische Entwicklungsprozesse eingegangen und diese im Rahmen des Stage-Gate-Prozesses von Cooper [Coo14] beschrieben. In dem Kapitel werden die Begriffe Systeme, Modelle und Prozesse erläutert. Von mehreren Ansätzen zur Beschreibung des Entwicklungsprozesses wird insbesondere das Characteristics-Properties Modelling (CPM) von Weber [Web11] vorgestellt, um den Zusammenhang von Eigenschaften und Merkmalen mit weiteren Randbedingungen spezifisch darstellen zu können.

© Springer Fachmedien Wiesbaden GmbH, ein Teil von Springer Nature 2018
J. Hasenpusch, *Methodik zur Beurteilung eigenschaftsoptimierter Karosseriekonzepte in Mischbauweise*, AutoUni – Schriftenreihe 123,
https://doi.org/10.1007/978-3-658-22227-7_2

Des Weiteren wird der Umgang mit Anforderungen und Eigenschaften im Requirement Management beschrieben, vgl. Kapitel 2.2. Für die Arbeitsschritte der Ideengenerierung und Bewertung sowie Auswahl werden Methoden und Hilfsmittel in Kapitel 2.3 vorgestellt. Diese können bei der Planung, Entwicklung und Umsetzung der Methodik zum Einsatz kommen sowie zu deren Bestandteil werden.

Das Kapitel 2.4 thematisiert die oben beschriebenen Strategien zur Steigerung der Effektivität und der Effizienz im Produktentwicklungsprozess. Darunter sind Wissensmanagement, KBE und MBSE zu finden. Ausgehend von den Strategien werden Konzepte zur Steigerung von Effektivität und der Effizienz diskutiert.

Abbildung 2.1: Gliederung des zweiten Kapitels; eigene Darstellung

2.1 Produktentwicklungsprozesse

Die Entwicklung innovativer Produkte ist eine wichtige Grundlage für ein erfolgreiches Wirtschaftsunternehmen, [PL11, Lin09]. Diese Entwicklung kann nur zum Erfolg führen, wenn neue Einflussbereiche berücksichtigt und die Bedürfnisse der Kunden erfüllt werden, [FG13, PL11]. Die Digitalisierung ist ein Beispiel für einen neuen Einflussbereich, der die Komplexität des Produktes weiter steigert. Um der Komplexität gerecht zu werden und die Produktentwicklung gleichzeitig rentabel für ein Unternehmen zu gestalten, wird auf bewährte Vorgehensweisen zurück gegriffen, [PL11, Lin09]. Sie sind auf die Produkte und Organisationsstruktur des Unternehmens spezifiziert und unterliegen vorgeschriebenen Regeln. Die Unternehmen haben deshalb eigene Produktentwicklungsprozesse. Sie werden regelmäßig überprüft und angepasst, um neue Einflussbereiche und weiterentwickelte Methoden und Hilfsmittel zu berücksichtigen, [PL11, VBWZ09].

Das Ziel der Produktentwicklung ist die Gestaltung eines innovativen und herstellbaren Produktes. Von der Produktidee bis hin zu den Herstellungs- und Nutzungsunterlagen werden mehrere Phasen durchlaufen: Vom Planen und Klären der Aufgabenstellung über das Konzipieren, das Entwerfen und das Ausarbeiten werden in vielen Schritten Lösungsideen generiert, detailliert, bewertet, ausgewählt und verbessert, [FG13]. Die Richtlinie 2221 vom Verein Deutscher Ingenieure (VDI) aus dem Jahr 1993 empfiehlt dafür eine Vorgehensweise, [VDI93]. Das Münchner Vorgehensmodell [Lin09] ist ein weiteres Beispiel. Im Allgemeinen startet die Entwicklung mit der Aufgabe und davon ausgehend mit der Definition von Anforderungen an das Produkt, [FG13]. Das Produkt ist so zu gestalten, dass die geforderten Eigenschaften und Funktionen erfüllt werden, [VBWZ09]. Um die Abhängigkeiten zwischen der Produktgestalt und den Eigenschaften beurteilen zu können und die Merkmale des Produktes entsprechend festzulegen, werden Produktmodelle eingesetzt, siehe Kapitel 2.1.1. Sie stellen einen abstrahierten Ausschnitt der Realität dar und verringern die Komplexität eines Produktes, [VBWZ09]. Basierend auf Produktdaten und -modellen können Analysen durchgeführt werden, um die Merkmale eines Produktes festzulegen, zum Beispiel geometrische Abmessungen oder Materialien. In jedem Prozessschritt entstehen neue Informationen, die anderen Produktmodellen als Eingangsdaten dienen. Mit ihnen kann das Verhalten des Produktes detaillierter beurteilen werden, [FG13]. Darauf aufbauend werden die Merkmale eines Produktes festgelegt, sodass die Produktgestalt detailliert wird, [VBWZ09].

Ein Produktentwicklungsprozess ist ein informationsverarbeitender Prozess. Unternehmen versuchen, den Informationsfluss und die Qualität der Informationen gezielt zu steuern. Zur effizienten Steuerung wird in der Literatur die Verwendung von Entscheidungspunkten (Gates) empfohlen. Dort laufen die Informationen aus einzelnen Phasen (Stages) und Bereichen gezielt zusammen, um Entscheidungen für den weiteren Entwicklungsverlauf treffen zu können. Cooper [Coo88] bezeichnet dies als Stage-Gate-Prozess. Neben den Gate-orientierten Prozessen existieren auch phasenorientierte und gemischte Prozesse. Die mehrfach weiterentwickelten Prozesse des Verbands der Automobilindustrie sind hauptsächlich Gate-orientierte Prozesse, siehe [VDA86, VDA03]. Cooper [Coo14] beschreibt die neuste Entwicklung als weitere Parallelisierung der Arbeitsprozesse über die Phasen- und Gate-Grenzen hinaus, siehe Abbildung 2.2 von Generation 1 bis 3.

In der ersten Generation des Stage-Gate-Prozesses, Abbildung 2.2, werden die Phasen sequentiell vom ersten bis zum letzten Prozessschritt durchlaufen. Zur Steigerung der Effizienz werden in der zweiten Generation Prozessschritte zwischen den Gates parallel bearbeitet. Dieses als Simultaneous Engineering bezeichnete Vorgehen setzt das Wissen über Analyse- und Synthesemethoden und -werkzeuge voraus. Sind die Systemgrenzen der Produktmodelle bekannt, können die Synthesen und Analysen aufeinander abgestimmt werden. Die Prozesse benötigen nicht alle Produktdaten, weshalb Untersuchungen teils früher gestartet werden können. Systems Engineering funktioniert nur zusammen mit Wissensmanagement. Für die Entscheidungen an den Gates werden, wie in der ersten Generation, alle Informationen

gesammelt. In der dritten Generation werden die Prozesse über die Grenzen der Gates paral-
lelisiert. An den Gates werden nicht mehr alle Informationen benötigt. Dies setzt voraus,
dass das Systems Engineering und Wissensmanagement gekoppelt werden. Die komplexen
Entwicklungsprozesse können effektiver und effizienter gestalten werden. Die eingesetzten
Methoden und Werkzeuge werden abgestimmt, um die notwendigen Informationen für die
Gates zur Verfügung zu stellen.

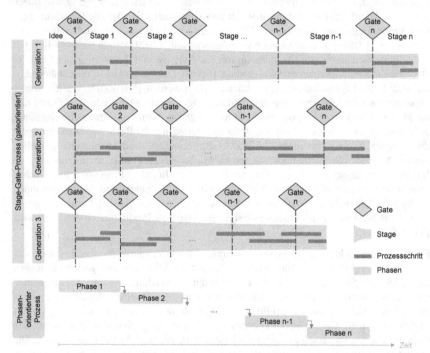

Abbildung 2.2: Darstellung der Stage-Gate-Prozesse in unterschiedlichen Generationen und eines
Prozessorientierten Entwicklungsprozesses; eigene Darstellung in Anlehnung an
[Coo14]

Während ein Produktentwicklungsprozess den Weg von der Produktidee zum entwickelten
Produkt samt der Herstellunterlagen weist, beschreibt der Produktentstehungsprozess darüber hinaus Bereiche wie die Produktionsplanung bis hin zum Start der Serienproduktion,
[BS13, FG13]. Der Produktentwicklungsprozess kann als Teil des Produktentstehungsprozesses gesehen werden. Dieser wird in die Phasen Forschung, Konzept-, Vor- und Serienent-
wicklung gegliedert, [BS13, Lin09]. Beiden Prozessen gemein ist die Notwendigkeit, die
Lebenszyklen eines Produktes zu berücksichtigen, vgl. Abbildung 2.3.

Neben der Komplexität des zu entwickelnden Produktes hinsichtlich Gestaltfindung und
Funktionen erfordert das heutige Umfeld die Berücksichtigung der Lebenszyklen im Pro-

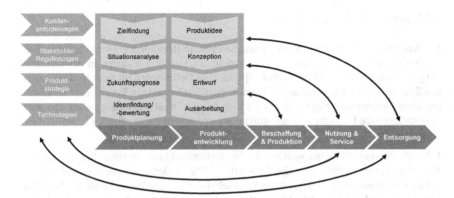

Abbildung 2.3: Darstellung des Zusammenhangs zwischen Produktentwicklung und Produktlebenszyklus mit Informationsaustausch (Pfeile), Rückläufe von Informationen gelten für die Entwicklung weiterer Produktgenerationen; nach [Her10] mit freundlicher Genehmigung des Springer-Verlags

duktentwicklungsprozess über die Nutzungsphase hinaus. Trotz einer globalisierten Welt sind zum Beispiel die lokale Rohstoffverfügbarkeit oder die landesspezifische Energiebereitstellung bereits am Anfang der Entwicklung zu berücksichtigen. Wie in Abbildung 2.3 dargestellt, kann der Lebenszyklus in die Phasen Herstellung, Nutzung und Verwertung unterteilt werden. Zum Beispiel sollte bei der Materialauswahl die Rohstoffverfügbarkeit am vorgesehenen Produktionsstandort und die Recyclingfähigkeit betrachtet werden. Auf die Nutzungsphase haben neben dem Kundenverhalten auch der Energiemix und der Energieaufwand einen signifikanten Einfluss. Letztere beeinflussen auch die Produktion maßgeblich.

Ein Hilfsmittel zur Beurteilung der Umweltverträglichkeit von Produkten über deren Lebenszyklen ist das Life Cycle Assessment (LCA). Eine große Herausforderung bei der Durchführung einer Lebenszyklus-Analyse ist die geringe Informationslage in der frühen Phase des Entwicklungsprozesses. Um frühzeitig aussagekräftige Ergebnisse zu erhalten, müssen Informationen aus verschiedenen Fachbereichen zusammengetragen und abgestimmt werden. Das erhöht die Komplexität des Entwicklungsprozesses weiter. [Her10]

Zur allgemeinen Beschreibung des Vorgehens im Entwicklungsprozess werden zunächst die Begriffe Systeme, Modelle und Prozesse definiert, Kapitel 2.1.1. Anschließend werden die Ansätze zur Beschreibung eines Entwicklungsprozesses kurz vorgestellt. Aufgrund der besonderen Eignung des Ansatzes CPM von Weber [Web11] wird dieser Ansatz in dem Unterkapitel 2.1.2 detailliert beschrieben.

2.1.1 Systeme, Modelle und Prozesse

Das Verständnis der Begriffe Systeme und Modelle in Bezug auf Entwicklungsprozesse ist eine wichtige Voraussetzung zu der effizienten Gestaltung letzterer. In der Literatur [Avg07, Ehr09, FG13, ERZ14, VBWZ09] sind viele Definitionen für verschiedene Arten von Systemen zu finden. Nach allgemeinem Verständnis besteht ein System aus Elementen, die sowohl untereinander wie auch mit der Umgebung in Wechselwirkung stehen. In einem System liegen die Elemente in einer Struktur vor und führen zu spezifischen Eigenschaften eines Systems.

Jedes Produktmodell ist bezogen auf die Produktentwicklung ein spezielles System zur Abstraktion eines komplexen realen Sachverhalts. Die Modellerstellung dient der transparenten Abbildung von Objekten, deren Wechselwirkungen und ihrem Verhalten. Mit dem Verständnis für Produktmodelle können Analysen zum Verhalten infolge unterschiedlicher Parameter bezüglich des abgebildeten Ausschnitts der Realität durchgeführt werden. Damit werden Informationen zu Wechselwirkungen zwischen Parametern und dem Verhalten des Produktes generiert. Diese Daten werden zusammengetragen und dienen der Entscheidungsfindung an Gates. Der Erfolg der Produktentwicklung hängt maßgebend von zielgerichteten und untereinander abgestimmten Analysen ab. [FG13]. Die Systemeigenschaften, -grenzen und Modellierungsbedingungen müssen dafür bekannt sein, [Ehr09]. Zur Abstimmung der Analysen ist die Kenntnis der Beziehungen zwischen den Parametern ein wichtiger Erfolgsfaktor, [VBWZ09].

Zur allgemeinen Beschreibung des Vorgehens im Entwicklungsprozess existieren mehrere Ansätze. Diese beschreiben allgemeingültig wiederkehrende Aufgaben. Sie sind von den Vorgehensweisen, wie beispielsweise der VDI-Richtlinie 2221 [VDI93] zu differenzieren. Diese Vorgehensweisen beschreiben eine Abfolge von Handlungen zur spezifischen Erreichung von Zielen im Entwicklungsprozess. In Anhang A.1 werden die Ansätze zur allgemeinen Beschreibung des Vorgehens kurz vorgestellt.

Der Ansatz des CPM von Weber [Web11] ist für die vorliegende Arbeit geeignet. Anforderungen in Form von Eigenschaften können in dem System berücksichtigt werden. Außerdem werden Eigenschaften und Merkmale im Zusammenhang dargestellt. Zusätzlich können Randbedingungen berücksichtigt und mehrere Untersuchungen miteinander verbunden werden. Daher wird das CPM im folgenden Unterkapitel detailliert beschrieben.

2.1.2 Characteristics-Properties Modelling

Weber [Web11] gliedert die Parameter im Entwicklungsprozess in Produktmerkmale und Produkteigenschaften. Merkmale sind im Sinne von [Web11] die gestaltdefinierende Parameter Teilstruktur, Position, Geometrie, Werkstoffe und Oberflächenbeschaffenheit. Nur die Merkmale können vom Produktentwickler direkt festgelegt werden. Eigenschaften sind Verhaltensparameter, die sich letztlich aus den Lebensphasen des Produktes ergeben. Die

Eigenschaften eines Produktes können vom Produktentwickler nur indirekt über die Änderungen der Merkmale beeinflusst werden. Durch die Kenntnis der Zusammenhänge können Informationen für eine Entscheidungsgrundlage generiert werden. Abbildung 2.4 stellt die Eigenschaften und Merkmale gegenüber. Die Informationen über diese Zusammenhänge werden als produktspezifisches Wissen zusammengefasst, vgl. Kapitel 2.4.1. Während die Merkmale eines Produktes anhand der Bauteilstruktur detailliert und gegliedert werden, können Eigenschaften nur erfahrungsbasiert ermittelt und gegliedert werden.

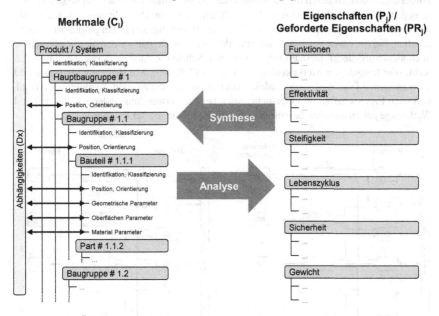

Abbildung 2.4: Übersicht Characteristics-Properties Modelling; nach [Web11] mit freundlicher Genehmigung des Springer-Verlags

Die Untersuchung der Zusammenhänge führt Weber [Web11] in drei Hauptschritten durch: Synthese, Analyse und Evaluation. Das Property-Driven Development (PDD) beschreibt diese Schritte, [VBWZ09]. Hierfür ist prozessbezogenes Wissen notwendig.

Nach der Festlegung geforderter Eigenschaften (PR) werden daraus mittels Synthese Merkmale (C) mit ihren möglichen Ausprägungen abgeleitet, siehe Abbildung 2.5 links. Dieser Prozessschritt beinhaltet die Untersuchung von Beziehungen (R) zwischen den geforderten Eigenschaften und den Merkmalen. Die Beziehungen werden mit Methoden und Werkzeugen untersucht. Als Basis werden Produktmodelle verwendet, welche Beziehungen als Systeme abbilden. Aufgrund des Informationsdefizits in den frühen Phasen werden im ersten Schritt die wichtigsten Eigenschaften und Merkmale berücksichtigt. Das entspricht der Festlegung einer Systemgrenze. Sie ist notwendig, um die eingesetzten Produktmodelle zielgerichtet verstehen und anwenden zu können. Beziehungen außerhalb der Systemgrenze werden nicht beachtet. Dies birgt die Gefahr, Zielkonflikte zu übersehen, die erst bei detaillierteren Untersuchungen in späteren Schritten mit weiteren Parametern und ihren Beziehungen auffallen. Das führt zur Anpassung der verwendeten Produktmodelle und der Durchführung zusätzlicher Iterationsschleifen.

Zwischen den Merkmalen existieren Abhängigkeiten, sodass die Ausprägungen nicht beliebig festgelegt werden können. Neben der Beeinflussung der Merkmale von verschiedenen Forderungen können durch die Abhängigkeiten Zielkonflikte entstehen, im negativen Fall in gegensätzliche Richtungen der Merkmalsausprägungen. Beeinflussen sich Merkmale untereinander, hat dies Auswirkung auf die in der Beziehung stehenden geforderten Eigenschaften. Bei der ersten Festlegung der geforderten Eigenschaften werden diese Zielkonflikte noch nicht aufgedeckt. Deshalb folgt im zweiten Schritt die Analyse (siehe Abbildung 2.5 rechts) der festgelegten Merkmalsausprägungen, [VBWZ09]. Mit Hilfe von Methoden und Werkzeugen auf der Basis von Produktmodellen werden die aus den Ausprägungen resultierenden Eigenschaften (P) untersucht. Auch bei der Verwendung anderer Methoden und Werkzeuge gelten die oben beschriebenen Randbedingungen der Synthese.

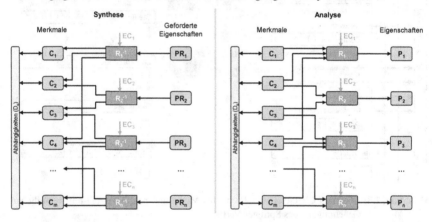

Abbildung 2.5: Synthese und Analyse des Property-Driven Development, C: Merkmale, D: Abhängigkeiten, EC: Externe Bedingungen, P: Eigenschaften, PR: Geforderte Eigenschaften, R: Beziehungen; nach [Web11] mit freundlicher Genehmigung des Springer-Verlags

Nach der Sammlung aller Eigenschaften wird die Evaluation durchgeführt, [VBWZ09]. Die Übereinstimmungen und Abweichungen der ermittelten im Vergleich zu den geforderten Eigenschaften werden in diesem Schritt festgestellt, sodass die Informationen für die Entscheidung über die weitere Entwicklung vorliegen. Ausschlaggebend sind die ermittelten Abweichungen (ΔP) von den geforderten Eigenschaften. Für einen weiteren Durchlauf mit Synthese, Analyse und Evaluation werden mehr Parameter betrachtet und bei Bedarf die geforderten Eigenschaften angepasst. Eine weitere Änderungsmöglichkeit besteht in der Anpassung des Ausprägungsraumes der Merkmale, bspw. durch die Entwicklung neuer Materialien mit anderen Eigenschaften oder neuer Fertigungsverfahren für andere Geometrien. Vajna et al. [VBWZ09] beschreiben den PDD als Regelkreis, vgl. Abbildung 2.6.

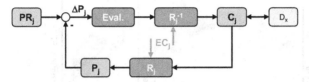

Abbildung 2.6: Regelkreis im Property-Driven Development, C: Merkmale; D: Abhängigkeiten; P: Eigenschaften; PR: Geforderte Eigenschaften; R: Beziehungen, ΔP: Abweichungen zwischen ermittelten und geforderten Eigenschaften; nach [VBWZ09] mit freundlicher Genehmigung des Springer-Verlags

Bei dem Durchlauf von Synthese und Analyse mit Hilfe von Produktmodellen müssen äußere Randbedingungen (EC) und Ungenauigkeiten durch Modellierungsbedingungen berücksichtigt werden. Die Ungenauigkeiten entstehen durch die Abstraktion, z.B. bei der Materialmodellierung im Rahmen der Simulationen oder Gewichtsabschätzungen. Zudem sollen die verwendeten Teilmodelle aufeinander abgestimmt sein, um Fehler zu vermeiden. Im Fall der Wiederholung der Synthese- und Analyse-Schritte im PDD-Regelkreis müssen die Teilschritte und -beziehungen nicht neu festgelegt werden. Hier können Lösungsmuster verwendet werden, [Web11]. Lösungsmuster sind bekannte Merkmalskombinationen. Ihre Beziehungen zu den Eigenschaften sind ebenfalls bekannt. Der Einsatz bekannter Lösungsmuster reduziert den Aufwand der Durchläufe. Werden bestehende Lösungsmuster miteinander kombiniert, resultieren daraus bekannte Gesamtlösungen. Neue Gesamtlösungen entstehen nur, wenn bestehende Lösungsmuster neu miteinander kombiniert werden oder neue Lösungsmuster entwickelt werden. [VBWZ09]

Wie einleitend beschrieben, ist die Verbindung zwischen der Produktentwicklung und der Betrachtung des Produktlebenszyklus wichtig. Abbildung 2.7 zeigt diese Verbindung in Bezug auf das CPM und das PDD. Weber [Web11] beschreibt, dass die Verfolgung des Produktes über den Lebenszyklus zur Identifizierung von lebenszyklusspezifischen Eigenschaften (PL) führt. Diese können für die Entwicklung der geforderten Eigenschaften anderer Produkte berücksichtigt werden. Abbildung 2.7 stellt den Einfluss im PDD dar.

In Bezug auf die erste Generation des Stage-Gate-Prozesses, Abbildung 2.2, wird der Regelkreis des PDD sequentiell vom ersten bis zum letzten Prozessschritt durchlaufen. In den Generationen zwei und drei werden die Regelkreise unterteilt. Der Entwicklungsprozess wird komplexer. Um ihn effektiv und effizient zu gestalten, ist die Kopplung von Systems Engineering und Wissensmanagement notwendig. Damit werden die eingesetzten Methoden und Werkzeuge untereinander abgestimmt, um die notwendigen Informationen für die Gates zur Verfügung zu stellen.

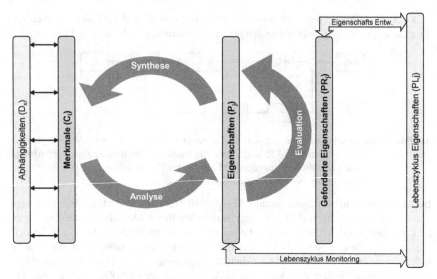

Abbildung 2.7: Das Property-Driven Development unter Berücksichtigung des Lebenszyklus; nach [Web11] mit freundlicher Genehmigung des Springer-Verlags

2.2 Anforderungen und Eigenschaften im Produktentwicklungsprozess

In diesem Abschnitt werden Anforderungen und Eigenschaften thematisiert. Wie in Kapitel 2.1 beschrieben, sind die von der Aufgabe abgeleiteten geforderten Eigenschaften der Ausgangspunkt für den Entwicklungsprozess. Als Anforderungen werden in der Produktentwicklung alle Forderungen an die Eigenschaften und das Verhalten des Produktes sowie die Randbedingungen verstanden, [VDI93]. Sie geben die Ziele der Produktentwicklung vor und dienen im PDD als Sollgröße im Regelsystem, vgl. Abbildung 2.6. Von der Differenz zwischen geforderten und ermittelten Eigenschaften hängen die Entscheidungen im Entwicklungsprozess maßgeblich ab.

Neben der Ermittlung der tatsächlichen Eigenschaften ist die Festlegung der geforderten Eigenschaften im Vorhinein von hoher Bedeutung für den erfolgreichen Entwicklungsprozess, [FG13]. In der Richtlinie VDI 2221 startet der Entwicklungsprozess mit dem Klären und Präzisieren der Aufgabenstellung, [VDI93]. Das Ergebnis ist eine Anforderungsliste, die für alle nachfolgenden Schritte als Grundlage dient. Auch Weber [Web11] lässt der Entwicklung von Anforderungen besondere Bedeutung zukommen. In Abbildung 2.7 verdeutlicht dies die Erweiterung des PDD um die Eigenschaften im Lebenszyklus und deren Einfluss auf die geforderten Eigenschaften. Das Ergebnis sind geforderte Eigenschaften, die nach Feldhusen und Grote [FG13] in Rahmenbedingungen, Funktionalanforderungen und

Qualitätsanforderungen gegliedert werden können. Während die Funktionalität am Anfang beurteilt werden kann, ist die Untersuchung der Qualität oft erst im späteren Prozess möglich. Dies gilt auch für Anforderungen innerhalb einer Kategorie. Im Entwicklungsverlauf ist die Anforderungsliste u.a. deshalb nicht als statische Vorgabe zu sehen, sondern kann auf Basis neuer Informationen angepasst werden. Im Regelkreis des PDD ist das gleichbedeutend mit einer Änderung der Sollgröße. Dies führt zu erhöhten Kosten, da die Entwicklung vorher auf die falsche Sollgröße hingearbeitet hat und Analysen evtl. wiederholt werden müssen. [FG13, Web11]

Eine Entscheidung im Entwicklungsprozess kann weitere Kostensteigerungen dennoch verhindern und zu einem erfolgreichen Produkt führen, wenn die Anforderungen priorisiert werden. In der Literatur wird dafür die Gliederung der Anforderungen ihrer Priorität nach in die Anforderungsarten Forderungen und Wünsche empfohlen, siehe [FG13]. Forderungen müssen erfüllt werden, während Wünsche erfüllt werden sollen, aber nicht müssen. Die Priorisierung dient der Vermeidung von Zielkonflikten sowie unerwünschten Lösungen und der Konzentration auf die wesentlichen Anforderungen an ein Produkt in einem an Ressourcen orientierten Entwicklungsprozess, [FG13, PL11]. Darüber hinaus werden in der Literatur alternative Priorisierungen vorgeschlagen, bspw. Fest-, Mindest- und Wunschanforderungen oder Fest-, Bereichs- und Wunschanforderungen. [Ehr09, Ste10, VHH⁺04]

Für die erfolgreiche Festlegung von Anforderungen und die Weiterarbeit mit ihnen empfehlen Feldhusen und Grote [FG13] sowie Stechert [Ste10], einige Randbedingungen zu berücksichtigen. Zusätzlich zur Priorisierung sollen die Anforderungen selbst eindeutig, klar und unmissverständlich, lösungsunabhängig und in sich konsistent beschrieben sein. Die Korrektheit, Gültigkeit und Aktualität muss gegeben sein. Nur notwendige und realisierbare Anforderungen müssen beschrieben werden. Zum Umgang mit ihnen empfiehlt Stechert [Ste10] u.a. eine Klassifizierung, die eine Verfolgbarkeit ermöglichen soll.

Die Summe aller Anforderungen wird als Anforderungskollektiv bezeichnet. Aus den oben beschriebenen Empfehlungen von Stechert [Ste10] werden weitere Empfehlungen bezüglich des Kollektivs gegeben. Die Anforderungen untereinander sollen strukturiert, redundanzfrei und konsistent sein. Das Kollektiv muss vollständig und modifizierbar sein, aber nur so viel wie notwendig beschreiben. Es handelt sich bei dieser Aufzählung um Empfehlungen, die anzustreben, aber nicht bei der ersten Erstellung erreichbar sind. [FG13]

Alle oben beschriebenen Informationen sind bei der Ermittlung von und der Arbeit mit Anforderungen zu berücksichtigen. In der Literatur [FG13, ERZ14, Ste10, Neh14, VHH⁺04] wird zwischen der Anforderungsentwicklung (Requirement Engineering, RE) und dem Anforderungsmanagement unterschieden. Im Bereich der Produktentwicklung gibt es keine einheitliche Definition der Tätigkeiten in der Anforderungsentwicklung. Dennoch werden im Zusammenhang mit Anforderungen immer wieder die Tätigkeiten Ermittlung, Ergänzung, Überprüfung, Dokumentation und Abstimmung sowie im Anforderungsmanagement die Verwaltung beschrieben. Die Abgrenzungen variieren in der genannten Literatur [FG13, ERZ14, Ste10, Neh14, VHH⁺04]. In Anhang A.2 wird ein Überblick gegeben.

2.3 Methoden und Hilfsmittel im Produktentwicklungsprozess

Lindemann [Lin09] definiert den Begriff Methode als *„Beschreibung eines regelbasierten und planmäßigen Vorgehens, nach dessen Vorgabe bestimmte Tätigkeiten auszuführen sind, um ein gewisses Ziel zu erreichen"*, [Lin09, S.57]. Im Vergleich zu einem Vorgehensmodell beschreibt eine Methode die Art und Weise des Vorgehens, [Lin09]. Ophey [Oph05] sieht neben den Vorteilen des systematischen und zielorientierten Vorgehens als positiven Aspekt den ganzheitlichen Ansatz vieler Methoden. Demnach können neben der Entwicklung technischer Lösungen wirtschaftliche und ökologische Zusammenhänge betrachtet werden.

Methoden werden im Entwicklungsprozess zur zielgerichteten, effektiven und effizienten Durchführung von Prozessschritten eingesetzt, [Lin09, Ehr09]. Die Methoden sind deshalb häufig spezifisch ausgerichtet. Das unterscheidet sie von den Grundprinzipien des Handelns, [Lin09]. Methoden sollen helfen, die Kreativität zu fördern und Denkbarrieren zu überwinden. Außerdem werden Kommunikation und Koordination zwischen Anwendern unterstützt. Die Methoden können je nach ihrem Einsatzzweck gegliedert werden, [Oph05]. Zur Ermittlung von Anforderungen und der Entwicklung von Lösungsvarianten sind Methoden zur Ideengenerierung geeignet, [Ehr09]. Dieses Kapitel gibt einen Überblick ausgewählter Methoden zur Ideengenerierung (Synthese). Zur Bewertung von Lösungen im Produktentwicklungsprozess sind andere Methoden geeignet (Analyse und Evaluation). Eine Auswahl dieser Methoden wird ebenfalls vorgestellt.

Eine klare Trennung der Methoden ist in der Praxis nur teilweise möglich. Innerhalb einer Methode können mehrere andere Methoden Anwendung finden und miteinander kombiniert werden. Methoden sollen an die Randbedingungen des konkreten Einsatzes angepasst werden. Sie müssen nicht strikt nach Vorschrift ausgeführt werden, [Oph05]. Das Münchner Methodenmodell kann bei der Methodenauswahl und -anpassung unterstützen, [Lin09]. Die vier Schritte des Münchner Methodenmodells sind in Abbildung 2.8 dargestellt.

Grundlegend ist zu klären, ob der Einsatz von Methoden sinnvoll ist. Das Münchner Methodenmodell schlägt drei zu untersuchende Punkte vor, [Lin09]: Zum einen müssen die Eingangsdaten geprüft werden, zum anderen müssen die Randbedingungen für eine mögliche Anwendung geklärt werden. Abgesehen von den Eingangsdaten ist das angestrebte Ziel wichtig. Unter Berücksichtigung dieser Bedingungen kann geklärt werden, ob und inwiefern der Methodeneinsatz sinnvoll ist. Im nächsten Schritt werden mit Hilfe von Eingangs- und Ausgabedaten geeignete Methoden ausgewählt. Hierbei sind Randbedingungen, wie die Fähigkeit der Anwender oder verfügbare Ressourcen zu berücksichtigen. Nach der Festlegung der Methode muss diese zielgerichtet an die vorliegende Situation angepasst werden. Dies soll nach Möglichkeit vor der Anwendung stattfinden, kann aufgrund veränderter Randbedingungen aber auch währenddessen durchgeführt werden. Die Anwendung der Methode ist der letzte Schritt. Dabei ist die Verwendung von Werkzeugen möglich. Das Münchner Methodenmodell empfiehlt die Verwendung zur Steigerung der Effizienz. Die Werkzeuge sollen an die Situation angepasst sein, sodass einfache Hilfsmittel, wie Checklisten bis hin zu Software, zum Einsatz kommen können.

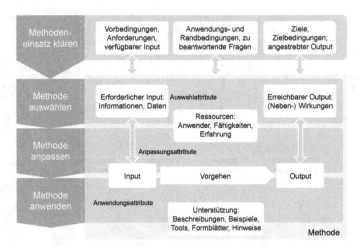

Abbildung 2.8: Unterstützung bei der Methodenauswahl und -anpassung: Das Münchner Methodenmodell; nach [Lin09] mit freundlicher Genehmigung des Springer-Verlags

Im folgenden wird eine Übersicht von Methoden und Hilfsmitteln zur Ideengenerierung (Kapitel 2.3.1) und zur Bewertung und Auswahl (Kapitel 2.3.2) gegeben. Methoden beider Verwendungszwecke können bei der Planung, Entwicklung, Umsetzung und Validierung der Methodik zum Einsatz kommmen. Ebenso ist der Einsatz innerhalb der zu entwickelnden Methodik denkbar.

2.3.1 Methoden und Hilfsmittel zur Ideengenerierung

Im Entwicklungsprozess können Methoden zur Ideengenerierung eingesetzt werden. Solche Methoden entsprechen den inversen Beziehungen in der Synthese, vgl. Abbildung 2.5. Mit Hilfe der Methoden kann der Fokus der Anwender von bestehenden Lösungsvarianten auf neue Ideen gelenkt werden. Grote und Feldhusen [GF14] gliedern diese in intuitiv und diskursiv betonte Methoden, Abbildung 2.9.

Eine Auswahl bekannter Methoden und Hilfsmittel wird im Folgenden beschrieben. Auf allgemein anwendbare Methoden zur Ideengenerierung, wie eine Literatur- und Patentrecherche oder ein Interview, wird im weiteren Verlauf nicht eingegangen. [GF14]

Intuitiv betonte Methoden setzen hauptsächlich auf die Assoziation von Ideen, die auf Äußerungen von Anwendern, Analogiebetrachtungen und gruppendynamischen Effekten basieren, [GF14]. Der Entwickler wird in seiner Kreativität zielgerichtet unterstützt. Die in Anhang A.3 vorgestellten Methoden können daher auch als Kreativitätstechniken bezeichnet werden, [Lin09].

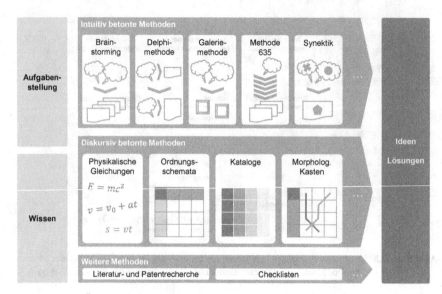

Abbildung 2.9: Übersicht ausgewählter Methoden zur Ideengenerierung - Kreativitätstechniken; eigene Darstellung

Methoden sollen an ihre Einsatzsituationen angepasst werden. In der Praxis werden die Methoden selbst oder deren Bestandteile miteinander erfolgreich kombiniert, [FG13]. Trotz des Nutzens der durch Intuition gekennzeichneten Methoden müssen deren Nachteile beachtet werden. Die intuitiv betonten Methoden liefern aufgrund ihres Aufbaus hauptsächlich Lösungsansätze oder auf Teilbereiche fokussierte Lösungen, [Ehr09]. Zudem lassen sich (eher) zurückhaltende Personen nicht problemlos in gruppendynamische Prozesse einbinden, [Ehr09].

Diskursiv betonte Methoden sind im Vergleich zu intuitiv betonten Methoden durch ihr bewusst schrittweises Vorgehen gekennzeichnet. Mit Hilfe von systematischen Untersuchungen des physikalischen Geschehens und/oder der systematischen Suche mit Hilfe von Ordnungsschemata sollen neue Ideen generiert werden, [GF14, FG13].

Problemstellungen und Sachverhalte können zum Teil mit physikalischen Gleichungen beschrieben werden. Die Untersuchung dieser physikalischen Zusammenhänge ist vor allem sinnvoll, wenn Lösungen bereits existieren. Über die Variation der beteiligten Größen und ihrer Zusammenhänge können neue Lösungen gefunden werden. [GF14, FG13]

Die systematische Suche mit Hilfe von Ordnungsschemata zielt auf die Ideengenerierung durch Darstellung systematisch geordneter Informationen ab. Ordnende Punkte spannen eine Matrix auf, in der Lösungen bspw. durch die Kombination von Wirkprinzipien eingetragen sind. Dadurch fallen Lösungsmöglichkeiten zur Kombination von Wirkprinzipien auf, die vorher noch nicht in Betracht gezogen werden. Neben zweidimensionalen Matrizen sind weitere Hilfsmittel wie Suchwürfel, Kataloge und morphologische Kästen bekannt. [GF14, FG13, Ehr09]

In Katalogen sind nach spezifischen Punkten bekannte Lösungen gesammelt und gegliedert. Das können Lösungen für Aufgaben oder Teilfunktionen sein. Der Aufbau des Katalogs ist entscheidend für die Verwendung. Kataloge beinhalten einen Gliederungs-, Haupt- und Zugriffsteil sowie einen Anhang. Die Gliederung muss eindeutig sein, sodass keine Doppelungen der Lösungen vorkommen können. Der Zugriffsteil beinhaltet Eigenschaften der im Hauptteil dargestellten Lösungen und dient der Auswahl. Durch die systematische Erstellung und Verwendung eines Kataloges können weiße Felder identifiziert werden. Diese stellen eine Kombinationen der Gliederungspunkte dar, zu denen keine Lösung bekannt ist. [GF14, FG13, Ehr09]

Die Arbeit mit morphologischen Kästen kann als eine Kombination aus Katalogen und Matrizen gesehen werden. In einem morphologischen Kasten sind zu verschiedenen Teil-funktionen eines Produktes bekannte Teillösungen aufgetragen. Sie stellen den gesamten Lösungsraum für ein Produkt dar. Die Informationen können z.B. aus einem Konstrukti-onskatalog stammen. Je Teilfunktion wird eine Teillösung ausgesucht und kombiniert. Da nicht alle Teillösungen miteinander kombiniert werden können, wird die Verträglichkeit in einer Matrix dargestellt. Entsprechend den Randbedingungen können die Teillösungen miteinander kombiniert werden. [PL11, Ehr09, Lin09, FG13]

Im Vergleich zu den intuitiv betonten Methoden können diskursiv betonte Methoden im Ergebnis detaillierte Lösungen liefern. Das systematische Vorgehen kann mit den Kreativi-tätstechniken kombiniert werden, [FG13].

2.3.2 Methoden und Hilfsmittel zur Bewertung und Auswahl

Neben den Methoden zur Ideengenerierung gibt es Methoden zur Bewertung und Auswahl von Ideen und Lösungen. Diese Methoden entsprechen den Relationen in der Analyse- und Evaluationsphase des PDD. Damit kann die bewusst getroffene Entscheidungsfindung unterstützt werden, vgl. die Klassierung der Entscheidungen in [Lin09].

Im Entwicklungsprozess besteht in bestimmten Phasen und Gates die Notwendigkeit, aus einer Anzahl von n Alternativen x geeignete Lösungen auszuwählen, [Lin09]. Hauptgrund für die Auswahl ist der Mangel an Ressourcen. Je früher ungünstige Lösungen ausgesondert werden, desto eher können die vorhandenen Ressourcen in einem Unternehmen für die ausgewählten Lösungen eingesetzt werden. Bei jeder Auswahl werden bewusst Lösungen, die erarbeitet wurden, verworfen, um geeignetere Lösungen zu detaillieren. Ein Teil der eingesetzten Ressourcen ist verschwendet, sofern das in diesem Zusammenhang gewonnene Wissen nicht für andere Zwecke genutzt werden kann. Die Entscheidung, welche Lösungen weiterverfolgt werden, basiert während des Entwicklungsprozesses auf unvollständigen Informationen, da noch nicht alle Daten vorliegen, [PL11]. Bei jeder Auswahl besteht also die Gefahr, ungeeignete Lösungen aufgrund des Informationsdefizits auszuwählen und geeignetere Lösungen zu verwerfen. Neben der Reduzierung des Informationsdefizits in der frühen Phase, ist es wichtig, die Entscheidung zu objektivieren, [Ehr09, FG13, Lin09].

Zunächst werden die bekannten Informationen über die Lösungen als Grundlage zusammengetragen. Die Informationen können über Versuche ermittelt oder über Simulationen geschätzt werden. Neben den Eigenschaften des Produktes sind die geforderten Eigenschaften entscheidend, von denen die Kriterien für die Bewertung und Auswahl abgeleitet werden. Eine Gewichtung der Kriterien untereinander ihrer Bedeutung nach ist optional möglich. Auf dieser Basis werden Methoden eingesetzt, um eine Bewertung durchzuführen und die Eigenschaften der Lösungsvarianten anschließend relativ zueinander und mit den geforderten Eigenschaften vergleichen zu können. [FG13, Web11]

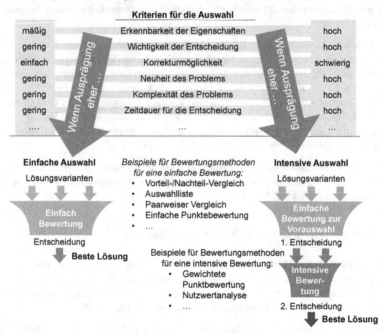

Abbildung 2.10: Entscheidungshilfe für die Auswahl von Methoden zur Bewertung und Auswahl; eigene Darstellung in Anlehnung an [Ehr09]

[Ehr09] hat analog zum Münchner Methodenmodell ein Entscheidungshilfsmittel zur Auswahl von Bewertungsmethoden entworfen, siehe Abbildung 2.10. Zwei Vorgehensweisen werden von Ehrlenspiel [Ehr09] vorgeschlagen. Die Einfach-Auswahl besteht aus verschiedenen Methoden mit einer endgültigen Entscheidung. Die Intensiv-Auswahl besteht aus zwei Entscheidungsprozessen: Der Vorauswahl und der Endauswahl. Die Vorauswahl ist identisch mit dem Vorgehen der Einfach-Auswahl. Für die zweite Entscheidung schlägt Ehrlenspiel [Ehr09] aufwendigere Methoden vor. Da der Entwicklungsprozess ein komplexer Entscheidungsprozess ist, können mehrstufige Auswahlprozesse stattfinden.

Kriterien für die Auswahl der Methoden sind zum einen vom Produkt abhängig, zum anderen vom Fortschritt des Entwicklungsprozesses. Neben dem Kenntnisstand über die Eigenschaften, der Neuheit und der Komplexität des Produktes sind Wichtigkeit und Dringlichkeit sowie die Korrekturmöglichkeiten der Entscheidung zu beachten, [Ehr09].

In Anhang A.3 wird in Anlehnung an Abbildung 2.10 eine Auswahl von Methoden zur Bewertung und Auswahl kurz beschrieben und auf die Festlegung der Punkteskala eingegangen.

2.4 Effektivitäts- und Effizienzsteigerung von Produktentwicklungsprozessen

Die grundlegenden Strategien zur Effektivitäts- und Effizienzsteigerung von Produktentwicklungsprozessen werden in diesem Kapitel vorgestellt. Der Fokus liegt auf dem Wissensmanagement (Kapitel 2.4.1), KBE (Kapitel 2.4.2) und dem MBSE (Kapitel 2.4.3). Auf diesen Strategien gegründet sind in der Literatur konkrete Konzepte zur Effektivitäts- und Effizienzsteigerung beschrieben. In Kapitel 2.4.4 werden bekannte Konzepte diskutiert. Die Strategien und Konzepte bilden die Grundlagen zur Ableitung des Handlungsbedarfs, der Ziele und des Vorgehens der vorliegenden Arbeit, in Kapitel 3.1.

Für die Einordnung der folgenden Ausführungen ist die Unterscheidung der Begriffe Effektivität und Effizienz wesentlich. Ehrlenspiel beschreibt die Effektivität als *„die richtigen Dinge tun"*, [Ehr09, S.521]. Die Effektivität stellt einen Sachverhalt dar, [Bra09]. Bezogen auf den Entwicklungsprozess werden damit das Ziel und der generelle Ablauf zu dessen Erreichung verstanden. Die Effizienz bezeichnet Ehrlenspiel [Ehr09] als *„die Dinge richtig tun"*, [Ehr09, S.521]. Mit der Effizienz können Prozesse mit dem Verhältnis von Aufwand zu Nutzen bewertet werden, [Bra09]. Im Entwicklungsprozess bezeichnet die Effektivität das grundsätzliche Verfahren, während die Effizienz die konkreten Abläufe und Randbedingungen der Teilschritte bewertet. Der Produktentwicklungsprozess ist nur dann erfolgreich, wenn die Teilprozesse aufeinander abgestimmt sind und so die Voraussetzung für einen effektiven Prozess gegeben ist. Sobald ein Teilprozess nicht mehr effizient funktioniert, kann das den gesamten Prozess verschlechtern und die Effektivität kann abnehmen. Eine erfolgreiche Umsetzung der Strategien von KBE und MBSE betreffen deshalb beide Aspekte.

Im Vergleich zum Management von Prozessen verfolgen die eingangs genannten Strategien die Optimierung des Entwicklungsprozesses. Aus Sicht des Managements kann der Entwicklungsprozess mit dem Ressourceneinsatz, Qualitätsforderungen oder der verfügbaren Zeit gesteuert werden. Die drei Größen sind voneinander abhängig, [Fie16]. Abbildung 2.11 stellt die Abhängigkeiten im magischen Dreieck des Projektmanagements dar. Zum Beispiel müssen für eine qualitativ gleichwertige Zielerreichung in kürzerer Zeit lediglich die Ressourcen erhöht werden. Bei gleichbleibenden Ressourcen und einer verkürzten Zeit müssen die Qualitätsforderungen reduziert werden. Mit Hilfe der Strategien bzw. konkreter Konzepte können die Abhängigkeiten zwischen den Größen geändert werden.

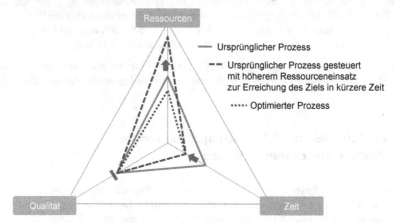

Abbildung 2.11: Magisches Dreieck im Projektmanagement, mit Beispielen von Prozess-Management und Prozess-Optimierung; eigene Darstellung in Anlehnung an [Fie16]

2.4.1 Wissensmanagement

Aus Zeichen werden durch eine Syntax Daten, [Bod06]. Diese können interpretiert werden, sodass daraus Informationen entstehen, [Nor16]. Informationen sind daher Kenntnisse über Sachverhalte und Vorgänge, [Ehr09]. Es gibt verschiedene Träger der Informationen, [Ehr09]. Werden die Informationen untereinander vernetzt, entsteht Wissen, [Nor16].

Probst et al. bezeichnen Wissen als *„die Gesamtheit der Kenntnisse und Fähigkeiten, die Individuen zur Lösung von Problemen einsetzen. [...] Wissen stützt sich auf Daten und Informationen, ist im Gegensatz zu diesen jedoch immer an Personen gebunden. Es wird von Individuen konstruiert und repräsentiert deren Erwartungen über Ursache-Wirkungs-Zusammenhänge"*, [PRR12, S.23].

Wie Probst et al. [PRR12] in der Definition darstellen, dient Wissen der Lösung von Problemen und ist an Personen gebunden. Verfügt eine Person über Wissen und wird mit einem Problem konfrontiert, ist dies die Motivation, das Wissen anzuwenden. Daraus folgt die Handlung der Person. Ist sie erfolgreich, werden neues Wissen und Kompetenz in einem Themengebiet aufgebaut. Die Concept-Knowledge (C-K) Theorie von [HW03] beschreibt diesen Kompetenzaufbau am Beispiel der Konzeptentwicklung, siehe Kapitel 2.1.1.

Die Kompetenzen der Mitarbeiter nutzen Unternehmen zielgerichtet in der Produktentwicklung. Werden diese strategisch von der Unternehmensführung gesteuert, können Kompetenzen in Themenbereichen spezifisch und intensiv aufgebaut werden, [Nor16]. Daraus kann ein Wettbewerbsvorteil resultieren und die Wettbewerbsfähigkeit hergestellt werden. North [Nor16] kennzeichnet dieses Vorgehen als strategisches Wissensmanagement: Ausgehend von der Kernkompetenz müssen Kompetenzen aufgebaut, Wissen erworben und Informationen gesammelt werden. In der Wissenstreppe wird der Zusammenhang von Zeichen bis hin zur Wettbewerbsfähigkeit dargestellt, Abbildung 2.12. Allerdings ist im Wissensmanagement nicht nur das produktbezogene Wissen, sondern auch das prozessbezogene Wissen relevant. Damit können Geschäftsprozesse weiterentwickelt werden. [Nor16]

Analog zur C-K-Theory wird Wissen in implizites und explizites Wissen unterteilt, [VDI09b, Nor16]. Das persönliche Wissen einer Person wird als implizites Wissen bezeichnet. Es liegt ausschließlich in dem Kopf der Person vor, ist subjektiv und schwer zu formalisieren. Dagegen ist explizites Wissen nicht an Personen gebunden, systematisch und formalisierbar, [VDI09b].

Das operative Wissensmanagement thematisiert die Verfügbarkeit des Wissens zum Aufbau von Kompetenzen im Unternehmen. Dafür müssen die Mitarbeiter Wissen erzeugen und transformieren, [Nor16]. Das SECI-Modell von [NT95] beschreibt vier Formen der Wissenserzeugung und -transformation, siehe Anhang B.

Die Spirale des Wissens von [NT95] setzt die vier Formen miteinander in Verbindung, Abbildung B.1 in Anhang B. Auf der Grundlage von bestehendem implizitem und explizitem Wissen wird über die vier Formen Wissen erzeugt und transformiert, sodass es dem Unternehmen und seinen Mitarbeitern zum Aufbau von Kompetenzen zur Verfügung steht, [Nor16].

Unterschiedliche Hilfsmittel können zur Wissenserzeugung und -transformation verwendet werden. Grundlegend ist dafür das Daten- und Informationsmanagement. Der Einsatz von Hilfsmitteln zur Speicherung und Verteilung von Daten hängt voneinander ab. Ohne das Daten- und Informationsmanagement ist das operative Wissensmanagement schlecht anwendbar, wie auch umgekehrt. Mit dem Dreiklang aus Daten- und Informationsmanagement, dem operativen und dem strategischen Wissensmanagement kann ein Unternehmen wissensorientiert geführt werden. Nach North [Nor16] ist dies der anzustrebende Zustand für Unternehmen. Auf dem Weg dorthin durchlaufen Unternehmen verschiedene Reifegrade.

Im ersten Reifegrad konzentrieren Unternehmen ihre Aktivitäten auf das Daten- und Informationsmanagement mittels IT-Lösungen. Darauf basierend werden im zweiten Reifegrad spezifische Hilfsmittel zur Verteilung von Wissen eingesetzt. Expertensysteme werden zum Beispiel fachbereichsweise eingesetzt. Im dritten Reifegrad existieren in der Aufbau- und Ablauforganisation eines Unternehmens Systeme zur Wissenserzeugung und -transformation. Der vierte Reifegrad stellt den anzustrebenden Zustand dar. Unabhängig von der Aufbau- und der Ablauforganisation wird Wissen von außen in das Unternehmen eingebracht. Dieses Wissen wird dann zielgerichtet im Unternehmen eingesetzt. Dadurch werden Kernkompetenzen kundenspezifisch aufgebaut und der Wissensvorsprung führt zu einem Wettbewerbsvorteil, [Nor16]. Abbildung 2.12 stellt die Wissenstreppe mit den Reifegraden und den Strategien des Wissensmanagements dar.

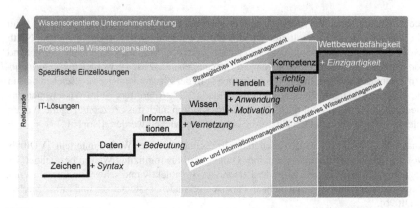

Abbildung 2.12: Wissenstreppe mit Reifegraden (IT-Lösung, spezifische Einzellösungen, profes-
sionelle Wissensorganisation und wissensorientierte Unternehmensführung) und
Strategien des Wissensmanagements; nach [Nor16] mit freundlicher Genehmigung
des Springer-Verlags

Probst et al. [PRR12] leiten aus den Reifegraden und Strategien des Wissensmanagements
dessen Kernprozesse für ein Unternehmen ab, siehe Abbildung 2.13. Zur Erlangung des
vierten Reifegrades müssen alle Kernprozesse zusammenhängend betrachtet, Maßnahmen
definiert und umgesetzt werden. Die Optimierung nur eines Kernprozesses ist demnach
nicht zielführend. Das Wissensmanagement kann in acht Kernprozesse unterteilt werden,
siehe Anhang B.

Abbildung 2.13: Kernprozesse im Wissensmanagement; nach [PRR12] mit freundlicher Genehmigung des Springer-Verlags

Die Zusammenhänge werden deutlich, wenn die genannten Prozesse analog zum PDD als
Regelkreis betrachtet werden, vergleiche Abbildungen 2.13 und 2.6. Von den Wissenszielen
aus wird das notwendige Wissen ausgewählt und Wissensträger werden identifiziert. Aus

diesen und weiteren Quellen wird Wissen erworben. Zusammen mit bereits im Unternehmen vorhandenem Wissen wird das Wissen weiterentwickelt und verteilt. Hicks et al. [HCAM02] und Volker et al. [VSS07] geben Beispiele für interne und externe Wissensquellen und Akteure. Zielgerichteter Wissenserwerb sowie Entwicklung und Verteilung des Wissens sind zwingend erforderlich, um das Wissen nutzen zu können. Führt das zu neuem Wissen, muss es seinerseits bewahrt und verteilt werden, [PRR12, Sze14].

Nicht zielführende Prozesse werden in der Bewertung identifiziert und unter den Kriterien der Effektivität und Effizienz optimiert, [Kla03]. Das Wissen wird effektiv eingesetzt, wenn es zielgerichtet in der Produkt- und Prozessentwicklung umgesetzt wird. Die Produkte und Prozesse beinhalten Teile des verwendeten Wissens versteckt in ihrer Gestalt bzw. ihrem Ablauf, [VSS07, GH01]. Die Effizienz kann gesteigert werden, wenn Wissensträger in die Geschäftsprozesse integriert werden, [Kla03].

Werden Effektivität und Effizienz im Unternehmen und im Produktentwicklungsprozess durch gezieltes und kontinuierliches Wissensmanagement optimiert, entsteht Wissensvorsprung. Aus diesem können Innovationen resultieren und die Wettbewerbsfähigkeit des Unternehmens steigern, [Kla03]. Abbildung 2.14 zeigt das Zielsystem des Wissensmanagements.

Abbildung 2.14: Zielsystem des Wissensmanagements; nach [Kla03] mit freundlicher Genehmigung des Springer-Verlags

Im Ergebnis wird ausgehend von der Definition des Wissens der Zusammenhang zwischen dem Aufbau von Kompetenzen und der Erlangung des Wettbewerbsvorteils dargestellt. Die Kernprozesse und Zielsysteme zeigen, dass Wissensmanagement aus mehr als IT-Lösungen wie z.B. Datenbanken besteht, [Nor16, PRR12, Kla03]. Die alleinige Integration dieser Systeme ohne Berücksichtigung der Kernprozesse oder des Zielsystems führt nicht zu dem angestrebten Zustand der wissensorientierten Unternehmensführung. Wissensmanagement stellt Instrumente zur Steuerung, Entwicklung, Verteilung, Nutzung und Speicherung von

Wissen unter strategischen und operativen Kriterien zur Verfügung und verwaltet diese, [VDI09b, Fur14]. In Kaiser et al. [KCK$^+$08] und Volker et al. [VSS07] werden verschiedene Instrumente und Methoden des Wissensmanagements vorgestellt.

Die Auswahl geeigneter Instrumente und Methoden des Wissensmanagements zur Umsetzung im Unternehmen soll hinsichtlich des Anwendungsgebietes stattfinden. Auf Grundlage der Kernprozesse und der Phasen werden die Voraussetzungen geklärt. Die Anwendung von Instrumenten und Methoden ist im Produktentwicklungsprozess von Nutzen, wenn Zielstellungen und Erwartungen bekannt sind, [VDI09b]. Der erfolgreiche Einsatz ist abhängig von der Kenntnis, wie zusätzliche Ressourcen aufzuwenden und in die Unternehmensprozesse zu integrieren sind, [VDI09b].

2.4.2 Knowledge Based Engineering

Der Produktentwicklungsprozess kann als informationsverarbeitender Prozess kategorisiert werden. Aus dieser Sicht ist das Ziel die Generierung von Wissen über die Zusammenhänge von geforderten Eigenschaften, den Merkmalen und den zu ermittelnden Eigenschaften als Grundlage zur Entscheidungsfindung, [HCAM02, FG13]. Analyse und Synthese im PDD basieren ebenfalls auf Wissen, [WD03]. Im Entwicklungsprozess können bspw. Lösungsmuster oder bestehende Produktmodelle eingesetzt werden. Ein erfolgreiches Wissensmanagement ist dafür von großer Bedeutung, [KCK$^+$08]. Durch die Anwendung von Methoden und Hilfsmitteln kann der Entwickler unterstützt werden. Im Entwicklungsprozess wird diese Anwendung von Methoden und Hilfsmitteln unter KBE zusammengefasst, [VDI15].

Ausgehend von den Hauptzielen der Effektivitäts- und Effizienzsteigerung werden mit dem KBE u.a. Standardisierungen, Automatisierungen und Qualitätssteigerungen angestrebt, [VDI15]. So unterschiedlich die Phasen des Entwicklungsprozesses sind, so verschieden sind auch die KBE-Anwendungen mit ihren Zielen und Herangehensweisen. Sie sind u.a. abhängig von den Parametern des Wissens, z.B. dem Ort des Wissens, [RBW10].

Im allgemeinen basieren KBE-Anwendungen auf wissensbasierten Systemen (KBS), [MS12]. Im Umgang mit den KBS sind vor allem die Akquisition und die Repräsentation des Wissens zu berücksichtigen, [VDI15]. Die Akquisition bezeichnet die Formalisierung des Wissens in externes Wissen aus verschiedenen Quellen. Repräsentation definiert die Präsentation des Wissens gegenüber dem Anwender des KBS, z.B. in Form von Regeln, vgl. Vietor et al. [VZN10]. Ein exemplarischer Aufbau eines KBS ist in [MS12] zu finden.

Ein Beispiel für KBS sind Datenverwaltungsprogramme. Sie werden je nach betrachtetem Umfang unter den Begriffen Produktdaten Management (PDM) und Product Lifecycle Managament (PLM) zusammengefasst, [ERZ14]. Ihre Aufgabe ist die Verwaltung der im Produktentwicklungsprozess bzw. Produktlebenszyklus entstehenden und benötigten Daten. Durch den Aufbau von Schnittstellen zu eingesetzten Methoden und Hilfsmitteln sowie durch deren Standardisierung soll der Datenaustausch effektiv durchgeführt und die effiziente Anwendung der Methoden und Hilfsmittel unterstützt werden, [ERZ14]. Neben den Datenverwaltungsprogrammen zeigen Kaiser et al. [KCK$^+$08] weitere Beispiele, die

Teile von Datenverwaltungsprogrammen seien können, u.a. Datenbanken, Expertensysteme und Workflow-Systeme. Die Einordnung und Aufgaben von PDM-/PLM-Systemen in Bezug auf PDD sind in Abbildung 2.15 dargestellt. Weber [WD03] unterteilt die Aufgaben von PDM-/PLM-Systemen in drei Bereiche. Die Grundaufgabe besteht in der Datenverwaltung der Merkmale und deren Abhängigkeiten voneinander. Erweiterte Datenverwaltungsprogramme sammeln und strukturieren geforderte und die ermittelten Eigenschaften. Die letzte Ausbaustufe sind Unterstützungen der Prozesse Synthese, Analyse und Evaluation sowie das zugehörige Ressourcenmanagement.

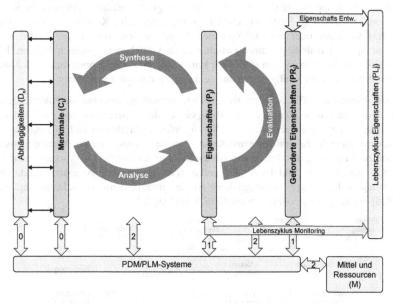

Abbildung 2.15: Einordnung und Aufgaben von PDM-/PLM-Systemen im PDD - 0: Grundaufgabe eines PDM-/PLM-Systems, 1: Erweiterte Aufgabe zur Sammlung und Strukturierung von Eigenschaften und geforderten Eigenschaften, 2: Erweiterte Aufgabe zur Unterstützung von Synthese, Analyse und Evaluation sowie Ressourcenmanagement und Lebenszyklus Monitoring; nach [WD03]

Weitere Beispiele für KBS sind Einzellösungen für die Konstruktion. Parameter werden in CAD-System in mathematische oder physikalische Beziehungen gesetzt. Das entspricht der Speicherung der Abhängigkeiten und der Beziehungen zu den Eigenschaften. Wenn Datenbanken an CAD-Programme per Schnittstelle angebunden sind, werden dem Entwickler Informationen produktbezogen angezeigt. Die VDI-Richtlinie 2209 [VDI09a] gliedert diese unterstützten CAD-Systeme in parametrische, featurebasierte und wissensbasierte Systeme. Beispiele werden in der Richtlinie [VDI09a] angeführt. Neben dem produktbezogenen Wissen beinhalten KBE-Anwendungen prozessbezogenes Wissen, [KB90].

Lutz [Lut11] gliedert KBE-Anwendungen bezüglich des Grads der wissensbasierten Unterstützungen in Konfiguration und in Auslegung und Konstruktion. Abbildung B.2 zeigt in Anhang B die Einordnung der KBS. Lutz [Lut11] unterscheidet (3D-)Produktkonfiguratoren, PDM/PLM-Systeme, CAD-Systeme, KBE-Systeme und Design Automation Systeme. Beispiele für klassische Produktkonfiguratoren sind Anwendungen zur Fahrzeug- oder Möbelkonfiguration im Rahmen eines Bestellvorgangs durch den Kunden. 3D-Produktkonfiguratoren sind deren Erweiterungen um CAD-Anwendungen in Kopplung mit PDM/PLM-Systemen. KBE-Systeme definiert [Lut11] hier als IT-basierte Unterstützung zur Auslegung und Konstruktion ohne Kopplung zu CAD-Systemen. Ein Design Automation System ist die Kopplung von CAD- und KBE-Systemen. Die Gliederung zeigt keine Kopplung von CAD- und PDM/PLM-Systemen oder mit KBE-Systemen. In der vorliegenden Arbeit werden KBE-Anwendungen auch als Kopplungen zwischen den beschriebenen Systemen definiert. Ein ganzheitliches Assistenzsystem stellt nach Lutz idealerweise die Kombination aus hoher Unterstützung bei dem Konfigurieren und dem Auslegen sowie Konstruieren dar.

Mit KBE können über IT-Lösungen, wie die Datenverwaltungsprogramme PDM/PLM, und Einzellösungen, z.B. wissensbasierte CAD-Systeme oder Expertensysteme, der erste und der zweite Reifegrad erreicht werden, [Nor16]. Weitere Methoden und Hilfsmittel, die Berücksichtigung der Kernprozesse und das strategische und operative Wissensmanagement können zur Erlangung des dritten und vierten Reifegrades führen. Die Voraussetzung ist eine Symbiose von KBS und der Ablauf- und Aufbauorganisation. Die grundlegende Voraussetzung ist die erfolgreiche Integration jeglicher KBS im Unternehmen. Dafür empfiehlt [VDI15] ein Vorgehensmodell, dargestellt in Abbildung 2.16.

Abbildung 2.16: Empfohlene Vorgehensweise zur Integration einer KBE-Anwendung im Unternehmen; eigene Darstellung in Anlehnung an [VDI15]

Die Empfehlung für die Vorgehensweise zur Integration von KBE-Anwendungen in dem zweiten Blatt der VDI-Richtline 5610 [VDI15] ist in vier Phasen gegliedert. Ausgehend von der Planung der KBE-Anwendung finden die Entwicklung, der Test und der Betrieb statt. Während dieser Phasen ist die Einbeziehung wesentlicher Personen mit bestimmten Rollen ein wichtiger Erfolgsfaktor, [Bim05]. Die Beschreibung gibt einen Überblick über die Rollen und die damit verbundenen Hauptaufgaben:

- Die Initiierung eines KBE-Projektes geht vom Auftraggeber aus. Am Anfang werden Zielstellung, Art und Umfang der KBE-Anwendung festgelegt. Die Validierung wird ebenfalls durch den Auftraggeber durchgeführt. [Bim05, VDI15]

- Der Projektleiter einer KBE-Anwendung wird als Wissensingenieur betitelt. In der Planungsphase hat er die Aufgabe, bei der Ausarbeitung der Zielstellung mitzuwirken und mit allen beteiligten Parteien abzustimmen. Während der Entwicklungsphase zählen die methodische Akquisition von Wissen zusammen mit Experten sowie die schnittstellengerechte Integration der KBE-Anwendung ins Unternehmen und die Motivation des Projektteams zu seinen Aufgaben. [Bim05, VDI15]

- Experten sind Quellen des Wissens für KBE-Anwendungen. Ihr Beitrag liegt in der Bereitstellung des Wissens. Während der Planungsphase muss das relevante Wissen identifiziert werden. Die Erhebung, Analyse, Strukturierung und Implementierung des Wissens für die KBE-Anwendung wird in der Entwicklungsphase durchgeführt. Das hinterlegte Wissen wird im Test und im Betrieb überarbeitet. [Bim05, VDI15]

- Die Anwender spielen in der Entwicklungs-, Test- und Betriebsphase eine wichtige Rolle. Sie sind die Kunden für die KBE-Anwendung. Ihre Forderungen sind frühzeitig zu berücksichtigen. [Bim05, VDI15]

Die Übersicht über die Aufgaben gibt einen groben Überblick über die Phasen der Vorgehensweise zur Integration einer KBE-Anwendung. Im Folgenden werden sie genauer beschrieben.

In der erste Phase, der empfohlenen Vorgehensweise, der Planungsphase, werden zwei Schritte absolviert. Der erste Schritt ist die Organisation des KBE-Projektes. Hier wird die Zielstellung mit dem Auftraggeber festgelegt und im Unternehmen abgestimmt. Wie eingangs erläutert, benötigt die Implementierung eines Wissensmanagements Ressourcen. Daher führt Milton [Mil07] aus, dass die Unterstützung der Unternehmensführung notwendig ist, um eine KBE-Anwendung erfolgreich implementieren zu können. Ein weiterer Erfolgsfaktor ist nach Schreiber et al. [SAA+00] die Integration in die IT-Landschaft des Unternehmens. Durch beides wird die Akzeptanz im Unternehmen erhöht. Deshalb müssen diese Kriterien in der Planungsphase berücksichtigt werden, [Sto01].

Die Aufgaben im zweiten Schritt werden unter dem Begriff der Identifikation des relevanten Wissens zusammengefasst. Hierfür wird zunächst der Zustand analysiert. Der Ist-Zustand wird beschrieben und Problemstellungen werden identifiziert, [SAA+00]. Darauf aufbauend wird der Soll-Prozess mit der zu entwickelnden KBE-Anwendung entworfen, [Rud98]. Bei der Detaillierung des Soll-Prozesses wird das relevante Wissen bzgl. des KBS betrachtet und Wissensträger werden zugeordnet. Anschließend werden eine Kosten-Nutzen- und eine Machbarkeitsanalyse durchgeführt, [SAA+00]. In deren Folge können die vorherigen Schritte bis zu einer Entscheidung über die Entwicklung iteriert werden.

Die zweiten Phase der empfohlenen Vorgehensweise, die Entwicklungsphase, wird in drei Schritte gegliedert: Wissenserhebung, Wissensanalyse und -strukturierung sowie Wissensimplementierung. Die Wissenserhebung ist die Grundvoraussetzung für eine erfolgreiche

Entwicklungsphase. Aus verschiedenen Quellen extrahiert der Wissensingenieur das relevante Wissen. Dazu kann er Methoden und Hilfsmittel anwenden, siehe [VDI15]. Das Wissen aus verschiedenen Wissensquellen kann dabei unvollständig, widersprüchlich oder nicht anwendbar sein, [VDI15].

Das erhobene Wissen wird im nächsten Schritt analysiert und strukturiert, [SAA$^+$00]. Die Analyse ist erforderlich, um einen Überblick über das Wissen zu bekommen und anschließend strukturieren zu können. Denn das erhobene Wissen liegt hauptsächlich informal vor. Es kann von Rechnern so nicht verarbeitet werden. Das Wissen muss dafür formalisiert werden, [Sto01]. Für die Strukturierung empfiehlt Stokes [Sto01], das Wissen in Abbildungen, Zwangsbedingungen, Aktivitäten, Regeln und Strukturen einzuteilen.

Die Wissensimplementierung beinhaltet die Umsetzung des KBS in eine KBE-Anwendung. Hier wird das formalisierte Wissen auf den KBE-internen Wissensträgern eingebunden, [VDI15]

Die dritte Phase der empfohlenen Vorgehensweise, die Testphase, dient der Validierung der entwickelten KBE-Anwendung. Die Anforderungen werden überprüft und auftretende Fehler behoben. Dabei soll der Test detailliert geplant werden. Besteht die KBE-Anwendung aus mehreren Komponenten, können Test- und Entwicklungsphase parallel ablaufen, da einzelne Komponenten gesondert getestet werden können. Vor den Abnahmetests bei dem Kunden sind die Wissensbasis, explizit und implizit gegebene Daten, der Code, die Benutzeroberfläche und die Integration zu testen. Wird ein akzeptabler Status erreicht, folgen Abnahmetests zur Freigabe und der Übergang zur Betriebsphase über eine Pilotphase. Während der Betriebsphase können erneute Tests notwendig werden, wenn Randbedingungen geändert werden, z.B. Änderung der CAD-Software. [VDI15]

Die vierte Phase der empfohlenen Vorgehensweise, die Betriebsphase, beinhaltet zwei Aufgaben. Die erste Aufgabe ist die Einführung der KBE-Anwendung im Unternehmen. Wurden in der Planungs- und Entwicklungsphase die IT-Systeme beachtet, kann die Implementierung durchgeführt werden. Basierend auf der Planungsphase wird nun mit Hilfe der Unternehmensführung die KBE-Anwendung in die Aufbau- und Ablauforganisation integriert. Über verschiedene Kommunikationskanäle sollen Informationen zu Vorteilen und Hintergründen verbreitet werden und Schulungen sollen in den betreffenden Fachabteilungen durchgeführt werden. Außerdem ist der Support bei Problemen zu klären, [VDI15]

Die zweite Aufgabe in der Betriebsphase betrifft die Verwaltung, Pflege und Aktualisierung der KBE-Anwendung. Die Anpassung an Produktänderungen und die Aktualisierung und Ergänzung des Wissens zählt dazu. Darüber hinaus ist die Anwendung auf Optimierungspotential zu prüfen und ggf. zu verbessern, [VDI15]. Gelingt die Aktualisierung nicht, besteht die Gefahr, dass die KBE-Anwendung in eine Todesspirale mündet, [PRR12]. Abbildung 2.17 stellt die Todesspirale dar. Probst et al. [PRR12] beschreiben den Ablauf: Ist die Wissensbasis fehlerhaft oder unvollständig, weil sie nicht aktualisiert wird, nimmt das Vertrauen der Anwender in die Daten ab. Darunter leidet die Nutzung des Systems, denn diese nimmt weiter ab. Das führt zu geringen Investitionen der Anwender und der Unternehmensführung in die Systempflege. Das hat zur Folge, dass die Wissensbasis weiter an Aktualität verliert. Die Todesspirale wird erneut durchlaufen, bis das KBS nicht mehr tragfähig ist.

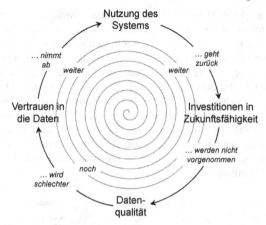

Abbildung 2.17: Todesspirale einer KBE-Anwendung; nach [PRR12] mit freundlicher Genehmigung des Springer-Verlags

Zentrale Kriterien bei Planung, Entwicklung, Test und Betrieb von KBE-Anwendungen sind die Sicherheit und der Wissensschutz. Da das Wissen in einer KBE-Anwendung formalisiert vorliegt, ist es für Außenstehende leichter zu verstehen als unformalisiertes Wissen. Damit der Missbrauch mit den KBE-Anwendungen verhindert wird, schlägt die VDI-Richtlinie 5610 in Blatt 2 [VDI15] drei Maßnahmen vor. Zunächst muss die IT-Infrastruktur grundlegend gesichert werden. Darüber hinaus werden das Digital Right Management (DRM) und das Data Filtering (DF) genannt. Im DRM werden Rollen und folglich Rechte den Anwendern zugeordnet, sodass der Zugriff spezifisch gesteuert wird. DF bezeichnet die gezielte Reduzierung von Daten in CAD-Modellen. Hinterlegte Beziehungen oder Historien werden gelöscht, sodass am Ende nur die Geometrie verbleibt. Die Daten können dann ausgetauscht werden, ohne dass direkte Rückschlüsse auf die Entwicklung oder das Wissen gezogen werden können.

2.4.3 Model Based Systems Engineering

Der Einsatz von Modellen im Produktentwicklungsprozess wird unter MBSE zusammengefasst, [ERZ14, BS13]. Hierzu gehören die Gestaltung eines Systems zur Abstraktion eines komplexen realen Sachverhalts, vgl. Kapitel 2.1.1, sowie das Projektmanagement im Produktentwicklungsprozess, [HWFV15].

Eigner et al. [ERZ14] definieren MBSE als *„formalisierte Anwendung von Modellbildung, um die Aktivitäten der Anforderungserfassung, Entwicklung, Verifikation und Validierung* *eines Systems, beginnend von der Konzeptphase, über die Entwicklungsphase bis zu späteren Lebenszyklusphasen zu unterstützen"*, [ERZ14, S.81].

Das von Eigner et al. [ERZ14] genannte und im MBSE zur Anwendung kommende System besteht aus mehreren Teilsystemen. Ein zentraler Bestandteil des MBSE ist das Systemmodell. Für das zu entwickelnden Produkt kann das Systemmodell bspw. aus Anforderungen, Parametern oder Strukturen bestehen, [ERZ14]. Das Systemmodell ist an Produktmodelle von Fachbereichen gekoppelt. Die Produktmodelle werden in den Fachbereichen zur spezifischen Untersuchung des Produktes genutzt, z.B. für dessen Verhalten bei Crash-Lastfällen. Die Produktmodelle im MBSE entsprechen daher den Teilsystemen der Fachbereiche. Sie ergänzen das Systemmodell. Die Ergebnisse können über das zentrale Systemmodell zusammengetragen und mit anderen Fachbereichen abgestimmt werden. Beim MBSE wird mit dem Systemmodell ein zentrales Abstimmungstool entworfen, das infolge der Einbindung der Produktmodelle aus den Fachabteilungen die Kommunikation und Abstimmung gezielt unterstützt, siehe Abbildung 2.18.

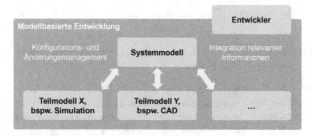

Abbildung 2.18: Systemmodell im Model Based Systems Engineering; nach [ERZ14] mit freundlicher Genehmigung des Springer-Verlags

Die Entwicklung eines Systemmodells beginnt mit der Planungsphase und bezieht die Fachabteilungen ein. Ziel ist hier die Festlegung der Inhalte und der Grenzen des Systemmodells. Beides wird durch die Produktmodelle der Fachbereiche beeinflusst, sodass Schnittstellen zu definieren sind, [ERZ14]. Weil die Produktmodelle den realen Sachverhalt handhabbar darstellen können, wird die Entwicklung der Systemlandschaft möglich und im MBSE notwendig. Die Abstraktion des Sachverhalts mit einem zu hohen Detaillierungsgrad in einem Modell ist nicht zielführend, vgl. Kapitel 2.1.1.

Zur Entwicklung und Anwendung des MBSE entwickeln Eigner et al. [ERZ14] das Vorgehensmodell für Modellbasierte Virtuelle Produktentwicklung (MVPE-Vorgehensmodell), dargestellt in Abbildung 2.19. Es wird in vier Hauptteile gegliedert. Auf der Problemstellung basierend findet die interdisziplinäre Systementwicklung statt. Dazu zählen die Modellbildung in Form einer Synthese und die Überprüfung des Systems mit der Analyse, vgl. PDD in Kapitel 2.1.1. Ist das Systemmodell entwickelt, können die Produktmodelle detailliert und angepasst werden, [ERZ14]. Auch hier folgen Synthese und Analyse. Im dritten Hauptteil werden die Absicherung durch Tests und die Integration in das Unternehmen durchgeführt. Der vierte Schritt ist die Eingliederung in PLM-Systeme, [ERZ14].

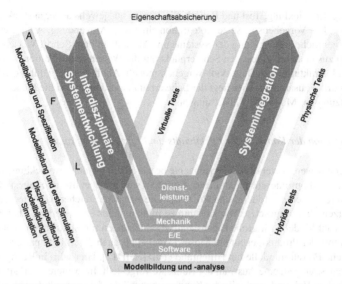

Abbildung 2.19: MVPE-Vorgehensmodell im Model Based Systems Engineering, A: Anforderung, F: Funktion, L: Element der logischen Architektur, P: Physikalisches Element; nach [ERZ14] mit freundlicher Genehmigung des Springer-Verlags

In Bezug auf das PDD entstehen das Systemmodell und die Produktmodelle aus der Synthese und der Analyse, [ERZ14]. Mit Hilfe des Systemmodells können die Synthese- und Analyse-Schritte im Produktentwicklungsprozess anschließend gesteuert werden. Für die Ausgestaltung der Schnittstellen und der Kommunikation während der Anwendung des MBSE können Datenverwaltungsprogramme verwendet werden. Die PDM/PLM-Systeme können Daten gezielt zwischen den Produktmodellen verwalten und zur Verfügung stellen. Im Rahmen des Projektmanagements werden die Synthese- und Analyse-Prozesse in der Produktentwicklung organisiert. Mit Unterstützung des MBSE können die Produktmodelle effektiv miteinander gekoppelt und gesteuert werden. Folglich ist die Grundlage vorhanden, mit Hilfe des Projektmanagements den Produktentwicklungsprozess effektiv und effizient durchzuführen zu können.

KBE und MBSE bedingen sich. Durch das KBE können das Systemmodell und die Produktmodelle unter der Verwendung von PDM mit Daten und Informationen versorgt werden. Dabei können aus dem KBE eigene Teilsysteme oder Untereinheiten entstehen. Das MBSE ist letztendlich die Kopplung von Systemen, um gezielt Wissen austauschen. Damit kann das MBSE als spezifische KBE-Anwendung gesehen werden. Umgekehrt kann MBSE eine KBE-Anwendungen beinhalten.

Aufgrund des Zusammenhangs von KBE und MBSE sind auch die Vorgehensweisen zur Erstellung und Anwendung ähnlich. Prinzipiell besitzen beide Vorgehensmodelle die Phasen Planung, Entwicklung, Test und Betrieb. Sie werden aus jeweils anderen Blickwinkeln beschrieben. Die Vorgehensweise zur Integration einer KBE-Anwendung, Abbildung 2.16, fasst die eigentliche Entwicklung der Systeme und Modelle in dem Schritt Wissensimple-mentierung zusammen und legt den Schwerpunkt auf die Wissensidentifikation, -erhebung, -analyse und -strukturierung. Das MVPE-Vorgehensmodell, Abbildung 2.19, führt die letztge-nannten Schritte zusammen. Hier liegt der Schwerpunkt auf den unterschiedlichen Phasen der Umsetzung der Modelle als IT-Lösungen.

2.4.4 Diskussion der Konzepte zur Effektivitäts- und Effizienzsteigerung

In der Literatur werden verschiedene Konzepte beschrieben, die den Entwicklungsprozess unterstützen und optimieren. Inhalt dieser Konzepte sind auf spezifische Fragestellungen ausgerichtete Systeme, Modelle und Prozesse. Die Konzepte reichen von theoretischen Denkansätzen über umgesetzte Tools bis hin zu implementierten Systemen. Thematisiert werden sowohl Modelle für grobe Eigenschaftsabschätzungen für elektrifizierte Fahrzeuge ohne Kenntnis der Produktgestalt bei Moses [Mos14] als auch detaillierte parametrisierte geometrische Produktmodelle bei Hillebrand et al. [HHD12]. Hier wird in Bezug auf die vorgestellten Strategien eine Auswahl der Konzepte vorgestellt. Im weiteren Verlauf werden die spezifischen Vor- und Nachteile der Konzepte anhand der folgenden Kriterien erläutert. Die Informationen zu den Konzepten sind weitestgehend der Literatur entnommen. Die Konzepte von [Hah17, HHD12, Kuc12] werden darüber hinaus angewendet.

- Phase im PDD
  Für das Benchmarking der Konzepte sind die Funktionen bezogen auf den Produktent-wicklungsprozess wesentlich. Die Einordnung erfolgt an den Prozessen im PDD. Die Konzepte können eine einzelne Phase oder Kombinationen der Phasen Synthese, Analyse und Evaluation fokussieren.

- KBE konform und MBSE konform
  Die Konformität der Konzepte wird im Vergleich zu KBE und MBSE geprüft. Bei der Beurteilung der Konformität hinsichtlich KBE ist relevant, inwiefern die Konzepte dem Aufbau und Funktionen einer KBE-Anwendung entsprechen. Analog gilt dies für MBSE.

- Automatisierungsgrad
  Zusätzlich ist der Automatisierungsgrad von Bedeutung. Routinetätigkeiten werden dem Anwender mit Hilfe eines Konzeptes abgenommen oder Lösungsräume durch Algorith-men systematisch untersucht.

- Anwendbarkeit
  Die Anwendbarkeit ist an der Betriebsphase einer KBE/ MBSE-Anwendung orientiert. Hier wird beurteilt, inwiefern die Konzepte auf eine Implementierung und Datenpflege abgestimmt sind.

Bis auf die Phase im PDD werden die Kriterien mit einer dreistufigen Skala beurteilt, und zwar von hoher, über gegebene bis zu keiner Konformität. Dies gilt auch für den Grad der Übereinstimmung und die Anwendbarkeit. Ein Überblick über die Kriterien und die Konzepte ist in den Tabellen 2.1 bis 2.4 dargestellt. Besondere Vorteile, Bemerkungen und Einschränken werden in der Übersicht vermerkt.

Mit der *Methode der parametrischen Produktmodellierung* strebt Böhme [Böh04] die Kopplung von Produktmodellen über eine externe Parametrisierung an. Der Ansatz besitzt eine hohe Ähnlichkeit zum MBSE mit dem Schwerpunkt auf einem Systemmodell. Die Parametrik entspricht abgespeichertem Wissen. Bezüglich des PDD können mit dem Konzept von Böhme Abhängigkeiten von Merkmalen identifiziert und Merkmale festgelegt werden. Eine Analyse und Evaluation ist nicht vorgesehen. Bei einer beispielhaften Umsetzung des Konzeptes zeigt die Parametrik Vorteile durch einen hohen Automatisierungsgrad. Dafür wird jedoch ein hoher Integrationsaufwand benötigt. Das Konzept zeigt bezüglich einer Implementierung Schnittstellen zu anderen Systemen auf, jedoch ohne Berücksichtigung von PDM-Systemen. Das Thema Datenpflege, insbesondere für die externe Parametrik, wird nicht behandelt. Die Methode ist daher im Unternehmenskontext eingeschränkt anwendbar.

Das *Vorgehensmodell für die Konzeptentwicklung von Elektrofahrzeugen* von Busche [Bus14] beschreibt die Auslegung der Energiespeicherkomponenten für elektrifizierte Fahrzeuge. Mit Hilfe seines umgesetzten *Eigenschaftsnetzwerkes* können Zusammenhänge von Merkmalen und Eigenschaften analysiert und evaluiert werden. Die im *Eigenschaftsnetzwerk* hinterlegten Beziehungen stellen eine Wissensbasis dar. Dessen Umsetzung kann bedingt dem KBE zugeordnet werden. Busches Netzwerk hat keine Schnittstellen zu weiteren Produktmodellen, wie im MBSE gefordert, dafür als unabhängiges Tool einen hohen Automatisierungsgrad. Außerdem werden Pflege und Implementierungskonzept nicht thematisiert. Ohne Schnittstellen und mit dem hohen Automatisierungsgrad ist das Tool anwendbar.

Conrad [Con10] untersucht die Einbindung von *semantischen Netzen in die Produktentwicklung*. Der Schwerpunkt liegt auf der Speicherung und Verteilung von Informationen und Wissen. Damit kann kein Prozessschritt des PDD durchgeführt werden. Stattdessen werden Daten gezielt bereitgestellt. Conrad stellt bei der Anwendung des semantischen Netzes in seinem Beispiel fest, dass das unsystematische Pflegen von Wissen zu Doppelungen und einem unübersichtlichem Datenstand führt. Grundsätzlich ist die Konformität zum KBE hoch, doch die Problematik von Pflege und Implementierung reduziert das Potential für den Einsatz. Für das angeführte Beispiel stellt Conrad einen hohen Integrationsaufwand im Unternehmenskontext fest. Trotz der Automatisierung von Abfragen der semantischen Netze ist die Anwendbarkeit nicht gegeben. Zudem entspricht das Konzept nicht den Kriterien des MBSE.

Mit dem *Vehicle Concept System* (VECOS) stellen Deter und Oertel [DO97] das Konzept eines Design Automation Systems vor. Anhand einer Parameterstruktur in mehreren Ebenen können Karosseriestrukturen von Linienmodellen bis hin zu Strukturmodellen generiert werden. Geometrische Abhängigkeiten können beurteilt werden, sodass die Fahrzeuggestalt festgelegt werden kann. Wissen wird in der Parameterstruktur gespeichert. Allerdings muss diese im CAD-System realisiert werden. Das verhindert einen Austausch der Parametrik mit anderen Systemen. Für eine KBE-Anwendung ist somit eine geringe Konformität gegeben. Schnittstellen zu anderen Systemen sind nicht realisiert. Das entspricht einem Systemmodell ohne Kopplung zu anderen Produktmodellen. Das VECOS kann nicht dem MBSE zugeordnet werden. Der Automatisierungsgrad ist für den Aufwand der Parametrisierung gering, da wichtige Flächen manuell modelliert werden müssen. Ursprünglich stellte das VECOS jedoch ein anwendbares parametrisiertes rein geometrisches Produktmodell zur Verfügung. Aus heutiger Sicht fehlen Schnittstellen, Wissensspeicher und ein hoher Automatisierungsgrad. Deshalb ist das Konzept nicht mehr zu verwenden.

Duddeck und Zimmer [DZ13] beschreiben unter dem Titel *Modular Car Body Design and Optimization* die Verknüpfung von Parametrisierung mit der Optimierung einer Rohkarosserie. Dabei werden mit Unterstützung von *SFE Concept* Querschnitte zum parametrischen Modellaufbau verwendet. Mit der Verknüpfung der Parameter über Optimierungsalgorithmen können ausgewählte Merkmale der Querschnitte spezifisch optimiert werden. Die KBE-Konformität ist aufgrund der Parametrik grundsätzlich gegeben. Andere Topologien sind nicht Bestandteil der Optimierung. Dafür empfehlen Duddeck und Zimmer die Verwendung von Bibliotheken für einen modularen Modellaufbau. Für ausgewählte Eigenschaften und Parameter der Karosserie werden die Prozessschritte des PDD durchlaufen. Die Synthese erfolgt auf Bauteilebene mit einem Optimierer zum Teil automatisiert. Der Automatisierungsgrad für die Analyse, Evaluation und Optimierung ist hoch. Der manuelle Aufwand für den modularen Modellaufbau zur Berücksichtigung von anderen Topologien ist jedoch groß. Diese müssen in den Prozess integriert und aufeinander abgestimmt werden. Das Gesamtsystem verfolgt damit den Ansatz des MBSE, verfügt jedoch nicht über Schnittstellen zu anderen Produktmodellen. Auf Grund des manuellen Pflegeaufwands und der fehlenden Implementierung ist das Konzept bedingt nutzbar.

Das *Gesamtfahrzeug-Gewichtsmodell* wird von Fuchs und Lienkamp [FL13] vorgestellt. Auf einer komponentenbezogenen Wissensbasis mit Gewichten und weiteren Eigenschaften bestehender Fahrzeuge wird eine Abschätzung der Gewichte und der weiteren Eigenschaften für neue Fahrzeuge durchgeführt. Dazu werden die Komponenten entsprechend den Eingangsdaten skaliert, diese als Variablen in Gleichungssystemen eingetragen und nach dem Gesamtgewicht gelöst. Das abgespeicherte Wissen kann zwar gründlich recherchiert werden. Dennoch können Komponenten nicht ohne zusätzliche Informationen auf verschiedene Größen skaliert werden. Das *Gesamtfahrzeug-Gewichtsmodell* weist eine hohe Ähnlichkeit zu dem Konzept von Busche [Bus14] auf und ist daher ähnlich zu bewerten.

Furian [Fur14] entwickelt ein *wissensbasiertes System zur Unterstützung des Konstrukteurs* im Entwicklungsprozess. Konstruktive Bauteiländerungen werden von Experten in das entwickelte System eingepflegt. Hierfür werden Daten mit Informationen verknüpft eingetragen, z.B. Entscheidungen über die Gestaltung eines Bauteils mit der entsprechenden Begründung. Die Daten werden im System mit einer Ontologie verbunden. Durch die Ontologie können die Informationen automatisiert gefiltert werden. Über eine Suchmaske kann der Anwender auf diese Daten zurückgreifen. Die Informationen kann er dann in seine Problemstellung mit einfließen lassen. Die Synthese wird folglich unterstützt. Das KBS ist maßgebend nach Kriterien des KBE entwickelt. Durch die Verknüpfung des Tools mit anderen Tätigkeiten, die ohnehin zu erledigen sind, ist das Tool anwendbar. Eine Implementierung im Unternehmenskontext wurde durchgeführt. Schnittstellen zu anderen Produktmodellen sind jedoch nicht vorhanden. Bezogen auf MBSE ist das Konzept nicht konform.

Tabelle 2.1: Konzepte zur Effektivitäts- und Effizienzsteigerung im Produktentwicklungsprozess - Teil 1; ++: hohe, +: gegebene, -: Keine Konformität, Grad der Übereinstimmung oder Anwendbarkeit

Quelle	Kurz-Bezeichnung	Phase im PDD	KBE konform	MBSE konform	Automat.-grad	Anwendbarkeit	+ Besondere Vorteile / • Bemerkungen / - Einschränkungen
[Böh04]	**Parametrische Produkmodellierung**	Analyse und Evaluation	+	++	-	+	+ Parametrik gibt klare Zusammenhänge • Externe Parametrisierung ist mit Systemmodell vergleichbar - Externe Parametrik enthält alle Parameter
[Bus14]	**Vorgehensmodell für die Konzeptentwicklung von Elektrofahrzeugen**	Analyse und Evaluation	+	-	++	+	+ Eigenschaftsnetzwerk gibt klare Zusammenhänge für elektrifizierte Fahrzeuge - Stand-Alone
[Con14]	**Semantische Netze in der Produktentwicklung**	Synthese	+	-	+	-	+ Spezifische Verknüpfung von Informationen - Datenflut ohne geeignete Filterung
[DO97]	**Vehicle Concept System**	Synthese	+	-	-	-	+ Parametrik hat Auswirkungen auf Produktgeometrie - Flächen müssen manuell modelliert werden
[DZ13]	**Modular Car Body Design and Optimization**	Synthese, Analyse und Evaluation	-	+	+	+	+ Optimierung von Merkmalen in den Querschnitten • Anwendung in öffentlich geförderten Projekten - Neue Konzepte erfordern sehr hohen Implementierungsaufwand
[FL13]	**Gesamtfahrzeug-Gewichtsmodell**	Analyse und Evaluation	+	-	++	+	+ Verknüpfung der Eingangsdaten über Skalierung zu neuem Gewicht gibt klare Zusammenhänge der Parameter - Stand-Alone
[Fur14]	**Wissensbasiertes System zur Unterstützung des Konstrukteurs**	Synthese	++	-	+	+	+ Verknüpft Daten problem- und bauteilspezifisch - Hoher Pflegeaufwand

Gembarski et al. [GSL15] zeigen einen Prozess, in dem Produktmodelle mit unterschiedlichem Detaillierungsgrad die Phasen des PDD nacheinander durchlaufen. Hierbei nimmt der Detaillierungsgrad von Modell zu Modell zu, sodass im Verlauf weitere Eigenschaften und Merkmale in Modellen mit zunehmender Detaillierung, dem so genannten Reifegrad, analysiert werden. Mit der *Reifegradmodellbasierten Entwicklung von Strukturbauteilen* wird am Beispiel des Radträgers eine praxisnahe Anwendung gezeigt. Mehrfach werden mit den Modellen Optimierungen durchgeführt. Der Prozess ist an MBSE angelehnt, ohne jedoch ein Systemmodell zu verwenden. Er kann neue Funktionen und Bauteile nur mit hohem Integrationsaufwand berücksichtigen. Die Parametrik in und zwischen den Modellen stellt gespeichertes Wissen dar. Bezüglich KBE ist eine grundlegende Konformität gegeben. Der Automatisierungsgrad ist gering.

Mit der *Methodik zur eigenschaftsbasierten Fahrzeugkonzeption in der frühen Konzeptphase* zeigt Hahn [Hah17], wie mit Hilfe von Beziehungen zwischen geforderten Eigenschaften und Merkmalen untereinander ein erstes Package und Maßkonzept abgeleitet werden kann. Dabei werden auf der Basis von wenig bekannten Parametern mathematische und statistische Beziehungen herangezogen, um ein Fahrzeuggrobkonzept automatisiert zu generieren. Die Variablen stehen untereinander in Beziehungen. Diese sind als Gleichungen, wie Maßketten, in einem Gleichungssystem aufgestellt, dessen Lösung ein Maßkonzept ergibt. Für die Lösung sind statistische Beziehungen von entscheidender Bedeutung. Bei zu vielen Unbekannten führen sie zur Lösung des Gleichungssystems, bringen aber auch über die verwendete Statistik Ungenauigkeiten in das System. In dieser frühen Phase werden keine Bauweisen oder bestehenden Bauteile berücksichtigt. Das Beziehungssystem kann als Wissensspeicher angesehen werden. Eine grundlegenden KBE-Konformität ist gegeben. Schnittstellen zu weiteren Produktmodellen sind nicht vorhanden. Konzepte zur Implementierung und Pflege des Tools und der enthaltenen statistischen Beziehungen existieren nicht. Dem MBSE entspricht das Konzept nicht.

Für das Fahrzeugentwurfssystem *AURORA* (Automobiltechnisches, anwenderorientiertes Entwicklungssystem zur Optimierung der rechnerunterstützten Auslegung) stellt Heinke [Hei94] verschiedene *parametergesteuerte Ansätze* für die Anwendung vor. Auf Basis verknüpfter Parameter werden Eigenschaften und Merkmale des Fahrzeugs festgelegt und Zielkonflikte können aufgedeckt werden. Von geforderten Eigenschaften ausgehend werden über physikalische und mathematische Beziehungen Merkmale abgeleitet. *AURORA* kann die geometrischen Merkmale als Eingabegrößen verarbeiten und die grobe Fahrzeuggestalt aufbauen. Durch die Parametrisierung werden klare Zusammenhänge dargestellt und in kurzer Zeit wird ein Packagemodell generiert. Informationen zu detaillierten Merkmalen, bspw. zu Querschnitten oder Materialien, werden nicht generiert. Analyse und Evaluation der Eigenschaften werden deshalb nicht durchgeführt. *AURORA* kann als Systemmodell mit Schnittstelle zu einem Produktmodell eingeordnet werden, das die geometrische Fahrzeuggestalt abbildet. Unabhängig von anderen Schnittstellen entsprechen die Kriterien denen des MBSE. Die Parametrisierung führt zu der grundlegenden Konformität bezüglich KBE. Ein Konzept zur Implementierung und Aktualisierung des Wissens liegt nicht vor. Ein mit *AURORA* vergleichbares Konzept liefert Niemerski [Nie88] mit der *Parametergesteuerten Karosserie-Generierung*. .

Herfeld [Her07] entwickelt die *Bauteil-Lastpfad-Matrix*. Sie ist ein zentrales Instrument zur Verknüpfung von Konstruktion und Simulation. Seine Untersuchungen zeigen, wie abhängig die Verknüpfung von Konstruktion und Simulation von der Kommunikation ist. Daraus schließt Herfeld auf fünf Erfolgsfaktoren für die Verknüpfung. Sie ist abhängig von Mensch, Produkt, Prozess, Daten und Werkzeugen. Er zeigt Möglichkeiten zum Einsatz der von ihm entwickelten Matrix auf. Thematisch kann diese Matrix der Analyse und Evaluation zugeordnet werden. In der Matrix kann Wissen gespeichert werden. Sie entspricht dennoch nicht den Randbedingungen einer KBE-Anwendung. Die Kriterien des MBSE erfüllt die Matrix nur bedingt. Eine erste Anwendbarkeit wird demonstriert, aber nicht im Unternehmenskontext diskutiert. Die Automatisierung ist nicht gegeben. Dennoch ist das Konzept wegen der Erweiterung auf die fünf Erfolgsfaktoren wichtig.

Die Anwendung *ConceptCar* basiert auf dem Prinzip des parametergesteuertes Konzeptes von *AURORA* von Heinke [Hei94]. Mit dem *ConceptCar* setzen Hillebrand et al. [HHD12] das MBSE um. Ausgehend von einem Systemmodell werden weitere Produktmodelle in eine Prozesskette integriert. Auf Grundlage der Definition von Eigenschaften werden über Beziehungen Merkmale und das Package des Fahrzeugs festgelegt. Eine Kopplung mit einem bestehenden Modell in *SFE Concept* ermöglicht darüber hinaus eine Analyse der Merkmalsausprägungen. Dabei wird auf ein bestehendes Fahrzeug zurückgegriffen und die Position der Querschnitte an das zuvor ermittelte Package angepasst. Wegen der Parametrik kann ein hoher Automatisierungsgrad umgesetzt und Wissen dort abgespeichert werden. Aufgrund der Festlegung auf eine Topologie sind Änderungen im Gesamtsystem mit hohem Aufwand verbunden. KBE und Automatisierungsgrad sind grundlegend gegeben. Eine Implementierungsstrategie fehlt, weshalb das *ConceptCar* bedingt anwendbar ist.

Das *Electric Vehicle Architecture Optimization System* von Kuchenbuch [Kuc12] ermöglicht die Generierung in sich konsistenter Architekturen von Elektrofahrzeugen. Durch gezielte Parametervariation mit Hilfe eines evolutionären Algorithmus wird eine hohe Anzahl von verschiedenen Packages entwickelt. Diese werden mit Hilfe des Optimierungsalgorithmus im Hinblick auf geforderte Eigenschaften bewertet, ausgewählt und zur Optimierung variiert. Kuchenbuch [Kuc12] verknüpft die Parametrik eines Packages mit einer Optimierung. Daraus resultiert ein hoher Automatisierungsgrad. Jedoch existieren keine Anknüpfungspunkte zu anderen Fachbereichen, weshalb die Anwendbarkeit nicht gegeben ist. Das Wissen ist in der Parametrik gespeichert. Deren Pflege wird nicht thematisiert. Daraus resultiert eine begrenzte Einordnung in KBE und MBSE.

Moses [Mos14] stellt *Optimierungsstrategien zur Auslegung und Bewertung energieoptimaler Fahrzeugkonzepte* vor. Er orientiert sich mit der multikriteriellen Optimierung an dem MBSE-Ansatz, sodass verschiedene Produktmodelle über Parameter verknüpft werden. Je nach dem definierten Suchraum und den Zielkriterien werden diese angesteuert. Der Optimierungsprozess ermöglicht die Untersuchung verschiedener Fragestellungen zur Auslegung von Antriebsstrangkonzepten. Der Fokus liegt hier auf der automatisiert ablaufenden Synthese der geforderten Eigenschaften zu Merkmalen des Antriebsstrangs. Das Antriebspackage wird nur teilweise berücksichtigt und hat keine Schnittstelle zu anderen Fachbereichen. Die Ausgestaltung des MBSE-Konzeptes ist somit nur bedingt gegeben. Eine Anwendung ist wegen fehlender Schnittstellen und Implementierung zweifelhaft. Zur Beurteilung bezüglich KBE kann die Parametrik als Wissensspeicher eingeordnet werden.

Tabelle 2.2: Konzepte zur Effektivitäts- und Effizienzsteigerung im Produktentwicklungsprozess - Teil 2; ++: hohe, +: gegebene, -: Keine Konformität, Grad der Übereinstimmung oder Anwendbarkeit

Quelle	Kurz-Bezeichnung	Phase im PDD	KBE konform	MBSE konform	Automat.-grad	Anwendbarkeit	+ Besondere Vorteile / • Bemerkungen / - Einschränkungen
[GSL15]	Reifegradmodellbasierte Entwicklung von Strukturbauteilen	Analyse und Evaluation	+	++	-	+	+ Entwicklung mit aufeinander abgestimmten Modellen mit zunehmendem Detaillierungsgrad • Anwendung am Radträger - Geringer Automatisierungsgrad
[Hah17]	Methodik zur eigenschaftsbasierten Fahrzeugkonzeption	Synthese	+	-	++	-	+ Schnelle Generierung von Maßkonzepten Verwendung statistischer Beziehungen • Keine Analyse oder Evaluation der - Ergebnisse
[Hei94]	Parametrische Entwurfsansätze für AURORA	Synthese	+	++	+	+	+ Schnelle Generierung des eigenschaftsabhängigen Fahrzeugpackages • Vergleichbar mit Parametergesteuerter Karosserie-Generierung [Nie88] - Keine Rückschlüsse auf detaillierte Merkmale
[Her07]	Bauteil-Lastfall-Matrix	Analyse und Evaluation	+	+	-	-	+ Berücksichtigung unterschiedlicher Sichtweisen von Konstruktion und Simulation • Betrachtung von Schnittstellen zwischen Konstruktion und Berechnung - Keine Automatisierung
[HHD12]	ConceptCar	Synthese und Analyse	+	++	+	+	+ Schnelle Analyse der Eigenschaften zu den festgelegten Parametern - Verwendung einer Karosserie ohne Berücksichtigung von Herstellbarkeit oder Materialien
[Kuc12]	Electric Vehicle Architecture Optimization System	Synthese und Analyse	+	+	++	-	+ Schnelle Erzeugung und Optimierung von Package-Lösungen • Anwendung auf Elektrofahrzeuge - Keine Verknüpfung mit anderen Fachbereichen
[Mos14]	Multikriterielle Optimierung energieoptimaler Fahrzeugkonzepte	Synthese und Analyse	+	+	+	-	+ Darstellung der Zusammenhänge zwischen Produkt, Produktionssystem und Absicherung • Anwendung auf Antriebsstränge - Keine Definition von Bauräumen oder Merkmalen mit konkretem Bauteilbezug

In der *Reifegradbasierten Optimierung von Entwicklungsprozessen* beschreibt M. Müller [Mül07] ein Konzept zur frühzeitigen Erkennung von Problemen bei der produktions-technischen Absicherung von Produkten. Der Fokus liegt auf der Verwendung digitaler Produktmodelle zur frühen Erkennung der Probleme. Ein elementares Thema ist deshalb der Reifegrad der verwendeten Modelle. Demnach werden die Zusammenhänge von Merkmalen eines Produktes und den abzusichernden Eigenschaften hergestellt. Der Fokus liegt daher auf der Analyse. Bei der Entwicklung des Konzeptes wird KBE bedingt und MBSE detaillierter betrachtet. Die Automatisierung des Prozesses liegt nicht vor. Die Anwendbarkeit wird von M. Müller kritisch betrachtet.

A. Müller [Mül10] hat ein Werkzeug zur *Systematischen und nutzerzentrierten Generierung des Pkw-Maßkonzepts* erstellt. Unter Berücksichtigung ausgewählter ergonomischer Anforderungen können mit Hilfe des Werkzeugs Maßkonzepte generiert werden. Ausgewählte Anforderungen sind Einstiegs- und Ausstiegsverhalten sowie Sichtwinkel. Zusammen mit Fahrzeugabmessungen werden die Insassen so positioniert, dass die Anforderungen erfüllt werden. Müllers Werkzeug unterstützt folglich die Synthese. Das Werkzeug hat Beziehungen zwischen den Maßen und Anforderungen gespeichert, sodass grundlegende KBE Kriterien erfüllt werden. Prinzipien des MBSE benutzt das Konzept nicht. Das automatisierte Werkzeug wurde von potentiellen Nutzern getestet und damit die Anwendbarkeit gezeigt.

Münster et al. [MSSF16] stellen eine *Methodik zur ganzheitlichen Entwicklung von Fahrzeugkonzepten und Karosseriestrukturen* vor. Am Beispiel des Fahrzeugprojekts *Next Generation Car* wird eine aus zwei Phasen bestehende Methodik vorgestellt. In dem Prozess werden ausgehend von wesentlichen Eigenschaften Packageuntersuchungen durchgeführt. Ein parametrisches Packagemodell in einem CAD-System wird aufgebaut. In dem definierten Bauraum wird eine Topologieoptimierung bezüglich der Lastannahmen vollzogen, daraus die Karosseriestruktur abgeleitet und eine multidisziplinäre Topologieopimierung durchgeführt. Abschließend findet die Validierung statt. Im Rahmen des MBSE-Konzeptes werden in der zweiten Phase der Methodik von Münster aufeinander abgestimmte Produktmodelle verwendet. Sie nehmen mit dem fortlaufenden Prozess im Detaillierungsgrad zu. Dieser wird durch die Verwendung von Regeln gesteigert, bspw. durch die automatisierte Auswertung der Lastpfade zu herstellbaren Strukturen. Den Bedingungen des MBSE entspricht diese Methodik weitestgehend. Auch der grundlegende KBE-Gedanke wird implementiert. Eine Automatisierung findet dagegen nicht in jedem Schritt statt. Der Fokus liegt auf Schnittstellen zwischen den verwendeten Produktmodellen. Darüber hinaus ist eine Implementierung offen und deshalb die Anwendbarkeit eingeschränkt.

Prinz [Pri10] beschreibt ein *Ablaufmodell zum parametrischen Entwerfen von Fahrzeugkonzepten* und entwickelt in der Theorie ein Systemmodell, das aus miteinander verknüpften Parametern besteht. Er setzt Fahrzeugeigenschaften und Merkmale über Beziehungen in Verbindung und sieht Schnittstellen zu anderen Produktmodellen vor. Prinz beschreibt einen MBSE-Ansatz für die Fahrzeugentwicklung. Er empfiehlt die Umsetzung des Systems zur Unterstützung der Synthese. Entsprechend entfallen Automatisierungsgrad und eine praxisnahe Anwendung. Die Randbedingungen des KBE sind in der Parametrik wiederzufinden.

Mit dem *Parametrischen Maßkonzept Tool* zeigt Raabe [Raa13] die Möglichkeiten einer Maßkonzepterzeugung im Unternehmenskontext. Das Konzept weist im Vergleich zu Müllers Werkzeug [Mül10] Analogien auf. Die Umsetzung erfolgt mit einer Parameterstruktur in einem CAD-System. Der Fokus liegt neben der Maßkonzeptentwicklung auf der Basis geforderter Eigenschaften auf der Implementierung im Unternehmen. Dabei werden Schnittstellen zur IT-Systemlandschaft und die Einbindung des Anwenders thematisiert.

Die Anwendbarkeit hat daher einen großen Stellenwert. Die Einbindung neuer Packages ist mit hohem Aufwand verbunden. Deshalb wird der Automatisierungsgrad nicht hoch bewertet. In der Grundtendenz kann dem Konzept sowohl für das KBE als auch im MBSE dem mittleren Bereich zugeordnet werden.

Rother [Rot16] thematisiert die *Multidisziplinäre und robuste Design Optimierung* mit Hilfe parametrisierter Geometrie. Unter Verwendung von *Fast Concept Modelling* werden bestehende Modelle parametrisiert, davon FE-Modelle abgeleitet und für verschiedene Lastfälle berechnet und ausgewertet. Mit Hilfe von Optimierern können Parameter bei der Berechnung oder in der Eingangsgeometrie geändert werden. Rother gibt Beispiele für verschiedene Programme, die angewendet werden können, und demonstriert eine optimierte Karosseriestruktur eines Busses. Ein hoher Automatisierungsgrad ist zweifelhaft, da die Schnittstellenkompatibilität unterschiedlicher Programme nicht betrachtet wird. Voraussetzung dieses Konzeptes sind zudem bestehende Karosseriestrukturen (Lösungsmuster) und die Zerlegung in Produktmodelle mit unterschiedlichem Detaillierungsgrad. Dafür wird auf die Einbindung einer Datenbank verwiesen. Deshalb kann das Konzept von Rother der KBE-Anwendung grundlegend zugeordnet werden. Die Prozessbeschreibung kann an das MBSE angelehnt werden. Das Anwendungsbeispiel ist praxisnah. Die Anzahl der verschiedenen Programme ohne Definition von Schnittstellen reduziert die Anwendbarkeit jedoch.

Die *Methodik zur gezielten systematischen Materialauswahl* von Sahr [Sah11] unterstützt die Synthese der geforderten Eigenschaften bezogen auf das Merkmal Material. Basierend auf einer Wissensdatenbank werden Eigenschaften und Merkmale miteinander in Beziehung gesetzt. Durch verschiedene Untersuchungen wird die Wissensdatenbank erweitert und die Beziehung kann definiert werden. Sahr wendet die Methodik für ein Bauteil der Karosserie in dem von der EU geförderten Projekt *SuperLightCar* an. Damit beweist Sahr die Anwendbarkeit. Die Methodik verfolgt wegen der Wissensdatenbank und ihrer Anwendung hauptsächlich die Strategien des KBE. MBSE und Automatisierung werden wenig berücksichtigt.

Die *Integration innovativer CAE-Werkzeuge in die PKW-Konzeptentwicklung* wird von Schelkle und Elsenhans [SE00] vorgestellt. Ausgehend von einer Lastpfadanalyse in einem definierten Bauraum wird eine parametrische Karosseriestruktur aufgebaut. Mit dieser kann eine stochastische Optimierung durchgeführt werden, sodass Informationen für eine frühe Entscheidung zusammengetragen werden. Der Prozess basiert auf der Verwendung der Programme *SFE Concept* und *COSSAN*. Die Umsetzung hat prototypenhaft ohne Implementierung in den Entwicklungsprozess stattgefunden. Hier werden die Schnittstellen unzureichend thematisiert, weshalb die Automatisierung zwischen den Prozessschritten zweifelhaft ist. Darüber hinaus wird auf die Verwendung von Bibliotheken für bestehende Produktmodelle verwiesen, jedoch nicht auf die Konzipierung und die Anwendung eingegangen. Das Konzept zielt mit den Bibliotheken auf einen Wissensspeicher ab, gibt jedoch keine Informationen zur Implementierung und Pflege vor. Folglich ist das Konzept nicht KBE konform und weist auch keine Anwendbarkeit im Unternehmenskontext auf. Lediglich der Grundgedanke des MBSE kann dort interpretiert werden.

Tabelle 2.3: Konzepte zur Effektivitäts- und Effizienzsteigerung im Produktentwicklungsprozess - Teil 3; ++: hohe, +: gegebene, -: Keine Konformität, Grad der Übereinstimmung oder Anwendbarkeit

Quelle	Kurz-Bezeichnung	Phase im PDD	KBE konform	MBSE konform	Automat.-grad	Anwendbarkeit	+ Besondere Vorteile / • Bemerkungen / - Einschränkungen
[Mül07]	**Reifegradbasierte Optimierung von Entwicklungsprozessen**	Analyse	+	++	-	+	+ Schnelle Erzeugung und Optimierung von Antriebsstrangkonzepten • Anwendung in der Produktion - Eigenschaftsbasierte Sichtweise, kein Rückschluss auf Merkmale
[Mül10]	**Systematische und nutzerzentrierte Generierung des Pkw-Maßkonzepts**	Synthese	+	-	+	+	+ Schnelle Erzeugung von Maßkonzepten basierend auf den Insassen • Durchführung und Auswertung von Anwendertests - Keine Schnittstellen
[MSSF16]	**Holistic development Methodology for vehicle concepts and body structures**	Synthese, Analyse und Evaluation	+	++	+	+	+ Wissensbasierte Verknüpfung von Modellen zur Automatisierung - Trotz hohem Automatisierungsgrad ist eine hohe Eigenleistung im Vorfeld notwendig
[Nie88]	**Parametergesteuerte Karosserie-Generierung**	Synthese	-	+	+	+	+ Steuerung der Karosserie in Abhängigkeit von Parametern - Wenige Variationsmöglichkeiten für neue Strukturen
[Pri10]	**Ablaufmodell zum parametrischen Entwerfen von Fahrzeugkonzepten**	Synthese	+	++	-	-	+ Parametrik gibt klare Zusammenhänge • Darstellung eines Systemmodells in der Theorie - Keine Umsetzung
[Raa13]	**Parametrisches Maßkonzept Tool**	Synthese	+	+	+	++	+ Hoher Fokus auf Implentierung im Unternehmen - Neue Konzepte erfordern hohen Implementierungsaufwand
[Rot16]	**Multi disciplinary robust design optimization of bodies**	Analyse und Evaluation	+	+	-	+	+ Ganzheitliche Betrachtung des Prozesses • Anwendung auf Bus-Struktur - Schnittstellenkompatibiltät zweifelhaft

Schumacher et al. [SSZS05] stellen *Optimierungs-Strategien für die Crash-Beurteilung* von Karosserien vor. Basierend auf *SFE Concept* Modellen wird das Verhalten bei Crash-Lastfällen analysiert. Ein Optimierer wird verwendet, der Parameter in den Modellen zielgerichtet ändern kann. Die Modellierung auf der Basis von *SFE Concept* unter Verwendung einer Modellbibliothek ist ein Baustein für die Optimierung. Für Crash-Lastfälle empfehlen Schumacher et al. die Analyse von Bauteilen mit den größten Einflüssen auf das Crash-Verhalten. Damit sind jedoch die Automatisierungsmöglichkeiten des Prozesses beschränkt. Durch den hohen Implementierungsaufwand einer Modellbibliothek ist die Anwendbarkeit in der Praxis eingeschränkt.

Tesch [Tes10] entwickelt mit der *Bewertung der Strukturvariabilität von Pkw-Karosserie-derivaten* ein Konzept zur Synthese, Analyse und Evaluation von Bodengruppen im Fahrzeug. Das System ist modular aufgebaut. Startpunkt sind Parameter zur Steuerung von CAD-Geometrien. Die Geometrie ist über eine Parametrik auch an die Fügetechnik angebunden. Diese kann dadurch angepasst werden. Darauf basierend wird die Geometrie ausgewertet und mit anderen Bodengruppen verglichen. Zusätzlich findet eine Abschätzung verschiedener Kosten statt. Zusammengenommen erfolgt dann die Gesamtbewertung. Tesch erstellt ein Tool zur schnellen Generierung von Derivaten. Innerhalb dieser Umsetzung ist Wissen gespeichert. Das entspricht den Strategien des KBE. Problematisch ist die Beschränkung auf die feste Ausgangsgeometrie. Wird eine andere Topologie oder Bauweise als die parametrisierte verwendet, steigt der Aufwand bei der Anwendung. Deshalb wird die Bewertung des Automatisierungsgrades reduziert. Der Modellierungsansatz ist wegen der Kopplung eines Systemmodells an Produktmodelle an MBSE angelehnt. Von Vorteil ist die Anwendbarkeit, die Tesch demonstriert.

Mit dem *Eigenschaftsorientierten Konzeptentwicklungstool* hat Wiedemann [Wie14] ein Hilfsmittel für die Beurteilung von Elektrofahrzeugkonzepten entwickelt. Die als wesentlich identifizierten Eigenschaften sind mit ausgewählten Merkmalen eines Elektrofahrzeugs über Beziehungen verknüpft. Das ist grundlegend KBE konform. Zur Analyse und Synthese sind Anwendungen entwickelt worden. Hierbei ist hauptsächlich das MBSE verfolgt worden. Mit Hilfe der ermittelten Eigenschaften führt Wiedemann ein Bewertungsverfahren durch, um die ermittelten Konzepte miteinander vergleichen zu können. Wiedemann bildet den Prozess des PDD ab. Der Automatisierungsgrad wird als hoch eingestuft und die Anwendbarkeit als durchschnittlich bewertet.

Zimmer [Zim15] entwickelt ein Vorgehensmodell zur frühen Bewertung von Konzepten, genannt OverNight-Testing (ONT). Der Schwerpunkt liegt auf der Berechnung dynamischer Manöverabläufe von Fahrzeugen. Dabei werden Produktmodelle zur Berechnung von fahrdynamischen Eigenschaften aufgestellt und über Parameter miteinander verknüpft. Das entspricht weitgehend dem MBSE. Wissen wird über die Parametrik in die Systeme eingebracht. Durch die Kopplung wird eine erhöhte Automatisierung erreicht. Die Anwendbarkeit wird an einem Beispiel demonstriert. Die Implementierung wird jedoch nicht weiter beschrieben. Schnittstellen sind ebenfalls nicht verfügbar.

Die Tabellen 2.1 bis 2.4 stellen eine Übersicht der beschriebenen und bewerteten Konzepte zur Effektivitäts- und Effizienzsteigerung dar. Die Bewertung dient der Diskussion von Vorteilen und Defiziten der Konzepte.

Die vorgestellten Konzepte aus der Literatur stellen eine Übersicht über verschiedene Herangehensweisen im Produktentwicklungsprozess von Fahrzeugen dar und haben Schwerpunkte in unterschiedlichen Bereichen. In Bezug auf das PDD bieten die vorgestellten Konzepte hauptsächlich Synthese- und Analyse-Schritte an. Nur wenige Konzepte unterstützen den Anwender bei der Evaluation. Bewertungsverfahren zur methodischen Unterstützung in der Evaluation werden von Wiedemann [Wie14] eingesetzt.

Tabelle 2.4: Konzepte zur Effektivitäts- und Effizienzsteigerung im Produktentwicklungsprozess - Teil 4; ++: hohe, +: gegebene, -: Keine Konformität, Grad der Übereinstimmung oder Anwendbarkeit

Quelle	Kurz-Bezeichnung	Phase im PDD	KBE konform	MBSE konform	Automat.-grad	Anwendbarkeit	+ Besondere Vorteile / • Bemerkungen / - Einschränkungen
[Sah11]	Methodik zur gezielten systematischen Materialauswahl	Synthese, Analyse und Evaluation	++	-	-	+	+ Wissensbasierter Ansatz • Anwendung auf Karosseriebauteile - Aufwendiger Ansatz ohne entsprechende Automatisierung
[SE00]	Integration innovativer CAE-Werkzeuge	Analyse und Evaluation	-	+	-	-	+ Schnelle Analyse von Parameteränderungen - Neue Konzepte erfordern hohen Implementierungsaufwand
[SSZS04]	Optimierungs-Strategien für das Crash-Verhalten	Analyse und Evaluation	+	+	+	-	+ Ansatz basiert auf Modellbibliothek - Prozesskette nicht ausreichend für spezifische Crash-Betrachtung
[Tes10]	Bewertung der Strukturvariabilität von Pkw-Karosseriederivaten	Synthese, Analyse und Evaluation	+	+	+	++	+ Schnelle Ableitung von Derivaten • Anwendung auf eine Bodengruppe - Keine Ableitung anderer Topologien möglich
[Wie14]	Eigenschaftsorientiertes Konzeptentwicklungstool	Synthese, Analyse und Evaluation	+	++	++	+	+ Durchgängig umgesetzter Prozess einschließlich einer Bewertung • Anwendung für Elektrofahrzeuge - Keine Verknüpfung mit anderen Fachbereichen
[Zim15]	Vorgehensmodell zur frühen Bewertung von Konzepten	Analyse und Evaluation	+	++	++	+	+ Anlehnung an Systemmodell und Produktmodelle • Anwendung bei Elektrofahrzeug - Keine Verknüpfung mit anderen Fachbereichen

Aus den beschriebenen und bewerteten Konzepten geht hervor, dass wenige Anwendungen mit dem Schwerpunkt auf MBSE und KBE entwickelt worden. Meist stehen die Kriterien einer Strategie im Vordergrund. Verbreiteter als die Konzepte des KBE sind die des MBSE. Dort liegt der Schwerpunkt entweder auf der Gestaltung eines Systemmodells, u.a. bei Prinz [Pri10], oder eines spezifischen Produktmodells für einen Fachbereich, bspw. bei Busche [Bus14] und Raabe [Raa13]. Wenige Autoren berücksichtigen das MBSE unter einem ganzheitlichen Blickwinkel, wie Böhme [Böh04], Gembarski et al. [GSL15], Hillebrand et al. [HHD12] und Wiedemann [Wie14]. Die Schnittstellen zwischen fachbereichsspezifischen Modellen werden selten berücksichtigt. Außerdem bewerten die Konzepte vor allem technische Aspekte. Wirtschaftliche Eigenschaften werden selten und ökologische Eigenschaften gar nicht betrachtet.

Die Orientierung am KBE ist weniger verbreitet als die am MBSE. Furian [Fur14] und Conrad [Con10] thematisieren KBE in ihrer Arbeit konkret. In weiteren Konzepten wird Wissen zum Aufbau der Parametrik genutzt, wie bei Hahn [Hah17] und Prinz [Pri10]. Auch Sahr [Sah11]

verwendet das Wissen hauptsächlich als Grundlage für das Aufstellen von Gleichungen. Häufig werden in Zusammenhang mit *SFE Concept* Bibliotheken angeführt. Dort kann auf abgespeicherte Geometrie zurückgegriffen werden. Überwiegend bleibt es bei der Nennung der Bibliotheken. Die Anwendbarkeit ist deshalb oft reduziert.

Nur wenige Konzepte sind mit den in Unternehmen vorhandenen Randbedingungen kompatibel. Aus den beschriebenen Konzepten stechen Raabe [Raa13] und Tesch [Tes10] hervor. Sie gehen auf die Implementierung im Unternehmen ein. Oftmals scheitern die Konzepte am Mangel an Schnittstellen zur bestehenden IT-Systemlandschaft und an fehlenden Funktionen zur Pflege des Wissens. Häufig liegt die mangelhafte Anwendung an dem ungünstigen Verhältnis von Aufwand zu Nutzen. Deshalb können viele Werkzeuge schnell in die Todesspirale kommen. Die Konzepte von Busche [Bus14] sowie Fuchs und Lienkamp [FL13] weisen zwar einen hohen Automatisierungsgrad, aber keine Schnittstellen zu anderen Produktmodellen auf. Der Automatisierungsgrad einer Anwendung ist wichtig. Hier nehmen dem Anwender aber nur wenige Konzepte die Routinetätigkeiten ab, um das Verhältnis von Aufwand zu Nutzen zu verbessern.

Effektivitäts- und Effizienzsteigerungen können mit den Konzepten nur in einzelnen Fachbereichen erzielt werden, wenn eine Implementierung überhaupt stattgefunden hat. Das liegt daran, dass die Strategien von MBSE und KBE nicht gemeinsam berücksichtigt wurden. Außerdem wurden deren Vorgehensweisen zur Erstellung von Anwendungen nicht beachtet und dem Anwender kaum Routinetätigkeiten abgenommen. Eine nachhaltige Implementierung wurde schließlich nicht durchgeführt.

3 Planung der Methodik

Bisherige Konzepte führen nur vereinzelt zu Effektivitäts- und Effizienzsteigerungen, siehe Kapitel 2.4. Strategien von MBSE und KBE werden oft nicht berücksichtigt und/oder eine nachhaltige Implementierung findet nicht statt. Daraus wird Handlungsbedarf für die Erstellung einer Methodik abgeleitet, die mit ihrer Implementierung erfolgreich die Effektivität und Effizienz steigern kann. Vom Handlungsbedarf ausgehend werden Ziele und das Vorgehen definiert, siehe Kapitel 3.1.

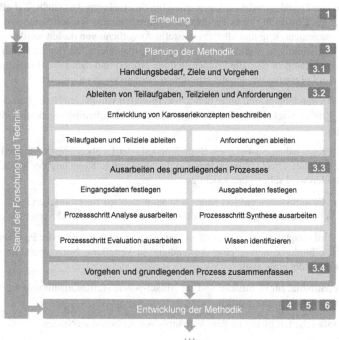

Abbildung 3.1: Gliederung des dritten Kapitels; eigene Darstellung

Das Vorgehen in der vorliegenden Arbeit ist an den Vorgehensweisen zur Entwicklung einer KBE-Anwendung und des MBSE orientiert. Dazu werden ausgehend von dem Ziel Teilaufgaben und deren Teilziele ermittelt. Aus den Ergebnissen der Diskussion der Konzepte und den vorgestellten Strategien werden Anforderungen für die Methodik abgeleitet, siehe Kapitel 3.2. Die Anforderungen bilden die Basis für die grundlegende Ausarbeitung des Konzeptes. Sie betreffen auch die spätere Umsetzung. Daher gehen die Anforderungen mit der Identifizierung des relevanten Wissen einher. Das gilt für das Wissen über das System und dessen Aufbau. Das Ergebnis dieser Planungsphase ist ein Gesamtsystem im Rahmen

© Springer Fachmedien Wiesbaden GmbH, ein Teil von Springer Nature 2018
J. Hasenpusch, *Methodik zur Beurteilung eigenschaftsoptimierter Karosseriekonzepte in Mischbauweise*, AutoUni – Schriftenreihe 123,
https://doi.org/10.1007/978-3-658-22227-7_3

des Model Based Systems Engineering (MBSE) und des Knowledge Based Engineering (KBE), siehe Kapitel 3.3.

3.1 Handlungsbedarf, Ziele und Vorgehen in der vorliegenden Arbeit

Herausforderungen komplexer werdender Produktentwicklungsprozesse werden als Resultat verschiedener Randbedingungen in Kapitel 2 eingeführt. Außerdem wird die hohe Bedeutung von Produktentwicklungsprozessen für Unternehmen dargestellt. Zur effektiven und effizienten Umsetzung eines Produktentwicklungsprozess werden Strategien wie das Wissensmanagement, KBE und MBSE vorgestellt. Ausgehend von diesen werden konkrete Konzepte zur Effektivitäts- und Effizenzssteigerung diskutiert. Aus den Defiziten im Vergleich zu den Strategien wird die Problemstellung erörtert und damit der Handlungsbedarf abgeleitet. Im Folgenden werden die ermittelten Kernaussagen aufgelistet:

* Wenige Anwendungen sind unter den Schwerpunkten von beiden Strategien des MBSE und des KBE entwickelt worden. Wenn werden nur Randbedingungen einer Strategie betrachtet.

* Viele Konzepte haben entweder ein Systemmodell oder fachbereichsspezifische Produktmodelle gestaltet. Das Gesamtsystem und die notwendige Kopplung der Modelle über Schnittstellen wird selten berücksichtigt.

* Wenn das Gesamtsystem erörtert wird, dann hauptsächlich zu technischen Punkten. Eine ganzheitliche Betrachtung mit wirtschaftlichen und ökologischen Faktoren existiert nicht.

* Wissen wird hauptsächlich zum Aufbau von Produktmodellen oder der Parametrik verwendet. Die Implementierung einer Anwendung zur Verteilung, Nutzung und Bewahrung von Wissen findet nicht statt.

* Die Kompatibilität zur IT-Struktur und zur Ablauf- sowie Aufbauorganisation ist in vielen Konzepten nicht beachtet worden.

* Der Einsatz scheitert häufig an dem Verhältnis von Aufwand zu Nutzen.

* Wenige Konzepte nehmen dem Anwender tatsächlich Routinetätigkeiten ab.

* Bezogen auf das PDD bieten die Konzepte vor allem Unterstützung bei Synthese- und Analyse-Schritten an. Unterstützung bei der Evaluation ist selten vorhanden.

Zusammengefasst existiert kein Konzept, das die Strategien von MBSE und KBE kombiniert, dem Anwender die Routinetätigkeiten durch Automatisierung abnimmt, implementiert ist und Pflegemöglichkeiten besitzt. Da diese Punkte bei der Entwicklung der Konzepte nicht gesamtheitlich beachtet werden, sind die Konzepte nur bedingt anwendbar. Diese Defizite können bei Konzepten zur Effektivitäts- und Effizienzsteigerung grundsätzlich vermieden oder zumindest reduziert werden. Das setzt eine strukturierte Entwicklung der Konzepte unter Berücksichtigung der wesentlichen Randbedingungen von KBE und MBSE voraus.

Hierfür sind die Randbedingungen des jeweiligen Umfeldes mit einzubeziehen. Unter diesen Bedingungen kann eine Methodik entwickelt werden, die zu einer Effektivitäts- und Effizienzsteigerung im Entwicklungsprozess führt. Das Informationsdefizit in der frühen Phase wird reduziert, indem die Auswirkungen von Parametervariationen auf die Eigenschaften und Merkmale eines Produktes ganzheitlich beurteilt werden. Das wird durch die gezielte Verknüpfung von Synthese, Analyse und Evaluation durch ein Gesamtsystem aus Systemmodell und Produktmodellen ermöglicht. Bei der Entwicklung werden die Randbedingungen von KBE und MBSE berücksichtigt, z.b. die Kompatibilität und die ganzheitliche Betrachtung von Eigenschaften und Merkmalen. Den Defiziten aus den diskutierten Konzepten wird deswegen entgegen gewirkt. Die Methodik legt den Schwerpunkt auf die frühe Konzeptphase. Das Informationsdefizit ist hier hoch. Als Beispiel wird die Entwicklung von Karosseriekonzepten einbezogen. Die Hauptaufgabe ist die Entwicklung einer anwendbarer Methodik zur Effektivitäts- und Effizienzsteigerung im Produktentwicklungsprozess. Sie besteht aus einem Prozess, der mit Methoden und Werkzeugen unterstützt wird, und schafft somit die Randbedingungen zur schnellen und ganzheitlichen Beurteilung von Karosseriekonzepten.

Zunächst wird das strukturierte Vorgehen für die vorliegende Arbeit festgelegt. In Kapitel 2.4 werden die Vorgehensmodelle zur Integration einer KBE-Anwendung und das MVPE-Vorgehensmodell vorgestellt. Beim Vergleich fällt auf, dass beide ähnlich aufgebaut sind und nur ihren Schwerpunkt jeweils anders setzen. Ganz im Sinn des Münchner Methodenmodells werden beide Vorgehensmodelle für die vorliegende Arbeit kombiniert, sodass sie eine Symbiose bilden. Sie werden an die Randbedingungen der vorliegenden Arbeit angepasst und angewendet.

Beginnend mit der Planungsphase werden von der Hauptaufgabe aus Teilaufgaben mit ihren Zielen definiert. Anschließend werden die Anforderungen aus den Strategien und den Defiziten der konkret beschriebenen Konzepte abgeleitet. Sind die Ziele, Anforderungen und weiteren Randbedingungen bekannt, wird der grundlegende Prozess der Methodik ausgearbeitet. Das geht mit der Identifizierung des relevanten Wissens einher. Das Endergebnis der Planungsphase ist ein Gesamtsystem im Rahmen des MBSE und des KBE.

Die anschließende Entwicklungsphase dient der Detaillierung des Gesamtsystems. Zunächst muss das Wissen erhoben und dann analysiert sowie strukturiert werden. Das Wissen muss zur späteren Umsetzung formalisiert werden. Danach können die Produktmodelle detailliert werden, um den Prozess der Methodik final auszuarbeiten. Auf Basis des finalen Prozesses können die Gesamt- und Teilsysteme umgesetzt und mit dem formalisierten Wissens gefüllt werden. Die Umsetzung selbst ist ein iterativer Produktentwicklungsprozess und erfordert Expertenwissen.

Mit der Umsetzungsphase beginnt die Testphase. Um diesen Entwicklungsprozess effizient zu gestalten, werden die Teilsysteme mit ihren Produktmodellen validiert. Den Abschluss der Testphase bildet die Validierung des umgesetzten Gesamtsystems aus System- und Produktmodellen.

Für die Betriebsphase werden die Möglichkeiten der Implementierung, Verwaltung, Pflege und Aktualisierung der entwickelten Methodik thematisiert. Abschließend wird die erarbeitete Methodik zusammengefasst und kritisch betrachtet. Außerdem werden künftige Entwicklungsmöglichkeiten diskutiert, zum Beispiel die Anwendbarkeit der Methodik auf andere Beispiele. In Abbildung 3.2 ist das Vorgehen visualisiert. Der Fokus der Arbeit liegt, wie in der Abbildung ersichtlich wird, in der Planung und Entwicklung des Methodik.

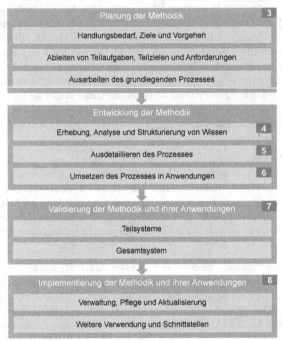

Abbildung 3.2: Vorgehen in der vorliegenden Arbeit, orientiert an den Phasen Planung, Entwicklung, Test und Betrieb von der Vorgehensweise zur Entwicklung einer KBE-Anwendung und beim MVPE; eigene Darstellung

3.2 Ableiten von Teilaufgaben, Zielen und Anforderungen

Ziel der vorliegenden Arbeit ist die Entwicklung einer Methodik zur Effektivitäts- und Effizienzsteigerung im Entwicklungsprozess, indem Informationen zu einem früheren Zeitpunkt generiert, Entscheidungen fundiert getroffen und Iterationsschleifen damit reduziert werden. Dazu werden Systeme in einem Prozess miteinander verknüpft, sodass eine schnelle und ganzheitliche Beurteilung der Auswirkungen von Parametervariationen auf die Eigenschaften und Merkmale eines Produktes ermöglicht wird. Die Karosseriekonzepte werden als

Beispiel verwendet. Daher fließen in den folgenden Ausführungen karosseriespezifische Themen ein, die teilweise eine Verallgemeinerung für die Methodik zulassen. Die Übertragbarkeit der Methodik auf weitere Themengebiete wird in den Kapiteln 7.4 und 9.2 erläutert.

Als Grundlage des Vorgehens wird der in der Literatur beschriebene Prozesses zur Entwicklung von Karosseriekonzepten schematisch dargestellt, [BS13, Coo14, Fri13, Neh14, FG13, VBWZ09]. Die Defizite werden beschrieben und erste Lösungsvarianten erwähnt, siehe Kapitel 3.2.1. Aus den Defiziten und der Hauptaufgabe sowie dem Hauptziel werden in Kapitel 3.2.2 Teilaufgaben und Teilziele abgeleitet. Die Anforderungen werden aus den zuvor beschriebenen Defiziten der Konzepte und des bestehenden Prozesses im Hinblick auf die Strategien des KBE und MBSE abgeleitet und den Randbedingungen angepasst, siehe Kapitel 3.2.3.

3.2.1 Entwicklung von Karosseriekonzepten in der frühen Phase

Die schematische Beschreibung des Produktentstehungsprozesses basiert auf der abstrahierten Zusammenfassung der wesentlichen Faktoren aus der Literatur. [BS13, Coo14, Fri13, Neh14, FG13, VBWZ09]

Die Entwicklung von Fahrzeugkonzepten in der frühen Phase kann prinzipiell an das PDD angelehnt werden und entspricht weitgehend den Vorstellungen von [Coo14], siehe Kapitel 2.1. Synthese-, Analyse- und Evaluations-Schritte aus verschiedenen Fachbereichen laufen über mehrere Phasen und Gates hinweg parallel. Ein Produktentwicklungsprozess verfolgt in dieser frühen Phase daher Strategien des KBE und MBSE, verfügt aber nur teilweise über deren Elemente. Daraus resultiert bezogen auf das magische Dreieck (Abbildung 2.11 auf Seite 24) ein hoher Ressourcenaufwand zur Zielerreichung in gleicher Zeit und bei der geforderten Qualität.

Startpunkt der Konzeptentwicklung sind u.a. geforderte Eigenschaften für das Gesamtfahrzeug. Diese werden zuvor aus verschiedenen Quellen ermittelt. Kundenäußerungen und -wünsche werden ebenso wie Richtlinien untereinander abgestimmt und in Forderungen umgesetzt. Demzufolge werden Hauptabmessungen, zu verwendende Antriebs- und Fahrwerkskomponenten oder zu bestehende Lastfälle definiert.

Ausgehend von den Anforderungen werden in den verschiedenen Fachbereichen Untersuchungen durchgeführt und die Forderungen detailliert. Außerdem werden weitere Forderungen zusammengetragen. Fachbereiche untersuchen z.B. die Ergonomie der Insassen. Für ihre Aufgaben erstellen die Fachbereiche mehrere Lösungsvarianten und tragen diese mit anderen Fachbereichen zusammen. Das entspricht nach [Web11] den ersten Synthese-, Analyse- und Evaluationsschritten im PDD. Noch im Fachbereich werden die ersten Iterationen durchlaufen.

Das Zusammentragen und Ausarbeiten der einzelnen Teillösungsvarianten zu einer Gesamtlösung entspricht ebenfalls den Synthese-, Analyse- und Evaluationsschritten des PDD nach

Weber. Zunächst werden die Merkmale der Teillösungen für die Gesamtlösungen zusammengetragen. Hier treten erste Zielkonflikte auf, wenn die Merkmale voneinander abhängig
und/oder konträr ausgerichtet sind. Ein Beispiel ist die Überschneidung von Bauräumen
aufgrund entgegengesetzter Merkmalsausprägungen. Zur Abstimmung der Ausprägung der
Merkmale sind Iterationen notwendig. Die Synthese-, Analyse- und Evaluationsschritte werden erneut durchlaufen. Je nach Gewichtung der Eigenschaften wird in den Fachbereichen
das TOTE-Schema (siehe Anhang A.4) bis zur Übereinstimmung der Merkmalsausprägungen
durchlaufen. Sofern das Merkmal weitere Eigenschaften betrifft, erfolgen hier Untersuchungen im PDD, bis die betrachteten Umfänge von Eigenschaften und Merkmalen konsistent
sind. Zielkonflikte werden wegen der Lage der Systemgrenzen zum Teil nicht erkannt.

Die Lösungsvarianten werden im Verlauf der Iterationen detaillierter ausgearbeitet. Dabei werden sie weiterentwickelt, führen zu neuen Varianten oder werden verworfen, wenn
Zielkonflikte nicht gelöst werden können, siehe Abbildung 3.3. Die Schritte werden überwiegend parallel durchgeführt. Während in einer Fachabteilung Untersuchungen durchgeführt
werden, resultieren durch paralleles Zusammentragen der Ergebnisse aus anderen Fachbereichen neue Informationen. Diese können zu Entscheidungen führen, die zur Änderung
von Randbedingungen Anlass geben. Sind diese Änderungen für laufende Untersuchungen entscheidend, werden betroffenen Untersuchungen abgebrochen. Sie werden an die
Randbedingungen angepasst und neu durchgeführt. Die investierten Ressourcen für die
abgebrochene Untersuchung werden nicht produktiv eingesetzt, es sei denn die Erkenntnisse
können anderweitig verwendet werden. Untersuchungen können erst gestartet werden, wenn
die Merkmale und Eigenschaften in dem System untersucht und abgesichert sind. Das führt
zu zeitlichem Verzug, aber einem geringeren Risiko, Ressourcen zu verschwenden. Werden
in einem Packagemodell zum Beispiel die Ergonomiemaße mit dem Design zusammen
betrachtet, entstehen oft Bauraumüberschneidungen. Dann wird analysiert, welche Maßnahmen getroffen werden können, um Bauraumüberschneidungen zu vermeiden. Das kann
auch andere Fachbereiche betreffen, die zum Beispiel auf der Basis des Designs die Türen,
Klappen und Deckel auslegen. Setzt deren Entwicklung auf Randbedingungen auf, welche
sich ändern, folgt hier erhöhter Aufwand.

Die Steuerung des Entwicklungsprozesses mit Hilfe von Phasen und Gates kann der beschriebenen Problematik entgegenwirken, sie jedoch nicht verhindern. Werden die Informationen nicht oder nicht rechtzeitig zur Verfügung gestellt, steigt der Grad der Ressourcen-
Verschwendung an. Ein geeignetes Datenmanagement zur Verwaltung aller relevanten Daten
ist deshalb wichtig. Mit PDM/PLM werden aus den Fachbereichen Informationen eingesam-
melt und auch an diese verteilt. Die Datenverwaltung erfolgt geordnet und trägt zu einem
Datenstand bei, der verarbeitet werden kann, [WD03, ERZ14]. Hierdurch sind Zielkonflikte
früher zu erkennen.

Bei der Entwicklung eines neues Produktes mit Hilfe von Produktmodellen ist die Kenntnis
der Systemgrenzen wichtig. Werden die Informationen zusammengetragen, entspricht dies
dem Abgleich mit Daten aus anderen Systemen, [FG13]. Gibt es Überlappungen und Beziehungen, die in einem System nicht betrachtet werden, können Zielkonflikte aufgedeckt
werden, [VBWZ09]. Dieser Zustand ist aufgrund der Notwendigkeit von Produktmodellen

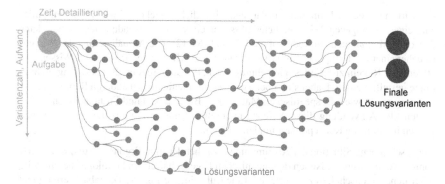

Abbildung 3.3: Schematischer Entwicklungsprozess mit erzeugten, weiterentwickelten und verworfenen Lösungsvarianten; eigene Darstellung

mit Systemgrenzen im Entwicklungsprozess unvermeidbar. Umso wichtiger ist das MBSE, bei dem die Systemgrenzen der Produktmodelle in den Fachbereichen untereinander abgestimmt und bei dem Systemmodell zusammengetragen werden. Die Abstimmung zwischen den Fachbereichen, z.B. zwischen Ergonomie und Design, kann verbessert werden.

Bei der Abstimmung von Ergonomie und Design ist die Karosserie von vermittelnder Bedeutung. Verallgemeinert nimmt sie den Raum zwischen den Design- und Ergonomiemaßen ein. Sie hat jedoch auch die Aufgabe, NVH- und Crash-Eigenschaften für Fahrverhalten, Komfort und Sicherheit zu erfüllen. Bei der Abstimmung zwischen Design und Ergonomie wird der Bauraum für die Karosserie großteils festgelegt. Während Eigenschaften von Design und Ergonomie mit einfachen Produktmodellen analysiert werden, erfolgt die Analyse der Karosserieeigenschaft später im Prozess. Dafür muss zunächst ein Produktmodell aufgebaut werden, das weitere Informationen benötigt. Der späte Informationsrückfluss resultiert aus der aufwendigen Auslegung der Karosserie. Hierfür sind weitere Merkmalsausprägungen festzulegen, z.B. für Material und Fügestellen. Erst dann können die Produktmodelle zur Simulation des NVH- und Crash-Verhaltens aufgebaut und die Analysen durchgeführt werden. Sobald diese Informationen vorliegen und bei der Evaluation Zielkonflikte festgestellt werden, sind die Widersprüche mit hohem Aufwand in Iterationen zu lösen. Im schlimmsten Fall werden Entscheidungen verworfen und neu getroffen. Die bis dahin eingesetzten Ressourcen in anderen Fachbereichen sind dann nicht produktiv eingesetzt worden. Mit Hilfe des KBE kann formalisiertes Wissen eingebracht werden, [VDI15], sodass eine Abstimmung zwischen den drei Fachbereichen entsteht.

Durch den Einsatz von KBE-Anwendungen besteht ohne Aktualisierung jedoch die Gefahr, veraltetes Wissen zu nutzen, [PRR12]. Basieren Entscheidungen auf dem veralteten Wissen, kann dies zur Reduzierung der Qualität der Lösung führen und ein erfolgreiches Produkt verhindern, [PRR12]. Im PDD werden auf dem alten Wissen basierend die Synthese-, Analyse- und Evaluationsschritte durchgeführt. Im besten Fall wird das veraltete Wissen damit identifiziert und die Lösungen werden angepasst. Iterationsschleifen sind dadurch nicht vermeidbar und wirken mit dem Abstimmungsbedarf dem eigentlichen Ziel der Effektivitäts- und Effizienzsteigerung entgegen. Wird veraltetes Wissen in einer KBE-Anwendung identifiziert, kann dies ohne Maßnahmen zur Todesspirale führen, [PRR12]. Die Aktualisierung des Wissens ist daher einer der Kernpunkte im Wissensmanagement. Beispiele für veraltetes Wissen sind allgemeine Regeln zu Mindestquerschnittgrößen, die ohne regelmäßige Prüfung nicht in Frage gestellt werden. Dabei sind noch keine Zusammenhänge zu anderen Randbedingungen hergestellt, wie z.b. spezifischen Materialien, Blechdicken und Lastannahmen. Daher sollten KBE-Anwendung diese Aufgabe übernehmen und direkt aus den Fachbereichen Wissen in die frühe Konzeptphase implementieren.

Die beschriebene Situation der Abstimmung zwischen Design, Ergonomie und Karosserie kann erweitert werden. Neben den technischen Eigenschaften sind ökologische und wirtschaftliche Eigenschaften zu beurteilen. Eine frühzeitig verfügbare Datenbasis ermöglicht anderen Fachbereichen, die Informationen mit einzubeziehen und das Fahrzeug und seine Umgebung, bspw. Produktion oder Vertrieb, detailliert zu planen. Diese Fachbereiche können frühzeitig eigene Untersuchungen durchführen und die Ergebnisse evaluieren. Das ermöglicht ihnen, steuernd einzugreifen, um während der Produktentwicklung Änderungsmöglichkeiten zu haben. Dadurch werden Datenabnehmer zu Datenlieferanten und der Produktentwicklungsprozess steigt im Komplexitätsgrad. Zusammen mit dem KBE und dem MBSE kann die Komplexität geordnet und eine Steigerung von Effektivität und Effizienz erreicht werden. Voraussetzung dafür ist ein Systemmodell mit einer Kopplung zu den Produktmodellen der Fachbereiche, die mit aktuellem Wissen versorgt werden, [ERZ14].

Abbildung 3.4 stellt den Ausschnitt von Entwicklungsprozessen von Karosseriekonzepten in der frühen Phase schematisch dar. Der Prozess ist abstrahiert beschrieben, um das Prinzip zu verdeutlichen. Bis zu dem ersten Meilenstein werden geforderte Eigenschaften für das zu entwickelnde Fahrzeug definiert. Fachbereiche wie Finanz und Vertrieb führen Kundenstudien durch, analysieren Wettbewerbsfahrzeuge und positionieren das Fahrzeug im Markt. Nach dem Meilenstein bekommen die Fachbereiche der Entwicklung den Auftrag, Lösungsvarianten zu entwickeln. Zunächst werden erste Lösungsvarianten entworfen, indem das Design in Form des Straks bearbeitet und das Package abgestimmt werden. Der Strak wird mit Antriebs-, Fahrwerks- und Insassenpackage verglichen (1). Dazu zählen auch die Ergebnisse der Ergonomiebetrachtung. Bei Zielkonflikten werden hier Iterationsschleifen zur Aufarbeitung durchgeführt. Anschließend beginnt die Auslegung der Karosserie, basierend auf den zuvor erstellen Daten (2). Zwischen Design und Package sind weitere Iterationen notwendig. Die Daten werden überarbeitet und abgestimmt (3). Sobald die erste Dimensionierung erstellt ist, wird sie validiert. Berechnungsmodelle werden aufgebaut, um durch FE-Simulationen das Verhalten der Lösungsvarianten bei NVH- und Crash-Lastfällen zu beurteilen (4). Der Vergleich von Design und Package aus Schritt 3 liefert neue Informationen. Diese sind für die Auslegung der Karosserie wichtig (5). Infolge der neuen Informationen werden Merkmale der Karosserie verändert. Diese Anpassungen erfolgen ebenfalls in den Produktmodellen der Validierung (6). Bei weitreichenden Änderungen sind die bis dahin erarbeiteten Ergebnisse aus 4 nicht gültig. Die eingesetzten Ressourcen sind verschwendet, sofern die Ergebnisse nicht in anderen Fachbereichen oder Projekten verwendet werden können. Nach Abschluss der neuen Validierung können Informationen an die Produktion (7) gegeben und die Ergebnisse der Auslegung evaluiert werden (8). Diese gehen dann zurück an das Package und das Design (9). Dort können neue Iterationen ausgelöst werden (10) und weitere Schritte (11 - 13) zur Korrektur in jedem Fachbereich kurz vor dem nächsten Meilenstein zu Folge haben.

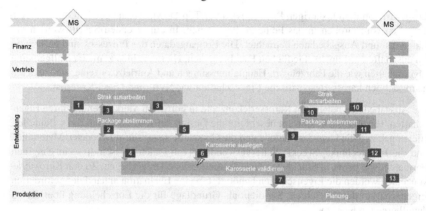

Abbildung 3.4: Schematische Darstellung eines Produktentwicklungsprozesses bezogen auf die Karosseriekonzepte, zur Verdeutlichungen der grundlegenden Abstimmungsproblematik in komplexen Prozessen, MS: Meilenstein; eigene Darstellung

Das eingesetzte Datenmanagement ist in der Abbildung vereinfacht mit den Pfeilen dargestellt. Trotz eingesetzter Datenmanagementsysteme ist vor allem die fachbereichsübergreifende Verwaltung von Daten eine Herausforderung. Unterschiedliche Systeme werden mit verschiedenen Daten versorgt und erzeugen wiederum neue Daten. Im Detail findet zusätzlich bilaterales Datenmanagement statt, das oft auf Besprechungen und der Versendung nicht abgestimmter Daten basiert. Das führt zwangsläufig zur Nutzung veralteter Datenstände.

Werden Parameter geändert, ist die Beurteilung der resultierenden Auswirkungen auf die Eigenschaften der Karosserie mit einem aufwendigen Prozess verbunden. Durch das beschriebene Beispiel der Entwicklung von Karosseriekonzepten wird das deutlich. Die späte Einbeziehung der Validierung und wiederum anderer Fachbereiche führt zu einer weiteren Verzögerung der Abstimmungen. Zielkonflikte können erst beim expliziten Zusammentragen der Daten entdeckt werden. Voraussetzung dafür ist ein Systemmodell mit einer Kopplung zu den Produktmodellen der Fachbereiche, [ERZ14].

3.2.2 Teilaufgaben und Teilziele

Als Referenz dient ein beispielhaft beschriebener Prozess zur Entwicklung von Karosseriekonzepten in der frühen Phase. Defizite werden aufgezeigt und auf Lösungsansätze wird hingewiesen. Die Erkenntnisse aus den erläuterten Konzepten zur Effektivitäts- und

Effizienzsteigerung sowie der dargestellte Handlungsbedarf dienen hier ebenfalls als Grundlage zur Ableitung der Teilaufgaben und Teilziele. Im allgemeinen führt eine Unterteilung der Hauptaufgabe in Teilaufgaben zu einer Reduzierung der Komplexität und deshalb zur besseren Bearbeitung des Problems.

Losgelöst von dem bisherigen Prozess wird der Top-Down-Ansatz gewählt, um die Teilaufgaben vom Groben in das Feine zu bestimmen. In einem ersten Schritt werden die Eingangs- und Ausgabedaten betrachtet. Die Eingangsdaten des Prozesses sind geforderte Eigenschaften aus unterschiedlichen Fachbereichen. Hierzu zählen zum einen allgemeine Eigenschaften wie die Fahrzeugart, Hauptabmessungen und Antriebskonzepte, zum anderen hauptsächlich karosseriespezifische Eigenschaften wie NVH- und Crash-Kriterien.

Die Ausgabedaten beinhalten Karosseriekonzepte in Form von Merkmalen mit ihren Eigenschaften. Ein Karosseriekonzept beschreibt die Gestalt der Karosserie mit ihren Bauteilen. Hierzu gehören die Lage der Bauteile und die Geometrie sowie die verwendeten Materialien und die Fügetechnik. Zwecks Weiterverwendung von Daten müssen diese in gängigen Formaten, wie bspw. in Stücklisten und Geometriemodellen vorliegen. Zu den Karosseriekonzepten werden die Eigenschaften benötigt, um eine Evaluation anhand der geforderten Eigenschaften durchzuführen. Sie dient als Grundlage für die Entscheidung über die zu detaillierenden Konzepte.

Das Ziel und somit die Funktion der Methodik kann folglich als Generierung von Karosseriekonzepten auf der Basis geforderter Eigenschaften beschrieben werden. Diese Funktion kann zunächst verallgemeinert für jegliche Lösungsvarianten als Black-Box dargestellt werden, siehe Abbildung 3.5. Diese Black-Box wird als Prozess detailliert.

Abbildung 3.5: Funktion der Methodik mit Eingangs- und Ausgabedaten; eigene Darstellung

Um einen geeignete Prozess zu erarbeiten, werden Teilziele formuliert. Bezogen auf das PDD können von geforderten Eigenschaften über eine Synthese Merkmale mit ihren Ausprägungen ermittelt werden. Davon ausgehend werden die Eigenschaften analysiert. Die Eigenschaften der Karosseriekonzepte werden mit den geforderten Eigenschaften bei der Evaluation verglichen. Das entspricht dem einmaligen Durchlauf des PDD-Regelkreises. Daraus resultieren drei allgemeingültige Teilziele:

1. Lösungsvarianten generieren

   Ausgehend von geforderten Eigenschaften sind die Merkmale des Produkte mit seinen Ausprägungen zu bestimmen. Dazu können Lösungsmuster verwendet werden. Das Ergebnis sind Lösungsvarianten.

2. Lösungsvarianten analysieren

   Die Merkmalsausprägungen sind zu analysieren und so die Eigenschaften der Lösungsvarianten zu ermitteln. Das Ergebnis sind Eigenschaften der Lösungsvarianten.

3. Lösungsvarianten bewerten

   Die Eigenschaften der Lösungsvarianten werden mit den geforderten Eigenschaften verglichen und bewertet. Das Ergebnis sind bewertete Lösungsvarianten.

Neben diesen Teilzielen bezüglich des Prozesses können aus den oben beschriebenen Defiziten und Lösungsansätzen weitere Teilziele abgeleitet werden. Sie betreffen den Aufbau. Durch die Einbindung von KBE-Anwendungen und von MBSE können Effektivität und Effizienz des Produktentwicklungsprozesses gesteigert werden. Bezogen auf die Ausarbeitung der Methodik mit ihren Bestandteilen ist die Anwendung eines Systemmodells in Verbindung mit hierfür abgestimmten Produktmodellen sinnvoll. Die Systemgrenzen werden definiert und die Daten über das Systemmodell zusammengetragen. Grundvoraussetzung dafür ist das Datenmanagement, um Daten auszutauschen und Zielkonflikte auch fachbereichsübergreifend zu erkennen. Die Produktmodelle benötigen eine Wissensbasis mit aktuellem Wissen. Liegt dieses formalisiert vor, können rechnergestützte Produktmodelle darauf zugreifen und die Daten verarbeiten.

4. MBSE anwenden

   Für die Synthese-, Analyse- und Evaluationsschritte ist ein Gesamtsystem festzulegen. Das Ergebnis ist ein Gesamtsystem aus System- und Produktmodellen.

5. Datenmanagement berücksichtigen

   Für den gezielten Austausch von Daten zwischen den Teilsystemen ist eine Verwaltung zu erstellen. Das Ergebnis ist ein Datenmanagementsystem.

6. KBE anwenden

   Den Produktmodellen wird Wissen zur Verfügung gestellt. Das Ergebnis sind aktualisierbare Wissensbasen.

Zusammenfassend soll die Methodik die Entwicklung von Lösungsvarianten in der Synthese, Analyse und Evaluation unterstützen. MBSE, KBE und Datenmanagement sollen eingesetzt werden. Startpunkt sind geforderte Eigenschaften. Das Ziel sind Lösungsvarianten mit herstellbaren Merkmalsausprägungen und ihren Eigenschaften. Zur Weiterverwendung sollen die Daten formalisiert vorliegen, z.B. in Geometriemodellen oder Stücklisten. Die Teilziele sind in Abbildung 3.6 dargestellt und füllen die Black-Box. Den Prozess von geforderten Eigenschaften zu den Lösungsvarianten gilt es in der vorliegenden Arbeit am Beispiel der Karosseriekonzepte zu entwerfen, umzusetzen und zu validieren.

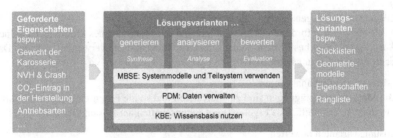

Abbildung 3.6: Teilziele der Methodik zur Effektivitäts- und Effizienzsteigerung in der frühen Phase des Entwicklungsprozesses; eigene Darstellung

3.2.3 Anforderungen

Der zu definierende Prozess von Eingangs- zu Ausgabedaten ist der Ausgangspunkt für das Ableiten der Anforderungen für die Entwicklung der Methodik. Gesammelt werden sie in einer Anforderungsliste, die in den Tabellen 3.1 und 3.2 auf den folgenden Seiten dargestellt ist. Die Anforderungen betreffen die zu entwickelnde Methodik und ihre Bestandteile. Aus dem KBE und dem MBSE sowie den Defiziten anderer Konzepte werden Anforderungen abgeleitet, die diese Methodik betreffen. Die Entwicklung der Methodik und deren Umsetzung gehen damit einher. Alle Anforderungen (AF) sind mit Nummern (AF-i.j) versehen, die auf die genannten Tabellen bezogen sind.

Aus dem Ziel können Funktionsanforderungen abgeleitet werden. Parameteränderungen sind schnell und ganzheitlich zu beurteilen. Spezifisch sollen die Auswirkungen von Parameteränderungen auf die Karosseriekonzepte und ihre Eigenschaften beurteilt werden können (AF-1.1). Die Beurteilung soll schneller als bisher erfolgen. Eine ganzheitliche Betrachtung soll über rein technische Eigenschaften hinausgehen (AF-1.2). Dementsprechend sollen weitere Fachbereiche als Datenlieferanten und -abnehmer in die frühe Phase mit eingebunden werden. Nur wenige in Kapitel 2.4.4 beschriebene Konzepte bewerten wirtschaftliche oder ökologische Eigenschaften. Ein Beispiel hierfür findet sich bei Tesch [Tes10]. Er betrachtet zusätzlich Kosten in seinem Ansatz. Ökologische Kriterien sind in keinem der Konzepte vorhanden. Wie im beschriebenen Produktentwicklungsprozess sind die geforderten Eigenschaften aus verschiedenen Fachbereichen als Eingangsdaten zu berücksichtigen (AF-1.3) und daraus Karosseriekonzepte zu erstellen (AF-1.4). Die Karosseriekonzepte sollen in Stücklisten und Geometriemodellen vorliegen.

Die ersten drei Teilziele (Kapitel 3.2.2) führen ebenfalls zu Funktionsanforderungen. Zunächst sollen aus den geforderten Eigenschaften die Ausprägungen der Merkmale ermittelt werden (AF-1.5). Das entspricht der Synthese, vgl. Weber [Web11]. Anschließend sollen die Eigenschaften der Karosseriekonzepte ermittelt werden, indem die Ausprägungen der Merkmale analysiert werden (AF-1.6), vgl. Weber [Web11]. Zuletzt sollen die ermittelten Eigenschaften mit den geforderten Eigenschaften verglichen werden. Der spätere Anwender soll bei der Auswahl des aus seiner Sicht geeignetsten Konzeptes methodisch unterstützt werden (AF-1.7). Er soll eine bewusste Entscheidung auf Basis der Evaluation treffen, siehe Methoden und Hilfsmittel zur Bewertung in Kapitel 2.3. Wiedemann [Wie14] stellt hierzu ein Beispiel dar.

Das MBSE in Verbindung mit formalisiertem Wissen ermöglicht die Automatisierung dieses PDD-Prozesses. Dem Anwender sollen so Routinetätigkeiten abgenommen werden (AF-1.8), vgl. Erläuterungen in den VDI-Richtlinien 2209 [VDI09a] und 5610 Blatt 2 [VDI15] sowie Lutz [Lut11]. Erst dadurch kann eine schnellere Beurteilung als zuvor angestrebt werden. Außerdem sollen die Ergebnisse aussagekräftig und belastbar sein (AF-1.9), siehe Tabelle 3.1. Das System ist zu validieren, vgl. VDI-Richtlinie 5610 Blatt [VDI15].

Tabelle 3.1: Anforderungen für die Methodik - Teil 1, F: Festforderung, M: Mindestforderung, t: Zeit; eigene Darstellung

Gliederung		Bezeichnung	Werte, Daten	Art	Quelle, Bemerkung
Funktion	AF-1.1	Parameteränderungen schnell beurteilen	t < Ist-Zustand	M	Schneller als Ist-Zustand
	AF-1.2	Karosseriekonzepte ganzheitlich beurteilen	Technisch, wirtschaftlich, ökologisch	F	Konzepte aus unterschiedlichen Blickwinkeln beurteilen, nicht rein technisch. Weitere Fachbereiche mit einbeziehen; Beispiel u.a. Tesch [Tes10]
	AF-1.3	Geforderte Eigenschaften als Eingangsdaten berücksichtigen		F	Eingangsdaten von verschiedenen Quellen
	AF-1.4	Karosserievarianten erstellen	Stückliste, Geometriemodelle	F	Formate zur Weiterverwendung nutzen
	AF-1.5	Merkmalsausprägungen aus geforderten Eigenschaften ableiten	Merkmale	F	Synthese, vgl. Weber [Web11]
	AF-1.6	Merkmale analysieren, um Eigenschaften zu ermitteln	Eigenschaften	F	Analyse, vgl. Weber [Web11]
	AF-1.7	Bewertungsverfahren für die Evaluation einbinden	Vergleich zwischen geforderten und ermittelten Eigenschaften	F	Evaluation; Anwender bei dem Konzeptentscheid methodisch unterstützen; Methoden und Hilfsmittel zur Bewertung und Auswahl in der Evaluation vgl. Weber [Web11] und Lindemann [Lin09], Ehrlenspiel [Ehr09] sowie Feldhusen und Grote [FG13]; Beispiel in Wiedemann [Wie14]
	AF-1.8	Anwender durch Automatisierung Routine-Tätigkeiten abnehmen	Hoher Automatisierungsgrad	F	Synthese, Analyse und Evaluationsschritte mit hohem Automatisierungsgrad; VDI-Richtlinien 2209 [VDI09a] und 5610 Blatt 2 [VDI15]
	AF-1.9	Gesamtsystem validieren und freigeben		F	Ergebnisse müssen aussagekräftig und belastbar sein, damit der Anwender Vertrauen in das Konzept hat; VDI-Richtlinie 5610 Blatt 2 [VDI15]

Aus den Teilzielen vier bis sechs (Kapitel 3.2.2) können Anforderungen bezüglich des Aufbaus der Methodik abgeleitet werden. Aus dem MBSE wird die Verwendung von Systemmodellen und Produktmodelle hergeleitet (AF-2.1), vergleiche Kapitel 2.4.3. Die Produktmodelle sind untereinander abzustimmen. Bestehende Produktmodelle sollen genutzt werden, wenn das Verhältnis von Aufwand zu Nutzen in der vorliegenden Arbeit zu vertreten ist (AF-2.2). Ansonsten sollen äquivalente Produktmodelle verwendet werden.

Ziwschen dem System- und den Produktmodellen werden Daten ausgetauscht. Für einen erfolgreichen Produktentwicklungsprozess sollen diese Daten zentral gemanagt werden (AF-2.3), sodass die korrekten Daten verwendet werden, vgl. Kapitel 3.2.1. Außerdem sind die Daten zur Weiterverwendung zu sammeln und zu verteilen (AF-2.4). Über das zentrale Datenmanagement können künftig weitere Produktmodelle angebunden werden (AF-2.5). Die Produktmodelle werden unter der Berücksichtigung der Wissensverteilung, -nutzung und -bewahrung ausgewählt und erarbeitet. Die Fachabteilungen können ihr Wissen dort formalisiert eintragen, sodass wissensbasierte Produktmodelle entstehen. (AF-2.6).

Aus der Beschreibung des KBE, des MBSE und der Konzepte sowie des Produktentwicklungsprozesses können weitere Anforderungen abgeleitet werden. Damit die Methodik im Unternehmen praxisnah angewendet werden kann, ist eine Integration in die bestehenden IT-Landschaften mit möglichen Anpassungen an die Ablauf- und Aufbauorganisation herzustellen (AF-2.7). Des Weiteren ist das Gesamtsystem robust für verschiedene Eingaben des Anwenders und dem Zusammenspiel von System- und Produktmodellen zu gestalten (AF-2.8), siehe Eigner et al. [ERZ14]. Der Anwender benötigt eine Rückmeldung über seine Eingaben, wenn diese zu konträr sind und keine Lösung innerhalb der geforderten Eigenschaften möglich ist.

Im Rahmen der Umsetzung soll nach der Implementierung in das Unternehmen das Wissen aktualisiert werden können (AF-3.1). Eine Aktualisierungsmöglichkeit ist die Grundvoraussetzung zur Vermeidung der Todesspirale von KBE-Anwendungen, vgl. Abbildung 2.17 auf Seite 33. Das Vorhandensein einer Aktualisierungsmöglichkeit führt jedoch nicht zwangsläufig zu deren Nutzung. Deshalb sollen Anreize geschaffen werden, das Wissen in den Systemen zu pflegen (AF-3.2). Dafür soll der Vorteil der Nutzung eines Produktmodells auch für Fachbereiche vorteilhaft sein. Produktmodelle können so entwickelt werden, dass die Fachbereiche sie für andere Untersuchungen einsetzen können und selbst ein Interesse an der Datenpflege haben. Ein Beispiel hierzu beschreibt Furian [Fur14] in seinem Konzept. Für die Aktualisierung sind Art und Umfang des Wissens festzulegen. Für die Wissenspflege soll dem Experten vorgegeben werden, wie das Wissen einzutragen ist. Das ist vergleichbar mit einer GUI, in der Felder für verpflichtende und freiwillige Angaben existieren. Infolgedessen ist die Aktualisierung für ihn einfach gestaltet (AF-3.3).

Wie in den für KBE-Anwendungen wichtigen Rollen beschrieben (Kapitel 2.4.2), soll der Anwender vom Anfang des Entwicklungsprozesses über die Umsetzung bis zur Validierung mit einbezogen werden. Damit soll er zur benutzerfreundlichen Gestaltung der Bedienung beitragen (AF-4.1). Allgemein soll diese einfach und intuitiv gestaltet werden. In der VDI-Richtlinie 5610 Blatt 2 [VDI15] werden Maßnahmen zum Schutz vor Missbrauch beschrieben. Neben der grundlegenden Sicherung und dem DF ist für die Methodik vor allem das DRM interessant. Für die Methodik und die Umsetzung sollen verschiedene rollenspezifische Zugriffsrechte vergeben werden, um das Wissen zu schützen (AF-5.1).

Tabelle 3.2: Anforderungen für die Methodik - Teil 2, F: Festforderung, M: Mindestforderung, W: Wunschforderung; eigene Darstellung

Gliederung		Bezeichnung	Werte, Daten	Art	Quelle, Bemerkung
Aufbau	AF-2.1	Systemmodell und Produktmodelle verwenden		F	Abstimmung untereinander erforderlich; MBSE-Ansatz
	AF-2.2	Verwendung von bestehenden Produktmodellen prüfen		W	Je nach Nutzen-zu-Aufwand-Verhältnis Systemmodell an Produktmodelle anpassen oder umgekehrt; negative Beispiele sind Busche [Bus14] sowie Fuchs und Lienkamp [FL13]
	AF-2.3	Zentrales Datenmanagement erstellen		F	Daten zur Weiterverwendung und Schnittstellen bereitstellen; Sicherstellen richtige Daten zu verwenden; u.a. [WD03, ERZ14]
	AF-2.4	Weiterverwendung der Daten ermöglichen		F	Kopplung mit nachgelagerten Produktmodellen ermöglichen
	AF-2.5	Schnittstellen zu anderen Fachbereichen berücksichtigen		W	Kopplung mit anderen Produktmodellen ermöglichen; u.a. Eigner et al. [ERZ14]
	AF-2.6	Wissen aus den Fachabteilungen implementieren	Formalisiertes Wissen	F	Produktmodelle mit Daten aus Fachbereichen versorgen; Wissensverteilung, - nutzung und - bewahrung; VDI-Richtlinie 5610 Blatt 2 [VDI15]
	AF-2.7	Kompatibilität des Konzeptes im Unternehmen herstellen		F	Passend zur IT-Landschaft, Ablauf- und Aufbauorganisation; u.a. Eigner et al. [ERZ14]
	AF-2.8	Systeme robust gestalten	Hohe Robustheit	M	Fehleranfälligkeit, Use-Case beachten; u.a. Eigner et al. [ERZ14]
Aktualisierung, Pflege	AF-3.1	Aktualisierung vorsehen		F	Todesspirale vermeiden; Wissen formalisieren; Probst et al. [PRR12]
	AF-3.2	Anreize zur Aktualisierung setzen		W	Funktionen von Produktmodellen können auch in anderen (Teil-) Systemen von Nutzen sein; Todesspirale vermeiden; Wissen formalisieren; Probst et al. [PRR12]; positives Beispiel in Furian [Fur14]
	AF-3.3	Aktualisierung einfach gestalten		W	Klare Definition, welches formalisierte Wissen eingebracht werden soll; Probst et al. [PRR12]
Nutzung	AF-4.1	Benutzerfreundliche Bedienung	Intuitiv, einfach	F	Anwender in Entwicklung einbeziehen; Rollenbeschreibung im KBE aus VDI-Richtlinie 5610 Blatt 2 [VDI15]
Sicherheit	AF-5.1	Sicherheit und Wissensschutz berücksichtigen	Rollen verteilen	F	Wissen vor unbefugtem Zugriff schützen; DRM und DF; VDI-Richtlinie 5610 Blatt 2 [VDI15]

3.3 Ausarbeiten des grundlegenden Prozesses

Die ersten Schritte der Planungsphase mit daraus resultieren Teilziele und Anforderungen werden in Kapitel 3.2 bearbeitet. In diesem Kapitel wird der grundlegende Prozess der Methodik bezogen auf das Beispiel ausgearbeitet. Das benötigte Wissen identifiziert und dient als Grundlage für die anschließende Erhebung, Analyse und Strukturierung sowie der Detaillierung des Prozesses, siehe Kapitel 4 und 5.

Als Grundlage wird der Prozess von den geforderten Eigenschaften zu den Karosseriekonzepten betrachtet und detailliert, siehe Abbildung 3.6. Die dort gezeigten Teilziele
verdeutlichen die Abfolge der Schritte des PDD zwischen Eingangs- und Ausgabedaten.
Nach Anforderung AF-1.1 sollen Parameteränderungen schneller als beim Ist-Zustand
beurteilt werden, siehe Kapitel 3.2.3. Die Schritte von Synthese, Analyse und Evaluation
benötigen deshalb einen hohen Automatisierungsgrad. Sie nehmen dem Anwender Routinetätigkeiten ab (AF-1.8). Welche Tätigkeiten anfallen und welche davon automatisiert
werden können, hängt maßgeblich von den geforderten Eigenschaften ab. Sie sind die Eingangsdaten (AF-1.3) und beeinflussen das PDD. Zusätzlich schreibt die Anforderung AF-1.2
vor, dass die Karosseriekonzepte ganzheitlich zu beurteilen sind. Hierzu gehören technische,
wirtschaftliche und ökologische Eigenschaften. Aus der Beschreibung des Entwicklungsprozesses in den Kapitel 2.1 und 3.2.1 wird deutlich, dass mehr Stakeholder einen Einfluss
auf die Entwicklung von Karosseriekonzepten haben als der Ansatz des CPM und PDD in
[Web11] berücksichtigt. Daher wird der Ansatz zunächst allgemeingültig erweitert.

Die Eigenschaftsentwicklung wird neben dem Produktlebenszyklus von diversen Faktoren
beeinflusst. Dazu zählen vor allem Kundenwünsche und Regelungen von Stakeholdern. Die
Wünsche der Kunden sind technische, wirtschaftliche und ökologische Eigenschaften. Die
Implementierung neuer Funktionen im Fahrzeug verändert auch die Wünsche der Kunden.
Dieses komplexe Verhalten wird daher in Studien analysiert und deren Ergebnisse fließen in
die Eigenschaftsentwicklung ein. Die Regelungen von Stakeholdern beeinflussen ebenfalls
die Entwicklung der Eigenschaften, z.B. mit Gesetzgebungen oder auch unternehmensinter-
ne Interessen. Mit Hilfe von Untersuchungen des Produktumfeldes wird Wissen generiert auf
dem Eigenschaften entwickelt werden. Zusammenfassend führt die Berücksichtigung von
Einflüssen der Kundenwünsche, Regeln von Stakeholdern und dem Lebenszyklus zu einer
wissensbasierten Eigenschaftsentwicklung. Das Wissen fließt über Synthese, Analyse und
Evaluation in den Produktentwicklungsprozess mit ein. Zusammen mit einem wissensbasierten Gesamtsystem aus Produktmodellen entsteht die wissensbasierte Produktentwicklung.
Abbildung 3.7 verdeutlicht diese Erweiterung des Ansatzes von Weber [Web11].

Die Umsetzung der dargestellten Inhalte in eine anwendungsnahe Methodik wird im Folgenden dargestellt. Abbildung 3.8 zeigt den Grundaufbau des Prozesses der Methodik von
den Eingangsdaten bis zu den Ausgabedaten über die Synthese, Analyse und Evaluation.
Zunächst werden die Eingangsdaten für den Prozess festgelegt, Kapitel 3.3.1. Davon sind
die erforderlichen Analysen abhängig. Mit ihnen werden die Eigenschaften der Karosseriekonzepte ermittelt und hinsichtlich ihrer Erfüllung in der Evaluation überprüft. Sind Art
und Umfang der Analysen festgelegt (Kapitel 3.3.2), wird ermittelt, welche Merkmale als
Eingangsdaten der Analysen notwendig sind und in der Synthese bestimmt werden müssen.
Kapitel 3.3.3 beschreibt den Prozessschritt der Synthese. Nach der Festlegung der Merkmale
und der Eigenschaften kann der Prozess definiert werden, um von den Eingangsdaten zu
den Ausprägungen der Merkmale zu gelangen und diese zu analysieren. Der Prozess von
Synthese und Analyse wird festgelegt. Danach wird der Evaluationsschritt definiert, Kapitel
3.3.4, und die Ausgabedaten werden beschrieben, Kapitel 3.3.5.

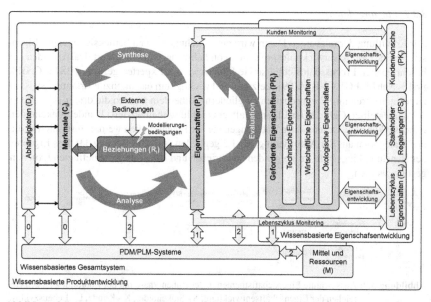

Abbildung 3.7: Wissensbasierte Eigenschafts- und Produktentwicklung mit einem wissensbasierten Gesamtsystem; eigene Darstellung in Anlehnung an [Web11]

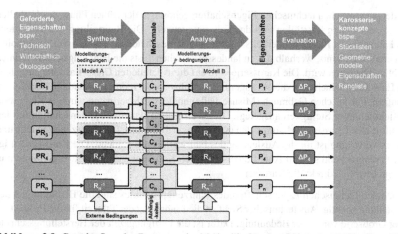

Abbildung 3.8: Grundaufbau des Prozesses der Methodik mit chronologischem Ablauf von Eingangsdaten über Synthese, Analyse und Evaluation bis zu den Ausgabedaten; C: Merkmale, P: Eigenschaften, (ΔP) Abweichungen von den geforderten zu den ermittelten Eigenschaften, PR: Geforderte Eigenschaften, R_i^{-1}: Beziehungen der Synthese, R_i: Beziehungen der Analyse, eigene Darstellung in Anlehnung an [Web11]

3.3.1 Eingangsdaten

Zur Ermittlung der relevanten Daten wird ein Benchmarking zu berücksichtigender Eigenschaften in Produktentwicklungsprozessen von Fahrzeugen durchgeführt. Dazu werden die beschriebenen Prozesse gesichtet sowie Interviews mit Experten geführt, [BS13, Coo14, Fri13, Neh14, FG13, VBWZ09]. Letztere sind wichtig, um das implizite Erfahrungswissen zu formalisieren und Eigenschaften zu gliedern. Außerdem werden die drei in Abbildung 3.7 dargestellten Gebiete der Eigenschaftsentwicklung thematisiert: Kunde, Stakeholder, Lebenszyklus. Die wesentlichen Themengebiete der Eigenschaften werden abstrahiert in die drei Kategorien aus der Anforderung AF-1.2 gegliedert, siehe Abbildung 3.9. Das Ergebnis des Benchmarkings wird im Folgenden beschrieben und kann durch die befragten Experten gestützt werden.

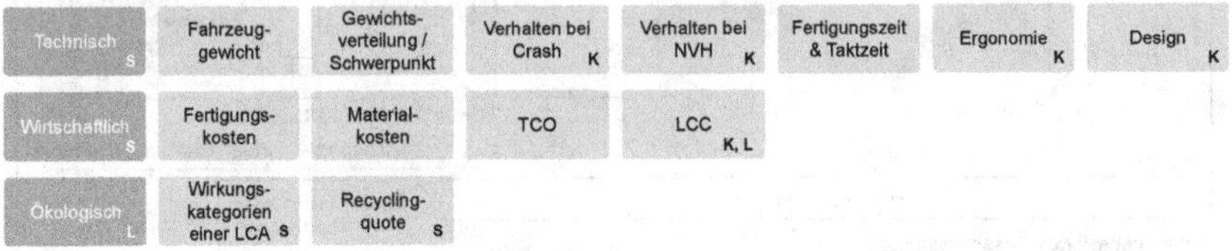

Technisch S	Fahrzeug-gewicht	Gewichts-verteilung / Schwerpunkt	Verhalten bei Crash K	Verhalten bei NVH K	Fertigungszeit & Taktzeit	Ergonomie K	Design K
Wirtschaftlich S	Fertigungs-kosten	Material-kosten	TCO	LCC K, L			
Ökologisch L	Wirkungs-kategorien einer LCA S	Recycling-quote S					

Abbildung 3.9: Ausgewählte Eigenschaftsthemen in der frühen Phase mit der Zuordnung zu den Bereichen der Eigenschaftsentwicklung: S - Stakeholder, K - Kunde, L - Lebenszyklus; Einordnung der Oberkategorie gilt für nebenstehende Eigenschaften, spezifische sind entsprechend gekennzeichnet; eigene Darstellung

Zu den wesentlichen technischen Eigenschaften gehören in der frühen Phase das Verhalten bei verschiedenen Lastfällen und das Fahrzeuggewicht. Die Beurteilung des Verhaltens des Fahrzeugs ist für die Sicherheitsanforderungen entscheidend. Kunden haben ein hohes Sicherheitsbedürfnis, weshalb u.a. in landesspezifischen Tests die Fahrzeugsicherheit untersucht und bewertet wird. Die Karosserie wird auf diese definierten Crash-Lastfälle ausgelegt, um Energie aufzunehmen, die Verzögerung im Fahrzeug zu reduzieren und die Insassen zu schützen. Für falschen Gebrauch (Misuse-Fälle) und das Fahrverhalten wird die Karosserie hinsichtlich ihrer Steifigkeit ausgelegt. Hierzu sind auch akustische Eigenschaften für den Komfort der Insassen und somit den Kunden von Interesse. Das Fahrzeuggewicht und dessen Verteilung ist für die Auslegung des Fahrwerks entscheidend. Die Karosserie trägt einen entsprechend großen Anteil dazu bei. Auch Kundenwünsche bzgl. Ergonomie und Design betreffen direkt die Karosserie.

Neben den technischen Eigenschaften des Fahrzeugproduktes sind die Bedingungen der Herstellung wichtig. Aus technischer Sicht ist die Einhaltung der Taktzeit für die Produktion einer Großserie von hoher Bedeutung. Dafür ist die Fertigungszeit der Herstellungsschritte anzupassen. Aus wirtschaftlicher Sicht gehören dazu die Fertigungskosten. Sie tragen zu einem Teil zu den Herstellkosten bei, ebenso wie die Materialkosten. Alle Kosten sind im Interesse der Stakeholder zu minimieren, um einen maximalen Ertrag zu erzielen. Beide fließen in komplexere Kostenbetrachtungen wie das Total Cost of Ownership (TCO) oder das Life Cycle Costing (LCC) mit ein.

Aus ökologischer Sicht ist eine erste Abschätzung einer Lebenszyklus-Bewertung (LCA) wichtig. Hierfür wird z.b. der CO_2-Eintrag während der Lebensphasen eines Fahrzeugs analysiert. Des Weiteren sind Recycling-Eigenschaften von Bedeutung. Beides geht hauptsächlich auf die aktuellen Gesetzgebungen der Stakeholder zurück, zum Teil auch auf Kundenwünsche.

Die Auflistung der Eigenschaften kann je Fahrzeugprojekt variieren, unterliegt der technologischen Entwicklung und kann von Produkten anderer Hersteller abweichen. Eigenschaften wie Design und Ergonomie beeinflussen die Gestalt der Karosserie, vergleiche Kapitel 3.2.1. Design- und Ergonomie-Maße werden bei der Abstimmung des Packages von Komponenten wie Antrieb und Fahrwerk mit der Karosserietopologie berücksichtigt. Daraus resultieren Vorgaben zur Gestalt der Karosserie. Hierzu gehören Positionen von Bauräumen und deren Abmessungen. Diese sind Voraussetzung, um die Karosserie auszulegen. Denn die Merkmale der Karosseriebauteile werden innerhalb der Bauraumgrenzen festgelegt. Die Merkmale Geometrie, Material und Oberflächenbeschaffenheit dienen hier als Parameter, um mit einer Kombination der Merkmalsausprägungen die geforderten Eigenschaften zu erfüllen. Folglich sind neben den Eigenschaften, die eine Karosserie direkt beeinflussen, die Packages von Antrieb, Fahrwerk und Insassen als Eingangsdaten für den zu entwickelnden Prozess notwendig.

In der frühen Phase werden viele dieser Eigenschaften gefordert. Die Kombination der Antriebsaggregate und Fahrwerkskomponenten ist ebenso bestimmt, wie bspw. Hauptabmessungen und Proportionen. Sie sind die Voraussetzung, um das Fahrzeug am Markt zu positionieren und werden in der frühen Phase festgelegt. Die Informationen über die beschriebenen Eigenschaften liegen vor und können über Schnittstellen als Eingangsdaten für den Prozess dienen.

Eingangsdaten für den Prozess sind zusammenfassend Eigenschaften und Merkmale, die das Fahrzeug und somit die Karosserie mit ihrer Gestalt betreffen. Die möglichen und auf die Produktentwicklungsprozesse der frühen Phase abgestimmten Eingangsdaten sind in Abbildung 3.10 dargestellt.

3.3.2 Prozessschritt Analyse

Die erforderlichen Analysen zur Ermittlung der wesentlichen Eigenschaften werden identifiziert und im Folgenden beschrieben. Auch bestehende Analysen im Produktentwicklungsprozess werden berücksichtigt und auf die Übertragbarkeit in diesen Prozess überprüft.

Einfache Schätzverfahren auf Basis von Hauptmaßänderungen im Vergleich zu Vorgängerfahrzeugen führen zu ersten Daten von Merkmalen und Eigenschaften. Komplexer und genauer ist die Gewichtsverfolgung auf der Basis von Stücklisten. Sie bekommen die benötigten Daten zur Abschätzung des Gewichts aus CAx-Modellen. Dort sind Merkmale wie Geometrie und Material definiert und Gewichte abschätzbar. Die Gewichtsverteilung ist bei beiden Vorgehensweisen ermittelbar.

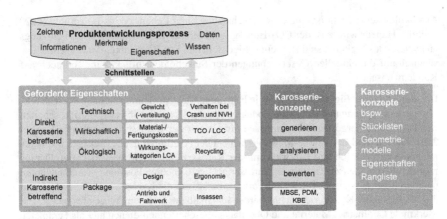

Abbildung 3.10: Eingangsdaten für den Prozess der Methodik aus Schnittstellen zu dem Benchmarking; eigene Darstellung

Für die Analyse des Verhaltens der Karosserie bei verschiedenen Lastfällen sind Simulationen notwendig. Mit Hilfe der Finite-Elemente-Methoden (FEM) werden Produktmodelle aufgebaut und unter physikalischen Randbedingungen auf bestimmte Lasten untersucht. Hierzu sind Merkmale wie Geometrien, Materialien und Verbindungselemente festzulegen. Der Aufbau dieser FEM-Modelle wird häufig auf Vorgängermodellen basierend durchgeführt und an die Randbedingungen angepasst. Die Beurteilung des Crash-Verhaltens benötigt weitere Komponenten, wie z.B. Fahrwerk und Antrieb, während Statik-Lastfälle weitestgehend ohne diese Komponenten auskommen. Die Akustik wird im Verbund beurteilt und benötigt detaillierte FEM-Modelle.

Die Analyse der Fertigungszeit ist ein wesentlicher Faktor bei der Herstellung der Karosserien. Hierzu sind detaillierte Informationen über Merkmale der Karosserie und deren Herstellung notwendig. Die Fertigungszeiten von Bauteilen variieren je nach Urform-, Umform- und Fügeverfahren, Anzahl der Maschinen und dem Fertigungsprozess.

Wirtschaftliche Eigenschaften werden auf Basis der Merkmale Geometrie und Material beurteilt, z.B. Materialkosten. Einfache Produktmodelle schätzen die Materialkosten in Abhängigkeit von Gewicht und Materialpreis am offenen Markt. Aufwendigere Produktmodelle beziehen Daten aus der Beschaffung mit ein, u.a. Beschaffungsmengen oder Coilgrößen. Komplexer zu analysieren sind Fertigungskosten, die nicht nur von der Produktgestalt und dem Material abhängen, sondern auch die Informationen zu den Verbindungstechniken und den Fertigungsprozessen benötigen. Landesspezifische Abhängigkeiten können ebenfalls im Modellaufbau berücksichtigt werden. Weitaus komplexere Produktmodelle werden benötigt, um TCO und LCC zu beurteilen. Hier fließen Randbedingungen aus Gesetzgebungen oder Annahmen aus dem Vertrieb ein.

Zur Beurteilung der ökologischen Eigenschaften hinsichtlich des LC und Recycling sind die Informationen über die Geometrie und die Materialien sowie die Fertigungs- und Verwertungsprozesse notwendig. Hier werden Produktmodelle zur Beurteilung des CO_2-Eintrags mit diesen Daten versorgt. Vor allem die Zusammensetzung der Materialien ist entscheidend für die Beurteilung. Hochfeste Stähle haben aufgrund ihrer Zusammensetzung aus bestimmten Legierungselementen und der aufwendigen Herstellung einen hohen CO_2-Beitrag.

Indirekte die Karosserie betreffende Eigenschaften aus Design und Package werden über die Einhaltung von Maßen überprüft. Dazu werden Maßkonzepte und Packagemodelle von der Fahrzeuggestalt erstellt. Die Bauteile werden in ihrer Geometrie und Position dargestellt.

Aus dem Benchmarking werden die Zusammenhänge zwischen den Merkmalen und den Eigenschaften bei den Analysen deutlich. Die Merkmale Position, Geometrie und Material beeinflussen mit ihren jeweiligen Ausprägungen nahezu alle Eigenschaften. Analysen mit geringem Aufwand, wie die Abschätzung des Gewichtes, basierend auf der Position, der Geometrie und dem Material, sind in Abbildung C.1 in Anhang C.1 dargestellt. Komplexe Analysen basieren oft auf vorherigen Analysen, z.B. auf den Gewichtsanalysen. Die komplexeren Analysen beruhen grundsätzlich auf den Merkmalen Position, Geometrie und Material und haben zusätzlich Eingangsdaten, die dem Umfeld der Karosserie entstammen. Abbildung C.2 stellt den Datenfluss der Eingangsdaten für aufwendigere Kostenanalysen vereinfacht dar, siehe Anhang C.1.

Die beschriebenen Analysen stehen für den Prozess der Methodik zur Auswahl. Dabei sind die zusätzlichen Randbedingungen, die eingebracht werden, um komplexe Analysen durchführen zu können, ausschlaggebend. Diese stehen für das Wissen, das aus den Fachabteilungen in die Methodik eingebracht werden soll, vgl. Anforderung AF-2.6. Zur endgültigen Auswahl muss das Wissen zunächst erhoben, analysiert und strukturiert werden. Abbildung 3.11 stellt die möglichen Analysen ohne Zusammenhänge dar.

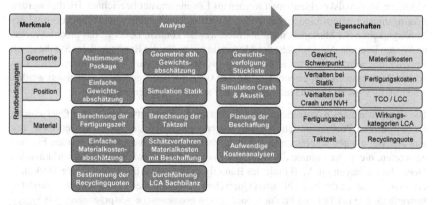

Abbildung 3.11: Analysen für die Ermittlung der Eigenschaften im Prozess der Methodik; eigene Darstellung

3.3.3 Prozessschritt Synthese

Die Merkmale Geometrie, Position und Material werden als wesentliche Eingangsgrößen für die Analysen identifiziert. Sie sind jedem Bauteil der Karosserie zuzuordnen und fließen in die Analyse mit ein, siehe Kapitel 3.3.2. In Bezug auf das MBSE ist ein Systemmodell zur Steuerung und Verwaltung dieser grundlegenden Merkmale geeignet, vgl. Anforderung AF-2.1. Von dem zentralen Systemmodell können die Produktmodelle der Analysen mit den Eingangsdaten versorgt werden, ebenfalls AF-2.1. Wie und in welchem Umfang die Ausprägungen der Merkmale für das Systemmodell festgelegt werden können, wird im Folgenden erörtert.

Ausgehend von der Abstimmung des Karosseriepackages mit dem Package weiterer Komponenten werden die Karosseriebauteile und ihre Positionen bestimmt. Die Topologie wird grundlegend festgelegt. Damit wird definiert, welche Bauteile eingesetzt werden, um grundlegende Anforderungen zu erfüllen. Die Auswahl der Topologie und die Abstimmung des Packages führt zu den Bauraumabmessungen für die Karosseriebauteile. Diese geben die Grenzen für die geometrische Varianz vor.

Mit den Bauräumen und bekannten Lastannahmen kann der Bereich für die Varianz der Merkmale Geometrie und Material genauer definiert werden. In Produktentwicklungsprozessen legen dies hauptsächlich die Ingenieure mit ihrem Wissen und basierend auf Vorschriften fest. Dieser Prozessschritt soll nach Anforderung AF-1.8 durch Automatisierung unterstützt werden. Das Einbringen von Wissen kann automatisiert nur durch formalisiertes Wissen in einer KBE-Anwendung erfolgen. Das umfangreiche Wissen aus den Fachabteilungen kann somit in die Synthese einfließen (Anforderung AF-2.6).

Das grundlegende Vorgehen zur Auslegung der Karosseriemerkmale basiert auf der Abstimmung von Geometrie und Material sowie der Verbindung von Bauteilen. Die in Weber [Web11] erwähnten Abhängigkeiten der Merkmale untereinander sind zu berücksichtigen. Mögliche Merkmalskombinationen werden als Lösungsmuster bezeichnet. Hierbei werden Lösungsmuster unterschieden, die realisiert werden können und solche, die Aufgrund der Abhängigkeiten der Merkmale nicht realisiert werden können. Daher ist das produktbezogene Wissen über die Abhängigkeit der Merkmale ein wichtiger Bestandteil der Synthese. Im Entwicklungsprozess werden neue Lösungsmuster erzeugt, analysiert und bewertet. Das Wissen darüber muss gespeichert, bewahrt und verteilt sowie regelmäßig aktualisiert werden. Andernfalls wird im Entwicklungsprozess nur temporär Wissen aufgebaut.

Die Geometrie eines Karosseriebauteils wird in der Konzeptentwicklung über Querschnitte an bestimmten Positionen definiert. An folgendem Beispiel werden die Merkmale und ihre Abhängigkeiten untereinander erläutert. Zwischen den Querschnitten werden Flächen entworfen, die in der Summe die Hülle des Bauteils darstellen. Alle parallel verlaufenden Querschnitte zeigen die Merkmale des Bauteils an dem jeweiligen Punkt. Ihre Merkmale entsprechen denen der benachbarten Querschnitte. Ausnahmen bilden variable Wandstärkenverläufe wie bei Tailored Products oder andere geometrische Ausprägungen, wie Sicken oder Fugen. Die Ausprägungen der Merkmale müssen zueinander passen, so dass Bauteile herstellbar sind. Abbildung D.1 stellt zwei Querschnitte und die resultierenden Flächen dazwischen beispielhaft dar. Die Beschreibung der Abhängigkeiten ist Anhang D.3 zu entnehmen.

Zusammengefasst sind die Abhängigkeiten der Merkmale untereinander hauptsächlich geometrisch beschreibbar und von dem Material und dem Fertigungs- sowie dem Fügeverfahren abhängig. Das Wissen über diese Abhängigkeit ist für die wissensbasierte Gestaltung der Karosseriekonzepte von zentraler Bedeutung. Im Rahmen der Wissenserhebung, -analyse und -strukturierung wird das Thema detailliert behandelt, siehe Kapitel 4.

Für die Synthese muss dieses Wissen formalisiert vorliegen. Abhängig von den Bauraumgrenzen wird die geeignete Geometrie ausgewählt und an die Randbedingungen der Materialien sowie der Fertigungs- und der Fügeverfahren angepasst. Die Abhängigkeiten voneinander sind zu berücksichtigen. Das kann z.B. über Grenzwerte und Regeln bei der Kombination der Merkmalsausprägungen erreicht werden. Auch dieses Wissen über die Regeln muss formalisiert vorliegen, um sie bei der Kombination zu berücksichtigen. Die Kombination bekannter Merkmalsausprägungen entspricht der Verwendung von Lösungsmustern, vgl. Kapitel 2.1.2.

Die Synthese verläuft in zwei Hauptschritten, siehe Abbildung 3.12. Zuerst wird die Topologie der Karosserie in Abstimmung mit dem Package weiterer Komponenten festgelegt. Daraus werden die Bauräume der Karosseriebauteile abgeleitet. Die Ausprägung des Merkmals Position ist folglich für die Bauteile der Karosserie bestimmt. Die Bauräume dienen neben den geforderten Eigenschaften als Eingangsdaten für den zweiten Hauptschritt. In diesem werden die Ausprägungen der Merkmale Geometrie und Material zu Karosseriekonzepten kombiniert. Dabei werden die Abhängigkeiten der Merkmale voneinander berücksichtigt. Die Kombination ergibt herstellbare Karosseriekonzepte.

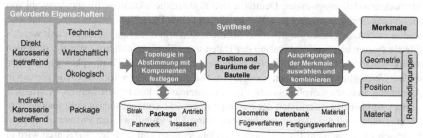

Abbildung 3.12: Synthese mit dem ersten und zweiten Hauptschritt von geforderten Eigenschaften zu Merkmalen; eigene Darstellung

Für den ersten Hauptschritt müssen verschiedene Topologien in Abhängigkeit von den Komponenten des Antriebs, des Fahrwerks und der Insassen bekannt sein. Hierfür wird Wissen erhoben, analysiert und strukturiert. Liegt das Wissen formalisiert vor, können davon die Bauräume der Bauteile abgeleitet werden. Zu diesem Zweck sind z.B. geometrische Beziehungen in Abhängigkeit vom Package verwendbar. Für das Fahrwerk sind Anbindungspunkte und Bauräume vorzusehen, die von der Karosserie nicht eingenommen werden dürfen. Für die Themen Package und Maßkonzept ist Wissen zu erheben, siehe Kapitel 4. Für den zweiten Hauptschritt sind Datenbanken geeignet, vgl. Abbildung 3.12. Daten können abgespeichert und gezielt miteinander verknüpft wieder abgerufen werden. Das entspricht der Kombination bekannter Lösungsmuster zu den Gesamtlösungen. Die Gestaltung der Bauteile hängt von der Verknüpfung und dem Wissen von deren Parametern ab. Für den Entwickler ist die Auswahl der geeigneten Lösungsmuster aus Fertigungs- und Fügeverfahren in Abhängigkeit von Geometrie und Material eine wiederkehrende Aufgabe. Die Kombination führt der Entwickler auf der Basis der Regeln und seines impliziten Wissens nach einer Systematik durch. Liegt das Wissen formalisiert vor, kann diese Routinetätigkeit automatisiert werden (Anforderung AF-1.8).

Wird das formalisierte Wissen durch Fachabteilungen aktualisiert und gepflegt, übersteigt der Umfang des expliziten Wissen das des impliziten Wissens eines Entwicklers. Mit der breiten Informationsbasis von Lösungsmustern können mit einer automatisierten Kombinatorik viele Lösungsvarianten erzeugt werden. Darunter fallen auch neue Lösungsmuster, die auf Basis der Kombinatorik überhaupt erst erzeugt werden. Diese würden im Entwicklungsprozess aufgrund des vergleichsweise eingeschränkten impliziten Wissens des Entwicklers nicht erarbeitet.

Werden die Positionen und Bauräume aus dem ersten Hauptschritt zunächst als gegeben betrachtet, können davon ausgehend im zweiten Hauptschritt Ausprägungen der Merkmale systematisch ausgewählt und miteinander kombiniert werden. Das ermöglicht die Generierung mehrerer herstellbarer Lösungsvarianten in kurzer Zeit. Zur Realisierung dieser Schritte wird ein Systemmodell benötigt, um die Eingangsdaten in einer Parametrik zu verwerten. Für die Planung, wie der Aufbau des Systemmodells erfolgen soll, wird das Münchner Methodenmodell angewendet. Demnach sind Konstruktionskataloge für die Auswahl von Merkmalsausprägungen geeignet. Werden diese in einer Datenbank gespeichert, können sie analog zu Nutzung eines Zugriffsteils in einem Konstruktionskatalog ausgewählt werden. Für die systematische Kombination der Daten unter Berücksichtigung von Beziehungen untereinander werden mit Hilfe des Münchner Methodenmodells morphologische Kästen mit Verträglichkeitsmatrizen identifiziert. Die Ausprägungen der Merkmale können in Anlehnung an einen morphologischen Kasten miteinander kombiniert werden. Verträglichkeiten sind über den Zugriffsteil der Kataloge zu berücksichtigen, sodass nicht realisierbare Lösungsmuster ausgeschlossen werden. Abbildung 3.13 visualisiert den Prozess im zweiten Hauptschritt. Wissen zur Entwicklung von Datenbanken und -abfrageprozeduren wird in Kapitel 4 erhoben.

Werden in der Synthese automatisiert Lösungsvarianten erstellt, ist dies für die Gestaltung der Analyse bedeutend. Alle erzeugten Lösungsvarianten sind zu analysieren. Daher ist die Automatisierung der Synthese nur dann sinnvoll, wenn Analyse und Evaluation ebenfalls automatisiert werden können. Bezugnehmend auf die Anforderungen AF-1.8 ist eine Automatisierung sinnvoll, da die Analysen und die Evaluation zum Teil Routinetätigkeiten sind. Sie kommen in den in Kapitel 3.2.1 erwähnten Iterationsschleifen wiederholt vor. Daher

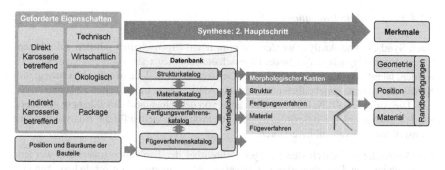

Abbildung 3.13: Zweiter Hauptschritt der Synthese - Auswahl von Merkmalsausprägungen aus Katalogen mit anschließender Kombination zu Lösungsvarianten; eigene Darstellung

wird eine Automatisierung des Prozesses angestrebt. Abbildung 3.14 stellt das Konzept der Automatisierung dar.

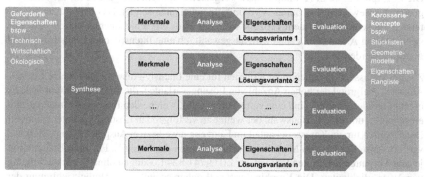

Abbildung 3.14: Auswirkung eines automatisierten Synthese-Schritts auf den Prozess der Methodik; Lösungsvarianten haben unterschiedliche Merkmalsausprägungen und Eigenschaften; eigene Darstellung

Neben der automatisierten Kombinatorik durch die systematische Verknüpfung von Daten ist der Anwender in die Synthese-, Analyse- und Evaluationsschritte mit einzubeziehen. Der Anwender benötigt eine Rückmeldung über die erstellten Daten in den Prozessschritten. Auch robuste Systeme (Anforderung AF-2.8) können Zielkonflikte in den Eingangsdaten nicht aufheben. Der Anwender muss die Systeme daher auf Plausibilität überprüfen. Zur frühzeitigen Überprüfung der Systeme, sind nach Anforderung AF-1.9 vor der Freigabe Tests zu durchlaufen und die Teilsysteme und das Gesamtsystem zu validieren. Da bei der Automatisierung eine unüberschaubare Anzahl von Daten erzeugt werden, muss der Anwender bei der Plausibilitätsprüfung unterstützt werden. Entsprechende Funktionen sind bei dem Systemmodell und den Produktmodellen zu berücksichtigen.

3.3.4 Prozessschritt Evaluation

Nach Synthese und Analyse werden die ermittelten Eigenschaften mit den geforderten Eigenschaften verglichen. Welche der Eigenschaften überhaupt analysiert und dann evaluiert werden, hängt von den Eingangsdaten ab. Der Anwender soll die Möglichkeit haben, die Karosseriekonzepte ganzheitlich (Anforderung AF-1.2, Seite 61) bewerten zu können (AF-1.7). Die Analyse und Evaluation sollen daher von den Eingangsdaten abhängig gesteuert werden. Das erfordert ein flexibles System aus Produktmodellen für die Analyse und ein ebenso flexibles Evaluationsverfahren.

Der Anwender soll durch Bewertungsverfahren bei der Evaluation unterstützt werden. Demnach werden die geforderten mit den ermittelten Eigenschaften verglichen. Anhand der Differenzen wird je nach Bewertungsverfahren eine Rangliste erstellt. Sie stellt eine Priorisierung der Lösungsvarianten dar. Darüber hinaus können Lösungsvarianten auf unterschiedliche Art miteinander verglichen werden. Insgesamt unterstützen Bewertungsverfahren den Anwender bei der Auswahl der besten Lösungsvarianten.

Die in Kapitel 2.3.2 in Abbildung 2.10 vorgestellte Entscheidungshilfe für die Auswahl geeigneter Bewertungsverfahren wird im Folgenden angewendet. Das Umfeld der zu treffenden Entscheidung in dem Prozess wird mit Hilfe verschiedener Kriterien bewertet, siehe Anhang A.3. Anschließend wird ausgewählt, ob eine Intensiv- oder Einfach-Auswahl getroffen werden soll.

Zusammenfassend sprechen mehr Kriterien für eine Intensiv-Auswahl als für eine Einfach-Auswahl. Aufgrund der hohen Anzahl von Lösungsvarianten, die durch eine Kombinatorik erzeugt werden können, sind eine erste Vorauswahl, welche den Lösungsvariantenanzahl einschränkt, und eine Endauswahl der weiter zu verfolgenden Lösungsvarianten, sinnvoll. Denn werden für ein Karosseriebauteil im Fahrzeug jeweils zwei Ausprägungen je Merkmal variiert, entstehen bei drei Merkmalen acht Varianten des Bauteils. Für zehn Bauteile mit je acht Varianten resultieren theoretisch 1.073.741.824 Lösungen ohne Berücksichtigung von Verträglichkeiten. Die Kombinatorik soll daher gezielt unter Berücksichtigung der Verträglichkeiten durchgeführt werden. Zudem können aufwendige Analysen, wie FE-Simulationen, nicht zielführend mit einer derartigen Anzahl von Lösungen durchgeführt werden.

Eine mehrstufige Intensiv-Auswahl kann zudem zur Reduzierung des Ressourceneinsatzes beitragen. Zunächst werden Analysen mit geringem Aufwand durchgeführt und deren Ergebnisse mit den geforderten Eigenschaften verglichen. Davon abhängig wird eine Vorauswahl durchgeführt. Anschließend werden für eine geringere Anzahl von Lösungsvarianten aufwendigere Analysen durchgeführt. Zusammen mit den zuvor ermittelten Ergebnissen werden diese Ergebnisse evaluiert. Damit werden die Analysen nur durchgeführt, wenn sie für die Auswahl notwendig sind. Abbildung 3.15 stellt den Prozess mit einem zweistufigen Bewertungs- und Auswahlverfahren dar.

Eine Auswahl kann eine geeignete Lösung auf Basis von zu wenigen Informationen ausschließen. Daher ist die Zuordnung der Analysen zu den Evaluationsschritten gezielt zu

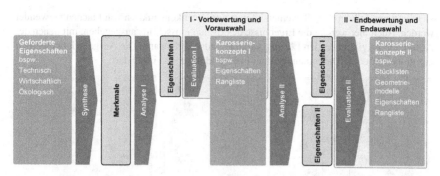

Abbildung 3.15: Prozess der Methodik mit mehrstufiger Evaluation; I: Vorbewertung und Vorauswahl, II: Endbewertung und Endauswahl mit den Eigenschaften aus der Analyse I und den Eigenschaften aus der Analyse II; eigene Darstellung

treffen. Auch die Auswahl und eine Gewichtung von Kriterien haben einen Einfluss. Sind in der ersten Evaluationsstufe wenige und niedrig gewichtete Kriterien gewählt, ist die Aussagekraft über die Priorisierung der Lösungsvarianten gering und die Wahrscheinlichkeit, eine Entscheidung auf zu wenigen Informationen zu treffen, hoch. Das gilt ebenso, wenn in der ersten Bewertungsstufe viele, aber wenig wichtige oder wenige, aber wichtige Kriterien betrachtet werden. Abbildung A.1 in Anhang A.3 verdeutlicht den Zusammenhang zwischen betrachteten Eigenschaften und der Gewichtung der Kriterien für die Bewertung und die Auswahl der Lösungen. Das Risiko, eine Entscheidung auf zu wenigen Informationen zu treffen, gilt es zu reduzieren. Die Nutzwertanalyse stellt ein geeignete Methode dafür dar. Mit ihr kann in Abhängigkeit der Kriterien und deren Gewichtung eine Rangliste der Lösungsvarianten erstellt werden. Unterschiedliche Evaluationsschritte können berücksichtigt werden. Die Gewichtung der Kriterien bleibt dem Anwender überlassen, ist jedoch von der Zuordnung der Analysen zu den Evaluationsschritten abhängig.

3.3.5 Ausgabedaten

Die Ausgabedaten des Prozesses beinhalten nach der Endbewertung die Lösungsvarianten samt ihrer Merkmale und Eigenschaften sowie der Differenz zu den geforderten Eigenschaften. Wie bei den Eingangsdaten, sind die Schnittstellen maßgebend. In diesem Prozess sind es Schnittstellen zur Weiterverwendung der Daten in Produktentwicklungsprozessen (vgl. Anforderung AF-2.4 und AF-2.5). Die erzeugten Daten müssen dafür in bestehende Prozesse implementiert werden können (AF-2.7). Das gilt für beide Zeitpunkte, an denen Ausgabedaten entstehen: Die Vorauswahl und die Endauswahl. Bei der Vorauswahl werden Stücklisten mit den Merkmalen und Eigenschaften der Lösungsvarianten ausgegeben. Der zweite Zeitpunkt betrifft die Ausgabe der Daten nach der Endauswahl. In Anforderung AF-1.4 werden die Ergebnisse als Stücklisten und Geometriemodelle gefordert. Die Stücklisten beinhalten Merkmale und Eigenschaften, die in weiteren Analyseschritten Verwendung finden können.

Geometriemodelle in CAD-Systemen können zur Detailkonstruktion von Flächen verwendet werden. Auch hier werden die Ergebnisse des Evaluationsschritts ausgegeben, mit denen der Anwender die zielführenden Lösungsvarianten auswählen kann. Die Ausgabedaten werden zusammen mit dem Datenmanagement in Abbildung 3.16 visualisiert.

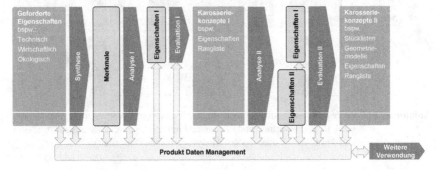

Abbildung 3.16: Ausgabedaten und Datenmanagement im Prozess zur Weiterverwendung in Produktentwicklungsprozessen; eigene Darstellung, vgl. Abbildung 2.15 auf Seite 29

Aufgrund der Anzahl der im Prozess entwickelten Lösungen wird ein geeignetes Datenmanagement benötigt (Anforderung AF-2.3), das während des gesamten Prozess entstehende Daten verwaltet, speichert und sichert (AF-5.1). Bereits die Eingabedaten müssen für das Systemmodell verwaltet werden. Sie haben Einfluss auf die Evaluationsschritte und zuvor auf die Auswahl der durchzuführenden Analysen. Die Daten des Systemmodells müssen an die Produktmodelle verteilt werden, von denen der Rückfluss stattfindet, siehe Abbildung 3.16. Grundlagen zur Prozessumsetzung und Anwendungsentwicklung inklusive der Datenschnittstellen werden in Kapitel 4 erhoben.

3.4 Zusammenfassung Vorgehen und grundlegender Prozess

Dieses Kapitel fasst das Vorgehen zur Ausarbeitung des grundlegendes Prozesses zusammen und beschreibt diesen. Das Vorgehen in der Planung: Zunächst wird der Ansatz des CPM und PDD um die wissensbasierte Eigenschafts- und Produktentwicklung zu einem wissensbasierten Gesamtsystem erweitert und der Grundaufbau des Prozesses aus den Anforderungen hergeleitet. Darauf basierend wird ein Benchmarking in der Entwicklung durchgeführt und die wesentlichen Eigenschaften der frühen Phase werden ermittelt. Diese werden in technische, wirtschaftliche und ökologische Eigenschaften eingeteilt. Die Daten werden in bestehenden Produktentwicklungsprozessen erzeugt und definieren erste Schnittstellen für eine Implementierung.

Im nächsten Schritt wird die Analyse detailliert. Eine Recherche führt zu einer Übersicht von bestehenden Analysen und Produktmodellen. Sie werden nach ihren Abhängigkeiten zu verschiedenen Eingangsdaten ihrer Komplexität nach sortiert. Die Kenntnis der Analysen und Produktmodelle ist für die grundlegende Ausarbeitung ausreichend, da die Festlegung der Analysen und der Produktmodelle von der Synthese und der Evaluation abhängt. Rückläufig werden von den zu ermittelnden Eigenschaften die Analysen festlegt, da dies deren Ausgabedaten sind. Anschließend werden die Eingangsdaten der Analysen zusammengetragen. Diese sind wiederum die Ausgabedaten der Synthese. Hierzu zählen die Merkmale Position, Geometrie und Material sowie indirekt Fertigungs- und Fügeverfahren.

Nachfolgend wird der Teilprozess zwischen Eingangsdaten des gesamten Prozesses und den Merkmalen als Eingangsdaten der Analyse ausgearbeitet: die Synthese. Zunächst werden die Merkmale weiter detailliert und die jeweilige Abhängigkeit zu den Eingangsdaten wird analysiert. Die Position der Bauteile ist von der Topologie und diese wiederum vom Package abhängig. Die Merkmale Geometrie und Material sind die grundlegenden Parameter für eine Auslegung eines Bauteils. Deswegen wird ein Querschnitt betrachtet und die Abhängigkeiten werden beschrieben. Relevant für die Synthese ist das Wissen um die Beziehungen von Geometrien zu Materialien, Fertigungs- und Fügeverfahren.

Wegen der Abhängigkeiten der Topologie sowie der Geometrie und des Materials von den geforderten Eigenschaften werden zwei Hauptschritte in der Synthese festgelegt. Zur Ermittlung der Topologie erfolgt eine Abstimmung mit dem Package von Insassen, Fahrwerk und Antrieb. Damit können die Ausprägungen der Positionen für die Karosseriebauteile synthetisiert werden. Mit dem Merkmal der Position und somit des Bauraums werden die Merkmalsausprägungen Geometrie und Material ausgelegt. Das identifizierte Wissen wird erhoben, analysiert und strukturiert, sodass es formalisiert in einer Datenbank gespeichert ist und gezielt abgerufen werden kann. Hierbei werden die Ausprägungen der Merkmale unter Berücksichtigung der Abhängigkeiten voneinander kombiniert. Das Ergebnis sind Ausprägungen der Merkmale für Karosseriekonzepte. Sie sind herstellbar. Das entspricht der Verwendung eines Systemmodells, das die Parameter aufnimmt und dann zur Merkmalskombination weitergibt. Unter Berücksichtigung der Anforderungen wird die Synthese mit dem Systemmodell automatisiert. Liegt das Wissen formalisiert vor, wird die Merkmalskombination der Ausprägungen dem Anwender als Routinetätigkeit abgenommen. Dabei entsteht eine große Anzahl herstellbarer Karosseriekonzepte basierend auf einer KBE-Anwendung.

Anschließend wird die Evaluation geplant. Hierfür wird die Analyse zugezogen, da nur die Eigenschaften evaluiert werden können, die bei der Analyse ermittelt werden. Die Evaluation wird methodisch unterstützt durchgeführt, um eine bewusste Entscheidung auf Informationen treffen zu können, welche Karosseriekonzepte am besten geeignet sind. Dazu wird die Entscheidungshilfe zur Einfach- oder Intensiv-Auswahl angewandt. Da die Mehrheit der Kriterien für die Intensiv-Auswahl beurteilt werden, resultierte daraus die Festlegung einer mehrstufigen Bewertung und Auswahl. Das korreliert mit der Berechnung der maximalen Kombinationsvielfalt als Ergebnis der Synthese. Aufwendige Analysen können auf Grund von hohem Ressourceneinsatz und geringer Zeit nur bei wenigen Konzepten mit gleicher Qualität durchgeführt werden. Entsprechend werden für eine erste Vorbewertung einfache Analysen für viele Karosseriekonzepte durchgeführt. Dann werden Karosseriekonzepte ausgewählt, die mit aufwendigeren Analysen beurteilt werden, an deren Ende wieder eine Auswahl getroffen wird. Hierbei wird auf unterschiedliche Gewichtungen von Kriterien und das verbundene Risiko hingewiesen.

Abschließend werden die Ausgabedaten festgelegt. Alle über den Prozess erzeugten Merkmale und Eigenschaften werden für die weitere Verwendung in den Produktentwicklungsprozessen ausgegeben. Sie werden in einer Stückliste je Karosseriekonzept gesammelt. Außerdem werden Geometriemodelle ausgegeben. Dafür wird das Datenmanagement thematisiert. Die Schnittstelle eines Systemmodells ermöglicht die Verknüpfung der Eingangsdaten mit der Kombination der Merkmalsausprägungen in der Synthese und deren Daten wiederum mit den Produktmodellen der Analysen. Demzufolge entsteht ein Gesamtsystem bezogen auf das MBSE.

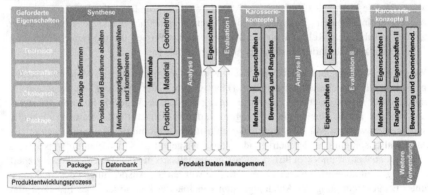

Abbildung 3.17: Zusammenfassung des grundlegenden Prozesses der Methodik; eigene Darstellung

Der grundlegende Prozess: Im Ergebnis erzeugt der Prozess auf Eingangsdaten beruhende Karosseriekonzepte, deren Eigenschaften ganzheitlich ermittelt und validiert werden, um eine methodisch unterstützte und bewusste Entscheidung zu ermöglichen. Von den Eingangsdaten aus wird das Package mit anderen Komponenten abgestimmt, um die Topologie der Karosserie zu ermitteln. Hiermit können Positionen und Bauräume bestimmt werden, die zusammen mit den geforderten Eigenschaften das Systemmodell speisen, das die Merkmalsausprägungen mit einer KBE-Anwendung ermittelt und kombiniert. Das Ergebnis sind automatisiert generierte Karosseriekonzepte. Diese werden in einem mehrstufigen Prozess analysiert und evaluiert. Am Ende werden Karosseriekonzepte ausgewählt und die Daten in Stücklisten und Geometriemodellen zur weiteren Verwendung ausgegeben. Abbildung 3.17 stellt die Prozessschritte sequentiell dar.

Mit diesem Prozess können die Auswirkungen von Parameteränderungen auf die Karosseriekonzepte schnell beurteilt werden. Darüber hinaus wird der Lösungsraum erweitert, indem automatisiert Karosseriekonzepte generiert, analysiert und evaluiert werden. Das kann zu einer Steigerung der Qualität führen. Nach dem *magischen Dreieck* kann statt der Einsparung der Ressourcen auch die Qualität angehoben werden. Dabei müssen nicht mehr

Konzepte untersucht werden. Vielmehr können die untersuchten Konzepte detaillierter analysiert werden. Abbildung 3.18 stellt den Nutzen der Methodik im Vergleich zur bisherigen Vorgehensweise (vgl. Abbildung 3.3) dar.

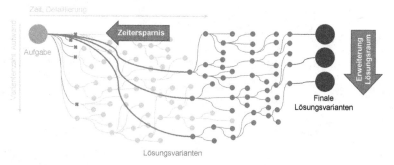

Abbildung 3.18: Nutzen des Prozess im Vergleich zum schematischen Ablauf Lösungsvariantengenerierung; eigene Darstellung

Für das weitere Vorgehen wird in Kapitel 3.3 folgendes Wissen identifiziert:

- Für die Synthese ist das Wissen von fahrzeugtechnischen Grundlagen wie Package und Maßkonzepte wichtig. Damit kann die Topologie der Karosserie ermittelt werden.

- Für die Synthese ist das Wissen von der Karosserieauslegung bezogen auf Geometrie, Materialien, Fertigungs- und Fügetechnik sowie deren Abhängigkeiten von Bedeutung. Dieses Wissen wird formalisiert und dient der KBE-Anwendung als Grundlage.

- Für die Synthese ist das Wissen von der Entwicklung von Datenbanken relevant, damit das Wissen für KBE-Anwendungen formalisiert umgesetzt wird.

- Für den Prozessschritt Analyse ist das Wissen von einfachen und aufwendigen Analysen und den verwendeten Produktmodelle wichtig.

- Für das Datenmanagement und die Umsetzung der System ist Wissen von Prozessumsetzung und Anwendungsentwicklung notwendig.

Das Wissen wird in Kapitel 4 erhoben. Folglich kann der Prozess anschließend detailliert (Kapitel 5) und umgesetzt (Kapitel 6) werden.

4 Entwicklung der Methodik: Erhebung, Analyse und Strukturierung von Wissen

Basierend auf den Ergebnissen der vorherigen Planungsphase wird das identifizierte Wissen erhoben, analysiert und strukturiert, um den Prozess in Kapitel 5 ausdetaillieren zu können. Mit dem Wissen kann der in der Theorie erarbeitete Prozess in ein Gesamtsystem umgesetzt werden (Kapitel 6). Bei der Erhebung, Analyse und Strukturierung werden Grundlagen der Systemgestaltung und Umsetzung sowie fahrzeug- und karosseriespezifische Themen erläutert. Abbildung 4.1 zeigt das Vorgehen in der Entwicklungsphase und ordnet es in den Zusammenhang ein.

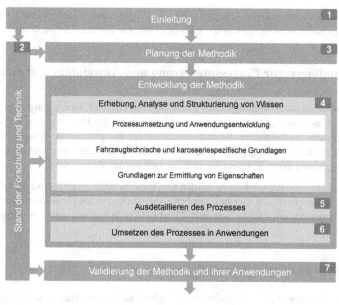

Abbildung 4.1: Gliederung des vierten Kapitels; eigene Darstellung

Zur Umsetzung des Gesamtsystems, der Produktmodelle und des Datenmanagements sind Kenntnisse über die Prozessumsetzung mitsamt den Integrationsvarianten notwendig, siehe Kapitel 4.1. Zur Umsetzung einzelner Anwendungen werden Vorgehensweisen bei der Softwareentwicklung vorgestellt. Die Kenntnisse aus der Prozessumsetzung und der Softwareentwicklung fließen bei der Detaillierung des Prozesses mit ein. Außerdem werden Entwicklungsumgebungen und Programmiersprachen für die Entwicklung von Anwendungen vorgestellt. In den Hauptschritten der Synthese werden Datenbanken verwendet. Dazu

© Springer Fachmedien Wiesbaden GmbH, ein Teil von Springer Nature 2018
J. Hasenpusch, *Methodik zur Beurteilung eigenschaftsoptimierter Karosseriekonzepte in Mischbauweise*, AutoUni – Schriftenreihe 123,
https://doi.org/10.1007/978-3-658-22227-7_4

wird das grundlegende Wissen zu deren Entwicklung erhoben. Datenbanksprachen und Datenbankmanagementsysteme werden ebenfalls vorgestellt.

Die Detaillierung des ersten Hauptschritts der Synthese beinhaltet die Festlegung der Topologie zur Bestimmung der Position der Karosseriebauteile. Die Topologie ist vom Package anderer Komponenten abhängig. Deswegen werden in Kapitel 4.2 das Package und das Maßkonzept eines Fahrzeugs thematisiert.

Für den zweiten Hauptschritt der Synthese werden Informationen zu der Karosserieauslegung erhoben, Kapitel 4.3. In den Unterkapiteln wird erläutert, wie Geometrie- und Fertigungskonzepte sowie Material- und Fügekonzepte erarbeitet werden. Das Ergebnis ist formalisiertes Wissen für die KBE-Anwendung.

Bezogen auf den mehrstufigen Analyse- und Evaluationsprozess wird die Ermittlung technischer, wirtschaftlicher und ökologischer Eigenschaften in Kapitel 4.4 beschrieben.

4.1 Grundlagen zur Prozessumsetzung und Anwendungsentwicklung

Im Folgenden werden Grundlagen zur Prozessumsetzung und Anwendungsentwicklung behandelt. Das in der Literatur empfohlene Vorgehen bei der Umsetzung von Prozessen wird vorgestellt. Es beinhaltet die drei Ansichten zur Integration von Anwendungen in Prozessen: Prozess-, Desktop- und Systemintegration. Gestaltungen der Architekturen von Anwendungen und deren Kopplungen zu Systemen werden thematisiert.

Zur Entwicklung von Anwendungen werden Vorgehensmodelle in der Softwareentwicklung und der Datenbankentwicklung beschrieben. Außerdem werden Entwicklungsumgebungen und Programmiersprachen, wie auch Datenbanksprachen und -managementsysteme vorgestellt.

4.1.1 Prozessumsetzung

Die Prozessumsetzung ist im Wissensmanagement eine Voraussetzung zur Erlangung der Reifegrade. Dabei ist zwischen IT-Systemen bis zu komplexen Systemen des Wissensmanagements inklusive der Unternehmensführung vom ersten bis zum vierten Reifegrad zu differenzieren. Bezogen auf die vorliegende Arbeit beschreibt Methodik für die Verwendung des Prozesses seine Randbedingungen und schafft den Rahmen für den Einsatz. Die Prozessumsetzung definiert den Umgang mit Daten in und zwischen den Systemen innerhalb des Prozesses. Die Grundlagen werden in diesem Unterkapitel vorgestellt.

Die Prozessumsetzung kann mit Hilfe des Integrationsmodells im Business Engineering beschrieben werden. Sie besteht aus Prozess-, Desktop- und Systemintegration. In der Prozessintegration wird die Art der Steuerung der umzusetzenden Prozesse thematisiert. Prozessschritte werden in der Desktopintegration zu Anwendungen zusammengefasst. Diese werden in der Systemintegration zusammengeführt. Die Anwendungen bestehen wiederum aus Teilsystemen, die für die Integration beschrieben werden. [Vog06]

In der Prozess- und Desktopintegration werden für jeden Prozessschritt Anwendungen definiert. Zunächst werden die Prozessschritte in der Workflowabgrenzung für die Umsetzung detailliert und von einander abgegrenzt. In der Desktopintegration werden die Aktivitäten beschrieben, sodass daraus Anwendungen abgeleitet werden. Deren Funktion ist je nach Prozessschritt entweder grundlegend notwendig für die Durchführung des Prozesses oder sie unterstützt den Anwender. Die Anwendungen werden in der Workflowplanung bezogen auf den Prozess beschrieben und der Ablauf wird festgelegt. Davon ausgehend kann die Systemintegration durchgeführt werden. Im ersten Schritt wird, basierend auf dem Prozessentwurf, der Beschreibung des Ist-Zustandes und der Anwendungsdefinition, eine Interaktionsanalyse durchgeführt. Hier wird geklärt, ob Anwendungen und Daten miteinander in Beziehung stehen. Im Makroentwurf werden diese detailliert. Im Integrationsdesign werden die Randbedingungen der Beziehungen geklärt und in der Integrationsspezifikation detailliert aufbereitet. Abschließend wird die Anwendung realisiert. [Vog06]

Hauptbestandteil der Prozessumsetzung ist die Gestaltung der Architektur des Gesamtsystems aus der Sicht von Prozess-, Desktop- und Systemintegration. Nach Vogler [Vog06] werden in der Architektur mehrere Varianten unterschieden, siehe Abbildung 4.2 sowie mit folgender Beschreibung:

- Integrierte Anwendung
  Prozesse werden mit einer Anwendung umgesetzt. Diese verfügt dann über alle Funktionen und stellt alle Daten bereit. Um diesen Anforderungen gerecht zu werden, steigen die Komplexität der Anwendung und der Umgang mit ihr entsprechend.

- Isolierte Anwendungen
  Die Schritte eines Prozesses werden in voneinander unabhängigen Anwendungen umgesetzt. Jede Anwendung verfügt über eine andere Funktion und stellt Daten losgelöst von anderen Anwendungen bereit. Die Vielzahl von Anwendungen steigt, die Datenredundanz ebenso.

- Systemintegration zwischen vereinzelten Anwendungen Hier werden die Prozessschritte mit zum Teil voneinander abhängigen Anwendungen umgesetzt. Die Anwendungen für einen Prozessschritt sind miteinander über Schnittstellen integriert.

- Taskflowsteuerung
  Die Anwendungen eines jeden Prozessschrittes werden in der Taskflowsteuerung verknüpft. Die miteinander verknüpften Anwendungen werden für jeden Prozessschritt spezifisch zusammen gesteuert.

- Workflowsteuerung
  Die Anwendungen werden den Prozessschritten nicht direkt zugeordnet, sondern über eine Steuerung gezielt integriert.

- Task- und Workflowsteuerung
Hier werden Anwendungen analog zur Taskflowsteuerung zu Programmbausteinen verknüpft. Diese werden mittels Workflowsteuerung mit dem Prozess verknüpft.

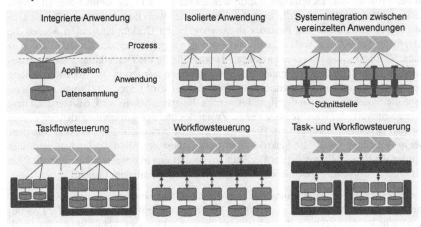

Abbildung 4.2: Übersicht Prozessumsetzung bezogen auf die Architektur des Gesamtsystems; eigene Darstellung in Anlehung an [Vog06]

Neben den Architekturvarianten des Gesamtsystems bei der Prozessumsetzung sind die Architekturen der Anwendungen bei der Systemintegration zu berücksichtigen.

Zunächst wird stellvertretend für die Architektur der Anwendungen das Client-Server-Modell beschrieben. Server verfügen über Funktionen und Daten, die sie den Clients anbieten. Das Modell zeigt, welche Clients und Server verwendet werden und wie die Kommunikation abläuft. Ein Client-Server-Modell besitzt n Schichten, die aus Clients oder Servern bestehen. Bei einem dreischichtigen Modell stellt der Client dem Applikationsserver eine Anfrage zu einer Funktion. Der Applikationsserver benötigt dafür Daten, die wiederum auf einem Datenbankserver liegen. Über eine Anfrage erhält er die Daten und verarbeitet sie. Das Ergebnis gibt er dem Client zurück. Der Nutzer einer Anwendung erhält eine spezifisch auf seine Anfrage bezogene Darstellung über Funktionen und benötigte Daten. Zusammenfassend bestehen Anwendungen aus einer Präsentationsebene zur Schnittstelle mit dem Client, einem Applikationsserver, der Funktionen verwaltet, und aus Datenbankservern, die die Daten verwalten. In Abbildung 4.3 ist die Client-Server-Architektur dargestellt. [Man09, Vog06]

Mit der Kenntnis der grundlegenden Architektur einer Anwendung kann die Systemintegration behandelt werden. Das Ergebnis dieser Integration definiert die Art und Weise des Zusammenwirkens der Anwendungen untereinander. Die grundlegende Ausrichtung gibt die Architektur der Prozessumsetzung vor. In deren Abhängigkeit werden die Anwendungen miteinander verknüpft. In Abbildung 4.3 dargestellte Systemintegrationsvarianten sind nach Vogler [Vog06] möglich:

- Manuelle Systemintegration
  Ist die Kopplung von Anwendungen nicht möglich, bleibt dem Nutzer nur die manuelle Verknüpfung. Daten werden von dem Nutzer in beiden Anwendungen eingetragen.

- Frontend-Integration
  Werden Anwendungen mit Hilfe einer weiteren Präsentationsebene miteinander verknüpft, wird dies als Frontend-Integration bezeichnet. Dabei kann das Frontend die Präsentationsebenen der Anwendungen auch übergehen und direkt mit Applikationsservern kommunizieren.

- Anwendungserweiterung
  Anwendungen können Funktionen und Daten anderer Anwendungen auch übernehmen, ohne dass eine zusätzliche Anwendung entwickelt wird. Die Funktionsumfänge werden entsprechend erweitert, sodass Daten und Präsentationsebene mit angepasst werden.

- Datenintegration
  Die Datenintegration ist dann sinnvoll, wenn Anwendungen auf (zum Teil) gleiche Daten zugreifen. Die Datenbankserver können insgesamt oder teilweise zusammengefasst oder die Daten untereinander auf Konsistenz abgeglichen werden.

- Methodenaufruf
  Eine Anwendung kann über den Aufruf des Applikationsservers einer anderen Anwendung deren Funktionen ausführen.

- Eigenständige Integrationsanwendung
  Anwendungen können über eine neue Anwendung zusammengeführt werden. Die Präsentationsebene greift auf die Applikationsserver und diese auf die verknüpften Anwendungen und ihre Funktionen zu.

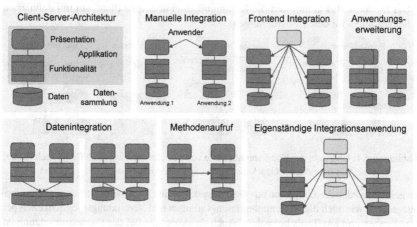

Abbildung 4.3: Übersicht der Kopplungsmöglichkeiten von Anwendungen in der Systemintegration; eigene Darstellung in Anlehung an [Vog06]

Für die Kopplung der Anwendungen existieren verschiedene Integrationstechnologien. Sie werden unter dem Begriff Middleware und Enterprise Application Integration (EAI)-Tools zusammengefasst. Für die Integrationsvarianten sind spezifische Tools verfügbar. Diese Tools sind vorteilhaft für die Integration von heterogenen Anwendungen durch definierte Kommunikations- und Steuerungskomponenten. Neben den einzelnen Tools, werden sie in (EAI)-Plattformen zusammengefasst und vereinen die Vorteile, wie auch Nachteile des hohen Implementierungs- und Verwaltungsaufwandes. [Vog06]

Abhängig von der Architektur des Gesamtsystems (Integrierte Anwendung bis Task- und Workflowsteuerung) und den Integrationsvarianten zur Kopplung zwischen Systemen (Manuelle Systemintegration bis Eigenständige Integrationsanwendung) können die Anwendungen über die Middleware und EAI-Tools unterschiedlich gekoppelt werden, siehe Abbildung 4.4. Nach Eigner und Stelzer [ES09] gibt es folgende Möglichkeiten:

- Point-to-Point-Verbindungen
  Anwendungen können direkt miteinander kommunizieren. Das erfordert dafür angepasste Schnittstellen für jede Kommunikation zwischen Anwendungen.

- Service Oriented Verbindung
  Die Kommunikation zwischen den Anwendungen läuft direkt ab, wie bei der Point-to-Point-Verbindungen. Für jede Verbindung gelten definierte Schnittstellen.

- Hub & Spoke Verbindungen
  Hier werden die Anwendungen über eine zentrale Plattform gesteuert. Der Datenaustausch findet ausschließlich über die Plattform statt, weshalb die Anzahl von Schnittstellen reduziert ist.

- Business Bus
  Der Business Bus kombiniert die Kommunikation über eine Plattform mit definierten Schnittstellen für deren Ausführungen.

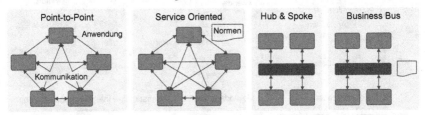

Abbildung 4.4: Übersicht der Kopplung mit Hilfe von Middleware bzw. EAI-Tools; nach [ES09] mit freundlicher Genehmigung des Springer-Verlags

Insgesamt werden Architekturen aus Gesamtsystemsicht (Prozessintegration und Desktopintegration) wie auch die Systemintegrationsvarianten und Verbindungsmöglichkeiten per Middleware und EAI-Tools betrachtet. Auch das Vorgehen bei der Prozessumsetzung ist beschrieben.

4.1.2 Vorgehensmodelle in der Sofwareentwicklung

In der Softwareentwicklung sind verschiedene Arten von Vorgehensmodellen verbreitet. Ihre Verwendung hängt von Einsatzgebiet, Ziel und Randbedingungen der jeweiligen Entwicklung ab. Unterschiedenen werden phasenorientierte Entwicklungen, prototypenorientierte Entwicklungen und agile Entwicklungen, siehe Abbildung 4.5. Für die Umsetzung von Anwendungen im Rahmen der Prozessumsetzung werden bekannte Vorgehensmodelle vorgestellt. [Gol11, SBK14]

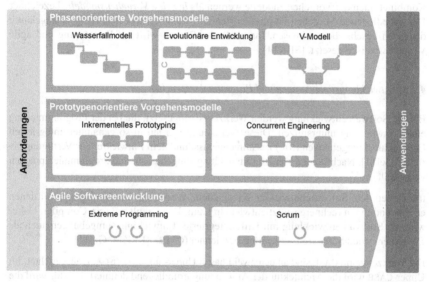

Abbildung 4.5: Gliederung von Vorgehensmodellen in der Softwareentwicklung; eigene Darstellung

Die phasenorientierten Vorgehensmodelle in der Softwareentwicklung sind mit denen der Fahrzeugentwicklung vergleichbar. Analog zu der Definition von Cooper [Coo14] bestehen sie aus Phasen und Gates. Das *Wasserfallmodell*, die *Evolutionäre Entwicklung* und das *V-Modell* zählen zu den bekannten Vorgehensmodellen. Sie werden in Anhang D.1 kurz vorgestellt. [Gol11, SBK14]

Die Vorgehensmodelle bestehen, verallgemeinert gesagt, aus den gleichen Phasen mit anderer Anordnung. Startpunkt ist die Ermittlung von Anforderungen. Davon ausgehend finden die Analyse der Problemstellung und die Spezifikation des Systems statt. Entwürfe in unterschiedlichen Detaillierungsgraden folgen und werden umgesetzt. Die Integrationsphase beschreibt dann das Zusammensetzen von umgesetzten Teilsystemen zu einem Gesamtsystem. Abschließend erfolgen Inbetriebnahme mit Test und der Betrieb. [Gol11, SBK14]

Aufgrund der Art und Weise der Vorgehens sind phasenorientierten Vorgehensmodelle in ihrer Flexibilität eingeschränkt. Die Berücksichtigung von Änderungswünschen ist nur mit erhöhtem Aufwand umsetzbar. Flexibler sind dagegen prototypenorientierte und agile Entwicklungen. [SBK14].

In der agilen Softwareentwicklung werden die oben beschriebenen Phasen nicht sequentiell bearbeitet, die darin enthaltenen Aufgaben aber dennoch. Dem Softwareentwickler wird mehr Freiheit eingeräumt. Randbedingungen schreiben die Art und Weise der Arbeit vor. *Extreme Programming* und *Scrum* sind bekannte Vertreter der agilen Softwareentwicklung. [SBK14, Gol11]

Kombinationen der Vorgehensmodelle werden als *hybride Vorgehensmodelle* bezeichnet. Das grundlegende Vorgehen ist phasenorientiert. Diese entsprechen nicht zwangsläufig den oben beschriebenen Phasen. Innerhalb der Phasen wird auf Prototyping und agile Vorgehensweisen gesetzt. [SBK14]

4.1.3 Entwicklungsumgebungen und Programmiersprachen

Bei der Softwareentwicklung werden Werkzeuge eingesetzt, die bei der Programmierung einer Anwendung unterstützen. Diese Werkzeuge werden in so genannten integrierten Entwicklungsumgebungen (IDE) zusammengefasst und dem Entwickler zur Verfügung gestellt, [Gol11]. Nachfolgend werden Entwicklungsumgebungen und Programmiersprachen vorgestellt.

IDE stellen dem Softwareentwickler verschiedene Werkzeuge zur Verfügung, mit denen er Anwendungen rechnergestützt entwickeln kann. Dazu zählt z.B. ein Compiler. Daher wird die Softwareentwicklung mit Hilfe integrierter Entwicklungsumgebungen auch als Computer-Aided Software Engineering bezeichnet (CASE). [ERZ14, Gol11]

Die Werkzeuge im CASE sind an den zwei Phasen Upper- und Lower-CASE ausgerichtet. Im Upper-CASE wird die Architektur der Anwendung grundlegend definiert. Hierfür wird die Unified Modeling Language (UML) verwendet. Mit ihr können Strukturen auf verschiedene Art dargestellt und definiert werden. Mit UML wird die Architektur zunächst unabhängig von Programmiersprachen erstellt. Anschließend wird die erzeugte Struktur im Lower-CASE in Programmcode übersetzt. Die Übersetzung erfolgt zu einem Teil automatisiert und gibt die Struktur im Programmcode aus. Dieser ist nicht vollständig und darum nicht funktionsfähig. Mit Hilfe weiterer Werkzeuge im CASE führt der Softwareentwickler die Programmierung des Codes final durch. Abbildung 4.6 zeigt die Softwareentwicklung mit CASE. Es existieren CASE-Tools jeweils für eine und für beide Phasen. [ERZ14, Gol11]

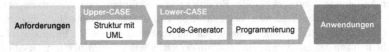

Abbildung 4.6: Softwareentwicklung mit Upper- und Lower-CASE; eigene Darstellung nach [ERZ14]

Während in der Literatur für Upper-CASE UML als Standard definiert wird, gibt es für Lower-CASE ein große Zahl von Programmiersprachen und infolgedessen auch Tools. Unabhängig davon wird grundlegend zwischen prozeduralen und deklarativen Programmiersprachen unterschieden. Erstere basieren auf dem Aufruf von Funktionen und Prozeduren, letztere dagegen auf der logischen Verknüpfung von Daten unter Berücksichtigung von Regeln. Darüber hinaus existieren objektorientierte Programmiersprachen, die am ehesten als prozedurale Sprache eingestuft werden können. Durch die Verknüpfung von Objekten mit Funktionen und die Zuweisung von Eigenschaften kann die Komplexität des gesamten Systems reduziert werden. Das führt zu einer weiten Verbreitung. Die Beziehungen zwischen den Objekten und ihren Eigenschaften und Funktionen können mit der UML dargestellt werden und mit einem Code-Generator in eine objektorientierte Programmiersprache übersetzt werden. [ESB16, ERZ14]

Zu den weit verbreiteten objektorientierten Programmiersprachen gehören C# und Java. C# wird mit dem CASE-Tool Visual Studio unterstützt und von Microsoft vertrieben. Java wird in Eclipse unterstützt und dieses von der Eclipse Foundation betrieben. Mit beiden Sprachen können Anwendungen entwickelt werden, die auf den oben vorgestellten Client-Server-Architekturen basieren. [ESB16, ERZ14]

Eine weit verbreitete Programmiersprache ist darüber hinaus Visual Basic. Sie dient der Erstellung grafischer Oberflächen (GUI). Als Weiterentwicklung zu der Skriptsprache Visual Basic for Applications (VBA) wird sie zur Steuerung von Prozessabläufen bei Microsoft Office Produkten eingesetzt. [Nah16, ESB16]

4.1.4 Grundlagen zur Datenbankentwicklung

Datenbanken (DB) stellen nach Probest et al. [PRR12] eine Möglichkeit zur Speicherung von Wissen dar. Datenbanken sind ein Hilfsmittel zur Durchführung der Kernprozesse im Wissensmanagement. Im Umgang mit Datenbanken kann Wissen identifiziert, erworben, verteilt und vor allem bewahrt werden. Die Datenbanken dienen zugleich als Quelle für Wissen. Nach der VDI-Richtlinie 5610 Blatt 2 [VDI15] werden sie als Wissensort bezeichnet. Da Wissen aus verknüpften Informationen und diese wiederum aus Daten bestehen, ist diese Bezeichnung sinnvoll. Kudraß definiert eine Datenbank als *„Sammlung von Daten, die einen Ausschnitt der realen Welt beschreiben"*, [Kud15, S.20]. Für eine KBE-Anwendung, die Daten zu Informationen verknüpft und dem Anwender ausgibt, sind Datenbanken deshalb von zentraler Bedeutung.

Aus technischer Sicht betrachtet sind Datenbanken elektronische Speicherorte von Daten. Dabei existieren unterschiedliche Möglichkeiten der Speicherung, die als Datenbanken bezeichnet werden. Das geht von lokalen Ordnerstrukturen, in denen Dokumente hinterlegt sind, bis zu serverbasierten Datenbanksystemen, in denen Daten miteinander verknüpft hinterlegt sind. Deshalb definiert Schicker über die Definition von Kudraß hinaus die Datenbank als *„eine Sammlung von Daten, die untereinander in einer logischen Beziehungen* *stehen und von einem eigenen Datenbankverwaltungssystem [...] verwaltet werden"*, [Sch14, S.3]. [Nor16, PRR12]

Mit Hilfe von Datenbankmanagementsystemen (DBMS) können die Daten in DB verwaltet werden. Ein DBMS besitzt eine Schnittstelle, über die die Kommunikation mit Nutzern und Anwendungen abläuft. Das DBMS übersetzt deren Anfragen und führt sie anschließend aus. Anfragen enthalten Operationen zur Datenauswahl in bestimmten Abhängigkeiten und zur Datenpflege. Ausgewählte Daten werden über die Schnittstelle des DBMS wieder ausgegeben. Entsprechend den Operationen werden die Anfragen von Nutzern und Anwendungen in das Abfragen oder das Ändern kategorisiert. Ein DBMS hat darüber hinaus die Aufgabe, die Datenbank und deren Zugriffsberechtigungen zu verwalten. [Sch14, Kud15]

Zur Erstellung der Anfragen verfügen die Schnittstellen eines DBMS über Datenbanksprachen. Auf Basis dieser Sprachen kann das DBMS die Anfragen in Form der Daten-Abfrage, des Änderns, des Verwaltens und der Rechteverteilung übersetzen. Für die Aufgaben eines DBMS existieren unterschiedliche Sprachen. Dazu zählen Data Control Language (DCL), Data Description Language (DDL), Data Manipulation Language (DML) und View Definition Language (VDL). *Abfragesprachen* fassen die Funktionen von DCL, DDL, DML und VDL zusammen und bieten deren Funktionen für die Schnittstellen an. [Mei10, Sch14, Kud15]

DBMS und Datenbanksprachen hängen von dem Datenbankmodell ab. Vier Varianten werden in der Literatur [Sch14, Kud15, Mei10] unterschieden. Ihre Struktur und die Speicherung der Daten sind zu differenzieren, siehe Anhang D.2.

Für die Entwicklung von DB existiert in der Literatur das Phasenmodell. Hierunter ist ein Vorgehensmodell für die Entwicklung von DB zu verstehen. Dieses ist an den Phasenmodellen der Softwareentwicklung orientiert, kann jedoch auch bei anderen Vorgehensmodellen der Softwarentwicklung eingesetzt werden. Das Phasenmodell für die Datenbankentwicklung ist zunächst unabhängig von dem Datenbankmodell. Für Datenbankmodelle existieren spezifische Vorgehensmodelle. Zunächst wird das allgemeingültige Phasenmodell von Kudraß vorgestellt, siehe Abbildung 4.7. Anschließend wird dieses mit dem für relationale DB spezifischen Modell von Meier verglichen. [Kud15, Mei10]

Abbildung 4.7: Phasenmodell in der Datenbankentwicklung, DB: Datenbank; DBMS: Datenbankmanagementsystem; eigene Darstellung in Anlehnung an [Kud15]

Das Phasenmodell von Kudraß startet mit der Analyse der Anforderungen (erste Phase). Aus einer zugehörigen Datenanalyse werden Informationsanforderungen abgeleitet. Sie definieren, welche Daten zu implementieren sind. Das entspricht zum Großteil der Identifizierung des Wissens für eine KBE-Anwendung, vgl. Kapitel 3. Außerdem werden Bearbeitungsanforderungen ermittelt. Sie beschreiben die Funktionen der DB. [Kud15]

In der zweiten Phase wird der konzeptionelle Entwurf erstellt. Basierend auf der Anforderungsanalyse wird der zu betrachtende Weltausschnitt definiert. Das Wissen muss dafür erhoben, analysiert und strukturiert werden. Damit wird ein konzeptuelles und externes Schema erstellt. Die Daten werden miteinander in abstrakter Art und Weise in Beziehung gesetzt. Im Zuge dessen kann das ERM genutzt werden. Diese Phase ist unabhängig vom Datenbankmodell. Abbildung 4.8 zeigt ein Beispiel für ein ERM. Bei der ERM Erstellung sind die Kategorien der Beziehungen von Bedeutung. Sie geben an wie die Objekte miteinander verknüpft sind. Unterschieden werden 1:1, 1:m und n:m Verbindungen. Sie geben Auskunft über die Anzahl der zuzuordnenden Elemente je Objekt. Bei 1:1 Verbindungen wird ein Objekt genau einem anderen Objekt zugeordnet. Mit den Beziehungen werden die Primär- und Fremdschlüsselbeziehungen in späteren Phasen definiert. Mit dem externen Schema werden unterschiedliche Sichten auf die Zusammenhänge realisiert, um Konflikte aufzudecken. [Kud15]

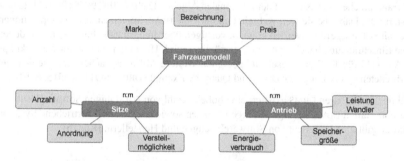

Abbildung 4.8: Beispiel eines Entity-Relationship-Modells mit n:m Verbindungen zwischen Fahrzeugmodellen und Sitzen sowie Antrieben; eigene Darstellung

In der dritten Phase wird das Datenbankmodell samt DBMS ausgewählt und mit den Randbedingungen das abstrakte ERM in einen logischen Entwurf transformiert. Gleichfalls ist auf die Minimierung der Redundanz zu achten. Dieser Schritt ist mit dem Upper-CASE der Softwareentwicklung vergleichbar. Für die Modellierung eines ERM können verschiedene Modellierungssprachen genutzt werden. Darunter fallen UML wie bei der Softwareentwicklung mit CASE oder SysML. Alt [Alt08] führt verschieden Modellierungssprachen an und bewertet sie hinsichtlich ihrer Eignung für die Systemmodellierung. [Kud15]

Aus dem logischen Entwurf wird in der Datendefinition (vierte Phase) das logische Schema entwickelt. Die Entwicklung ist vom DBMS und somit von der verwendeten Sprache abhängig, vgl. Lower-CASE in Kapitel 4.1.3. Das logische Schema wird anschließend in ein internes Schema überführt. Das entspricht der physischen Umsetzung des logischen Schemas in die Datenbank. Zu dieser fünften Phasen gehört die Optimierung des Systems hinsichtlich des Einsatzes von Ressourcen, Zeit und Kosten. [Kud15]

Die letzte Phase fasst die Implementierung der Anwendung und deren Betrieb inklusive der Wartung zusammen. Die zu berücksichtigenden Richtlinien entsprechen denen bei der Integration einer KBE-Anwendung, vgl. Kapitel 2.4.2. [Kud15, VDI15]

Im Vergleich zum Phasenmodell von Kudraß zeigt Meier [Mei10] ein Vorgehensmodell zur Entwicklung relationaler Datenbanken. Dieses startet mit der Datenanalyse und endet mit einer physischen Datenstruktur. Die Schritte dazwischen entsprechen inhaltlich weitestgehend denen von Kudraß, nur dass sie detaillierter aufgeteilt sind. Dagegen thematisiert Meier weder die Anforderungsanalyse ausführlich noch die Implementierung oder den Betrieb einer Datenbank. [Mei10, Kud15]

In Bezug auf die Ausgestaltung des Prozessschritts der Synthese kommen vor allem relationale und objektrelationale DB in Frage, da hier die Eigenschaften der Merkmale Struktur, Material, Fertigungs- und Fügetechnik miteinander verknüpft werden können. Aus diesem Grund werden Sprachen für relationale bzw. objektrelationale DB kurz betrachtet. [Kud15, Sch14]

Hier ist in erster Linie die Structured Query Language SQL zu nennen. Sie ist eine normierte Abfragesprache und basiert auf der relationalen Algebra. Die ISO/IEC 9075 [ISO11] standardisiert SQL. Daher ist sie weit verbreitet und in viele DBMS implementiert. Die Operationen, die mit SQL ausgeführt werden können, verfügen über Integritätsbedingungen, mit denen eine Einschränkung bei einer Abfrage ermöglicht wird. Hierdurch sind sie für die verknüpfte Auswahl für die Syntheseschritte geeignet. Weitere Abfragesprachen sind die weniger verbreiteten Query Language QUEL und Query by Example QBE. [ISO11, Kud15, Sch14]

Bei den verfügbaren DBMS existiert eine hohe Anzahl von SQL-fähigen Softwarelösungen. Darunter fallen DBMS mit Open Source Lizenzen sowie kommerziell vertriebene Systeme. Kudraß gibt eine Übersicht von Softwarelösungen und Herstellern. [Kud15]

4.2 Fahrzeugtechnische Grundlagen

In Kapitel 3.3.3 wird die Synthese im Prozess grundlegend ausgearbeitet. Dabei wird fahrzeugtechnisches Wissen identifiziert, das im Folgenden erhoben wird. Dieses Kapitel legt den Schwerpunkt auf das Wissen zur Ermittlung der geeigneten Topologie der Karosserie u.a. aus Packagedaten. In der Synthese stellt dies den ersten Hauptschritt dar.

Schumacher schreibt der Topologie eines Bauteils einen entscheidenden Einfluss auf dessen Verhalten zu und definiert sie als „die Lage und Anordnung von Strukturelementen", [Sch13, S.219]. Übertragen auf die vorliegende Arbeit bezeichnet die Topologie die Lage und Anordnung der Bauteile in der Karosserie.

Außer der Topologie kann die Form der Bauteile angepasst und dimensioniert werden. Während die Topologie die Anordnung und Lage der Bauteile bezeichnet, beschreibt die Form die Geometrie der Bauteile und somit ein Merkmal. Die Dimensionierung stellt die Querschnitte spezifisch dar und erfasst auch Merkmale wie das Material. Die Merkmale Geometrie und Material werden im zweiten Hauptschritt der Synthese verwendet. Das dafür identifizierte Wissen wird in Kapitel 4.3 erhoben. Die Topologie wird im Folgenden thematisiert. [Sch13]

Braess und Seiffert [BS13] beschreiben die Karosserie als einen der wesentlichen Einflussbereiche für die Festlegung des Fahrzeugpackages. Das Fahrzeugpackage wird als *„[...] maßliches Zusammenspiel aller Baugruppen und Komponenten definiert [...]"*, [BS13, S.131]. Die Karosserie sorgt mit ihren Bauteilen dafür, dass die Komponenten miteinander zu einem Fahrzeug verbunden werden. Mit Hilfe des Packages werden die Bauräume der Komponenten überprüft. Das kann unter Verwendung von Maßkonzepten erfolgen, mit denen die Maße eines Fahrzeuges beschrieben werden. Während des Entwicklungsprozesses werden die Maßkonzepte detaillierter ausgearbeitet. Virtuelle Produktmodelle haben die reinen Zeichnungen von Maßkonzepten weitestgehend abgelöst, da mit Hilfe der geometrischen Modelle der Fahrzeuggestalt deutlich genauere Packageprüfungen vorgenommen werden. [BS13, GN06]

Ausschlaggebend für die Gestaltung des Packages ist die Auswahl der Lösungsmuster, wie Aufbauausprägung, Antrieb und Fahrwerk. Sie geben mit ihren Merkmalen das grundlegende Package und somit die Topologie der Karosserie vor. Unterschieden werden bei den Aufbauausprägungen z.B. Stufenheck und Steilheck. Hier wird die Topologie der Bauteile im Heckbereich verändert. Unterschiedliche Antriebe führen zu Variationen in deren Position und den Anbindungskonzepten. Die Auswahl und die Anordnung von Energiewandler und -speicher beeinflussen die Topologie der Karosserie grundsätzlich. Ein quer eingebauter Verbrennungsmotor in der Front mit einem Tank im Heckbereich führt zu einer anderen Topologie als radnahe Elektromotoren mit einer Batterie im Unterbodenbereich. Je nach angetriebenen Rädern sind die Topologien für die Fahrwerksanbindung unterschiedlich. Zusätzlich muss berücksichtigt werden, welche Räder in welcher Weise gelenkt werden und auf welche Weise ihre Federung erfolgt. Daraus resultieren Radhüllkurven, die den Bewegungsraum definieren. [BS13, GN06]

Das Design bestimmt weitere Vorgaben für das Package. Das Exterieur-Design hängt von der Aufbauausprägung und den Hauptmaßen ab und wird demgemäß entworfen. Der entstehende Strak gibt die Außenhülle für die Integration aller Komponenten vor. Dieser ist außerdem von der Aerodynamik abhängig. Das Interieur-Design gibt für den Innenraum Flächen vor. Jedoch steht hier die Ergonomie für die Insassen im Vordergrund. Neben dem Gepäckraum beeinflussen die Insassen mit ihren Maßen die Konzeption des Innenraumpackages. Grundsätzlich werden Fahrzeuge anhand der Anthropometrie von Menschen ausgelegt. Darunter werden die Maße von Menschen verstanden. Die Auslegung berücksichtigt dabei Untersuchungen zu Maßen von kleinen Frauen bis hin zu großen Männern. In der Fahrzeugentwicklung werden diese Maße berücksichtigt, um die Fahrzeuge für einen Großteil der Bevölkerung nutzbar zu gestalten. Die Maße der Menschen werden für ergonomische Untersuchungen verwendet. Anhand des Sitzreferenzpunktes (SgRP) wird der Insasse im Fahrzeug positioniert. Zusammen mit der Auslegung des Sitzverstellfeldes können Bedienkonzepte entwickelt und Sichten beurteilt werden. Auch Einstiegs- und Ausstiegsvorgänge werden analysiert. Weitere Positionierungen von Klimatisierungs- und Infotainmentkomponenten sind von den Insassen abhängig. In Abbildung 5.2 werden zwei Schnittmodelle eines Fahrzeugs am Sitzreferenzpunkt (SgRP) dargestellt. Die Abbildung verdeutlicht die Maßzusammenhänge. [BS13, GN06]

Die verwendeten Maße für das Maßkonzept sind nach der Richtlinie SAE J1100 [SAE09] standardisiert. Darauf aufbauend tauschen die Automobilkonzerne definierte Maße ihrer Fahrzeuge in GCIE-Plänen gegenseitig aus. Diese werden bspw. zur Positionierung am Markt im Vergleich zu Wettbewerbern verwendet. Hahn [Hah17] hat u.a. darauf basierend statistische Beziehungen von Maßen in Bezug auf Fahrzeugklassen aufgestellt, vgl. Kapitel 2.4.4. Sie benutzt diese Beziehungen, um von wenigen Parametern auf detaillierte Maßkonzepte auch in Abhängigkeit von weiteren Randbedingungen zu schließen. [GN06, Hah17]

Zusammenfassend betrachtet kann mit ausgewählten Aufbauausprägungen und bekannten Packagemaßen von Antrieb und Fahrwerk sowie den Randbedingungen von Design, Ergonomie, gesetzliche Regelungen und Richtlinien die Topologie der Karosserie festgelegt werden. Darüber hinausgehend karosseriespezifische Grundlagen werden im folgenden Kapitel beschrieben.

4.3 Karosseriespezifische Grundlagen

In diesem Kapitel werden Informationen zu Strukturen, Fertigungsverfahren, Materialien und Fügeverfahren für den zweiten Hauptschritt der Synthese erhoben, analysiert und strukturiert. Dieses Wissen wird in Kapitel 3.3.3 als relevant identifiziert. Dort wird festgestellt, dass Datenbanken für die Speicherung und gezielte Verknüpfung der Informationen geeignet sind. Die Identifizierung des Wissens ist demnach gleichbedeutend mit der Festlegung des Weltausschnitts in der zweiten Phase des Vorgehensmodells von Kudraß, vgl. Kapitel 4.1.4.

Wie in Kapitel 3.3 beschrieben, wird das erhobene, analysierte und strukturierte Wissen nach dem Prinzip von Konstruktionskatalogen in einer Datenbank gespeichert. Anschließend werden diese Daten gezielt miteinander verknüpft. Das entspricht dem Prinzip eines morphologischen Kastens, vgl. Kapitel 2.3. Für dieses Vorhaben sind relationale Datenbanken geeignet, weil damit Objekte und ihre Eigenschaften miteinander verknüpft, gespeichert und gezielt aufgerufen werden. [Sch14, Kud15, Mei10]

Der Zusammenhang kann vereinfacht dargestellt werden: Bauräume und geforderte Eigenschaften geben vor, welche Strukturen für Bauteile geeignet sind. Die Struktur eines Bauteils wird durch die Geometrie beschrieben. Sie hat Relationen zur Fertigungstechnik, mit der das Bauteil hergestellt werden kann. Das hat wiederum Auswirkungen auf das Material und die Verbindungen zwischen Bauteilen. [BS13, GN06, Fri13]

Nachfolgend werden Informationen zu Strukturen, Fertigungsverfahren, Materialien und Fügeverfahren sowie deren Abhängigkeiten untereinander in Bezug auf die Karosserie beschrieben. Aus den Informationen werden die Parameter für die Datenbank abgeleitet, siehe Anhang D.3.

4.3.1 Strukturen

Die Rohkarosserie besteht aus einem Unterbau und einem Aufbau. Der Unterbau enthält Vorder- und Hinterwagen sowie den Boden. Der Aufbau besteht aus den Seitenwänden und dem Dach. Unterschiedliche Aufbauausprägungen sind in Kapitel 4.2 thematisiert. Automobilhersteller leiten Derivate von Fahrzeugen oft unter Berücksichtigung der Trennung von Unterbau und Aufbau ab. Theoretisch können viele Aufbauausprägungen auf dem gleichen Unterbau entstehen. *Modularer Quer Baukasten* (MQB) und *Modularer Längs Baukasten* (MLB) des Volkswagen Konzerns basieren auf diesem Ansatz. Sie geben jeweils einen Teil des Unterbodens vor. Verschiedene Fahrzeuge des Volkswagen Konzerns basieren auf den Baukästen. Die Rohkarosserie des Volkswagen Golf ist ein Beispiel. [VH14]

Die Bauweise einer Karosserie beeinflusst die Gestalt der Rohkarosserie. Dazu gehören Positionen und geometrische Maße aller Bauteile. Wie in Kapitel 4.2 beschrieben, sind die Positionen von den anderen Packagekomponenten abhängig. Hiermit in Wechselwirkung stehend werden die verfügbaren Bauräume für die Bauteile beschrieben. Die Bauteile sind in dem Bauraum auf Lasten auszulegen. Hierbei wird die Struktur an diesem Querschnitt definiert. Diese ist, wie oben dargestellt, von Materialien, Fertigungs- und Fügetechnik abhängig. [BS13, GN06, Fri13]

Für eine KBE-Anwendung mit einer dem zweiten Hauptschritt der Synthese entsprechenden Datenbank ist die Auswahl der abzuspeichernden Daten zu klären. Aufgrund der geometrischen Abhängigkeit von Strukturen, Materialien, Fertigungs- und Fügetechnik sind geometrische Parameter zu berücksichtigen. Diese sollen die Anforderung AF-1.4, Tabelle 3.1, erfüllen, indem daraus Geometriemodelle erstellt werden. Deswegen sind die geometrischen Parameter zu beschreiben.

Grundsätzlich können in einem definierten Bauraum beliebige Strukturen ausgelegt werden, sofern sie die Bauraumgrenzen nicht überschreiten und Anbindungspunkte berücksichtigen, [Sch13]. In einer Datenbank ist die Speicherung von beliebigen Strukturen nicht sinnvoll, da deren Anzahl gegen unendlich streben würde. Eine sinnvolle Eingrenzung des Umfangs bildet die Orientierung an den Bauweisen der Karosserie in Großserie. Gleichzeitig wird die Herstellbarkeit der Strukturen sichergestellt. Die geometrischen Parameter von Strukturen der Schalen- und Spaceframe-Bauweise sind zu erheben, zu analysieren und zu strukturieren.

Für die Rohkarosserie existieren verschiedene Bauweisen. In der automobiltechnischen Großserie wird auf selbsttragende Karosserien, hauptsächlich auf die Schalenbauweise, zurückgegriffen. Diese basiert auf dem Einsatz von Stahllegierungen. Zunächst werden Bleche gewalzt und umgeformt, um die Schalen zu erzeugen. Werden zwei und mehr Schalen passend zusammengefügt, entsteht ein Bauteil mit einer hohen Steifigkeit. Einzelne Schalen haben zu geringe mechanische Widerstandsmomente, [GF14]. Die Geometrie des Bauteils hängt von der Anzahl und der Geometrie der Schalen ab. Die Geometrie der Schalen hängt von der Fertigung ab. Der Walzvorgang bestimmt zunächst die Blechstärke. Die endgültige Wandstärke wird von der anfänglichen Blechstärke und der Veränderung infolge verschiedener Umformverfahren bestimmt, z.B. Tiefziehen und Biegen. Diese geben prozessseitige Randbedingungen vor. Für die Werkzeuge müssen z.B. Aushebeschrägen berücksichtigt werden. Beim Tiefziehen wird die Blechstärke verändert. Das Tiefziehen hängt wiederum von der Ziehtiefe des Bauteils und der Güte des Materials ab. [BS13, GN06, Fri13, GF14]

Mit dem Ziel, leichtere Karosserien zu entwickeln, werden Materialien und Strukturen variiert. Stoffleichtbau bezeichnet den Fall, dass nur Materialien substituiert werden, ohne die Bauteilgestalt zu ändern. Die Bauteile weisen unterschiedliche Festigkeiten auf. Infolge der Werkstoffverträglichkeit zwischen Bauteilen werden die Fügeverfahren angepasst. [BS13, Fri13]

Werden Strukturen variiert, wird dies als Formleichtbau betitelt, z.B. in der Space-Frame-Bauweise. Hier besteht die Karosserie hauptsächlich aus Bauteilen, die im Strangpressverfahren und anschließend durch weiteres Umformen erstellt werden. Diese sind mit Gussknoten verbunden und werden durch Blechbauteile ergänzt. Mit dem Strangpressverfahren werden Strukturen erzeugt, die eine hohe Steifigkeit besitzen. Aufgrund ihrer Eigenschaften haben Aluminiumlegierungen hier einen Vorteil gegenüber der stahlintensiven Blechschalenbauweise. Auch beim Strangpressen existieren prozessseitig Randbedingungen, die die Struktur beeinflussen. Beim Gießen von Bauteilen bestehen ähnliche Randbedingungen. [BS13, GF14, Fri13]

Bei heutigen Entwicklungen werden die Bauweisen im Mischbau miteinander kombiniert. Die Strukturen werden materialabhängig und zielgerichtet auf die Erfüllung von sicherheitrelevanten Anforderungen hin eingesetzt. Dies führt den Entwickler zu einer nahezu unüberschaubaren Kombinationsvielfalt von Karosseriekonzepten. Die Kombination soll unter der Beachtung der Randbedinungen von Materialien, Fertigungs- und Fügeverfahren stattfinden. Hierfür werden die Bauteilstrukturen von Fahrzeugkarosserien mit ihren Abhängigkeiten untersucht. Die als wesentlich identifizieren Parameter einer Struktur sind Anhang D.3 zusammengefasst. Abbildung 4.9 visualisiert die Parameter beispielhaft an dem Querschnitt eines Fahrzeugschwellers. Zu diesen Parametern werden Daten von Serienfahrzeugen gesammelt. [BS13, Fri13]

Aus der Zusammenfassung von Merkmalen der Strukturen kann auf das zu formalisierende Wissen der Fertigungsverfahren geschlossen werden. Das betrifft hier die umformenden Verfahren nach DIN 8582 [DIN03a]. Die den Umformverfahren zugeordneten Parameter sind in Anhang D.3 beschrieben. Sie werden in der Analyse der Fahrzeuge als wesentlich für die Großserie identifiziert. Analog wird mit den Gussverfahren umgegangen. Für die Wissenserhebung werden Experteninterviews durchgeführt und Richtlinien, wie Normen, verwendet, z.B. die DIN 6935 [DIN11].

4.3.2 Materialien

In der Großserie von Fahrzeugen werden wegen der Schalenbauweise überwiegend Stahllegierungen eingesetzt. Nichteisenmetalle wie Aluminiumlegierungen werden bei der Space-

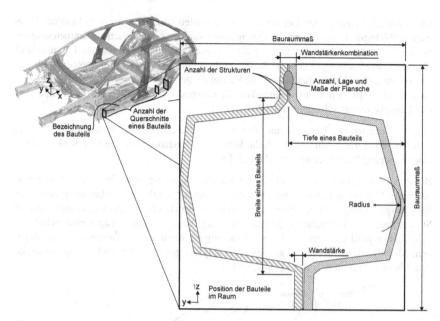

Abbildung 4.9: Exemplarische Darstellung der wesentlichen Parameter einer Struktur am Beispiel des Fahrzeugschwellers; eigene Darstellung

Frame-Bauweise verwendet. Magnesium- und Titanlegierungen finden bisher nur vereinzelt Anwendung. [Fri13, BS13, HM11]

Reine Kunststoffe kommen im Karosserierohbau wegen ihrer eingeschränkten mechanischen Eigenschaften nicht zum Einsatz. Werden Kunststoffe mit Fasern verstärkt, können die mechanischen Eigenschaften verbessert werden. Diese als faserverstärkten Kunststoffe bezeichneten Halbzeuge werden dadurch für den Einsatz interessant, haben bisher aber keine flächendeckende Anwendung in der Rohkarosserie von Großserien gefunden, da die Fertigungszeiten zu lang sind. Bei der kathodischen Tauchlackierung (KTL), die für Karosserie aus Stahl zu deren Konservierung durchgeführt wird, ist die Temperaturbeständigkeit der Kunststoffe problematisch. Die Kombination von faserverstärkten Kunststoffen mit Metallen bietet die Möglichkeit, die Eigenschaften weiter zu verbessern und verbindungstechnische Probleme zu lösen. Die Potentiale dieser so genannten Hybridbauteile werden zur Zeit in zahlreichen, zum Teil öffentlich geförderten Forschungsaktivitäten untersucht, bspw. in der Open Hybrid Lab Factory (OHLF), [CHI+15]. [Fri13, BS13, HM11, RW13, Wei12]

Für den zu betrachtenden Weltausschnitt, vgl. Kapitel 4.1.4, der KBE-Anwendung liegen für faserverstärkte Kunststoffe und Hybridbauteile keine ausreichend abgesicherten Informationen vor. Sie werden für die Wissenserhebung, -analyse und -strukturierung nicht weiter untersucht. Der Schwerpunkt liegt auf den metallischen Legierungen.

Die Auswahl der geeigneten Legierung für eine Bauteilstruktur ist von verschiedenen Parametern abhängig. Dazu gehören Abhängigkeiten von den geometrischen Parametern einer Struktur und deren Herstellung sowie die Eigenschaften der Legierungen. Letztere sind für die Beanspruchungen entscheidend. Die Legierungen reagieren unterschiedlich auf Korrosions-, Verschleiß-, thermische und Festigkeitsbeanspruchungen. Für die Rohkarosserie sind neben der Korrosionsbeständigkeit, die durch KTL hergestellt wird, die Steifigkeiten und Festigkeiten ausschlaggebend. [Wei12, Fri13]

Die Steifigkeiten der Legierungen können mit Hilfe des Elastizitätsmoduls (E-Modul) differenziert werden. Mit dem E-Modul können Widerstandsmomente von Strukturen für eine Legierung berechnet werden. [Wei12, Fri13]

Bei den Festigkeiten von Legierungen wird zwischen Zug- und Druckfestigkeit unterschieden. Die Festigkeiten bezeichnen die maximal ertragbare Last bei entsprechender Belastungsrichtung. Mit den Festigkeiten geht die Bruchdehnung der Legierungen einher. Sie beschreibt die Verformungseigenschaft der Legierung bis zum Versagen einer belasteten Probe. Hier wird die anteilige Längenänderung bezogen auf die Gesamtlänge ausgegeben. Metallische Legierungen werden nach Zugfestigkeit und Bruchdehnung eingeteilt. Abbildung 4.10 stellt dies dar. [Wei12, Fri13]

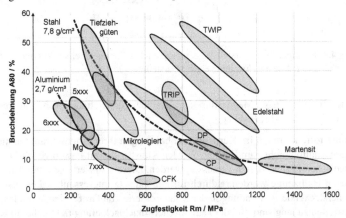

Abbildung 4.10: Einteilung von Legierungen unterschiedlicher Dichte, aufgetragen über Bruchdehnung und Zugfestigkeit; mit CFK, CP, DP, MG, TRIP, TWIP und Aluminium-Legierungen in 5xxx bis 7xxx; nach [Fri13] mit freundlicher Genehmigung des Springer-Verlags

Wie in Abbildung 4.10 zu sehen ist, sind die Eigenschaften der Legierungen auch innerhalb der dargestellten Legierungsklassen breit gefächert. Für eine Formalisierung des Wissens ist eine genauere Unterteilung notwendig, um kleine Wertebereiche zu erhalten. [Fri13]

Eine weitere Eigenschaft, die bei der Materialauswahl zu berücksichtigen ist, sind die Materialkosten. Sie hängen nicht allein von dem gewichtsbezogenen Materialpreis ab, sondern werden häufig von beschaffungsspezifischen Randbedingungen beeinflusst. Für die LCA-Betrachtung sind Legierungselemente zu berücksichtigen. [Fri13, Wei12]

Für die bei der Analyse festgelegten Materialien, die in der Rohkarosserie Verwendung finden sollen, wird bestimmt, welche Eigenschaften formalisiert abzuspeichern sind. Die ausgewählten Parameter werden in Anhang D.3 dargestellt. Sie werden für Stahl, Aluminium- und Magnesiumlegierungen erhoben und formalisiert. Für die Wissenserhebung werden verschiedene Quellen verwendet. Hierzu zählen Angaben in der Fachliteratur, Experteninterviews sowie Richtlinien. [RW13, Wei12, HM11, Fri13, BS13]

4.3.3 Fügeverfahren

Zur Herstellung von Rohkarosserien werden Bauteile mittels verschiedener Fügeverfahren an zuvor definierten Stellen miteinander verbunden. In der Mischbauweise werden Stahl-, Aluminium- und Magnesiumlegierungen gefügt. Verfahren aus der stahlintensiven Bauweise können aufgrund der Eigenschaften von Aluminium- und Magnesiumlegierungen nicht für eine Verbindung mit diesen Legierungen verwendet werden. Das erfordert darauf angepasste Fügetechnologien. [Fri13, BS13]

Die Verbindung von Bauteilen kann stoff-, form- oder kraftschlüssig hergestellt werden. Während form- und kraftschlüssige Verbindungen zum Teil zerstörungsfrei voneinander gelöst werden können, sind stoffschlüssige Verbindungen nur mit Beschädigung lösbar. Darauf basierend werden Fügeverfahren in der DIN 8593 Teil 0 [DIN03b] unterteilt. Friedrich [Fri13] ordnet der Herstellung von Karosseriekonzepten aufgrund der oben beschriebenen Herausforderungen drei Fügegruppen zu.

In der ersten Gruppe wird durch Umformen gefügt. Dazu zählen mechanische Verfahren, die durch Form- oder Kraftschluss Fügepartner miteinander verbinden. Es werden wiederum zwei Varianten unterschieden, zum einen das Fügen durch Umformen von Teilen der Fügepartner selbst, zum anderen das Fügen durch Zusatzelemente, die in die Fügepartner eingebracht werden, die so genannten Niete. Teil 5 der DIN 8593 gibt eine Übersicht. Die zweite Gruppe betrifft Fügen durch Reibschweißen. Hier werden die Fügepartner stoffschlüssig durch Press- oder Schmelzschweißen miteinander verbunden. Zum Teil werden ebenfalls Zusatzelemente aufgeschmolzen und eingebracht. Der sechste Teil der DIN 8593 gibt eine Überblick der Schweißverfahren. Das Kleben wird in der dritten Gruppe nach physikalisch und chemisch abbindenden Klebstoffen gegliedert. Teil 9 der DIN 8593 gibt eine Übersicht darüber. [DIN03b]

Im weiteren Verlauf dieses Kapitels werden die Abhängigkeiten der Fügeverfahren von den Fügepartnern und weiteren Prozessparametern nach [Fri13, BS13, DIN03b, HM11] beschrieben.

Für verschiedene Legierungen gibt es unterschiedliche Nietvarianten, die auf die Festigkeiten und Bruchdehnungen der Materialien angepasst sind. Denn Fügepartner aus verschiedenen Legierungen besitzen unterschiedliche Festigkeiten und Bruchdehnungen, die zu den Nietvarianten passen müssen. Die Fügepartner weisen zusätzlich oft unterschiedliche Wandstärken auf. Von diesen Parametern hängt die Fügerichtung ab, da die Niete infolge der Parameter unterschiedlich verformen. Das gilt auch für mechanische Fügeverfahren ohne Zusatzelement. Beim thermischen Fügen beeinflussen die Eigenschaften der Legierungen und die Geometrie der Fügepartner den einzubringenden Energieaufwand.

Mit der Fügerichtung hängt auch die Zugänglichkeit einer Fügestelle zusammen. Ist eine Fügestelle nur von einer Seite aus zugänglich, können keine Fügeverfahren eingesetzt werden, die eine werkzeugbedingte Abstützung benötigen. Verfahren wie das Clinchen mit einem Stempel und einer Matrize oder das Widerstandspunktschweißen sind so nicht verwendbar.

Die Werkzeuge bestimmen als weitere Randbedingung die Geometrie der Fügestelle. Für die Verfahrwege und Abstützvorrichtungen muss ebenso Raum gegeben sein wie für das Verbindungselement selbst. Diese müssen wiederum Abstände zu anderen Elemente einhalten. Damit wird die Anzahl möglicher Fügestellen zwischen den Fügepartnern bezogen auf eine Fläche begrenzt.

Darüber hinaus wird bei den Fügeverfahren der Prozess in ein- oder mehrstufige Verfahren unterteilt. Davon hängen u.a. die Prozesszeit und die Prozesskosten ab. Besonders bei klebstoffbasierten Fügeverfahren muss die Zeit zum Aushärten berücksichtigt werden. Das hat eine hohe Bedeutung, da Klebstoffe zur Unterstützung von mechanischen Verfahren verwendet werden. Sie erhöhen die Steifigkeit eines Bauteilverbundes.

Im Ergebnis beeinflussen die beschriebenen Abhängigkeiten die Auslegung der Fügestellen und die Materialauswahl, siehe Abbildung 4.11. Für Verbindungen mit Flanschen und Blechen gelten die gleichen Randbedingungen. Die Parameter sind in Anhang D.3 aufgelistet. Sie werden anhand von Angaben in der Fachliteratur, Experteninterviews sowie Richtlinien erhoben. [Fri13, BS13, HM11]

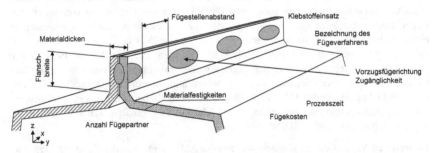

Abbildung 4.11: Einfluss von Fügeverfahren auf Fügestellen, am Beispiel eines Flansches; eigene Darstellung

4.4 Grundlagen zur Ermittlung von Eigenschaften

In Kapitel 3.3 wird zwischen aufwendigeren und weniger aufwendigen Analysen unterschieden. Das führt zu der Unterteilung des grundlegenden Prozesses in die zwei Schritte der Analyse und Evaluation. Dabei werden Eigenschaften und Analysen aufgezeigt und miteinander verknüpft. Die Analysemöglichkeiten für die technischen, wirtschaftlichen und ökologischen Eigenschaften werden im folgenden Kapitel grundlegend vorgestellt.

4.4.1 Technische Eigenschaften

Im Folgenden werden Analysen zur Gewichtsermittlung, Beurteilung des NVH- und Crash-Verhaltens sowie der Berechnung der Prozesszeit als Teil der Herstellungsplanung erörtert, vgl. Kapitel 3.3.2 und 3.3.4.

Gewicht

Eine der wesentlichen Eigenschaften eines Fahrzeugs ist das Gewicht. Es dient für viele Fahrzeugkomponenten als Auslegungsparameter und wird daher über den gesamten Produktentwicklungsprozess analysiert, [Fri13]. Währenddessen treten Wechselwirkungen zwischen den Komponenten auf. Viele der in Kapitel 2.4.4 vorgestellten Ansätze thematisieren das Gewicht der dort behandelten Komponenten oder das des Gesamtfahrzeugs.

Zu Beginn eines Produktentwicklungsprozesses werden einfache Schätzverfahren verwendet, die im weiteren Verlauf durch detailliere Schätzungen abgelöst werden. Eine einfache Gewichtsabschätzung ist die Abschätzung von Gewichten auf Basis von Längenänderungen in bestimmten Bereichen eines Fahrzeugs. Deswegen wird ein Referenzfahrzeug benötigt, das zum Beispiel im Radstand verlängert wird. Für den Bereich zwischen den Rädern ist ein Faktor hinterlegt, der mit der Längenänderung multipliziert wird. Bezogen auf die Referenz ergibt das einen ungefähren Wert für das Fahrzeuggewicht für das geplante Fahrzeug.

Bei den aufwendigeren Schätzverfahren werden die Gewichte über Stücklisten nachverfolgt. Für das Gesamtfahrzeug, wie auch für die Karosserie, werden Komponenten- und Bauteilgewichte aus fachbereichsspezifischen Produktmodellen zusammengetragen. Für die Karosserie basieren die Daten der Stücklisten auf geometrischen Produktmodellen, deren betrachtete Bauteile den Materialien zugeordnet werden. Über das Volumen des Bauteils können die Einzelgewichte berechnet werden. Mit Hilfe von Geometrie, Position und Material können daher über die geometrischen Produktmodelle Gewichtsdaten erzeugt werden. Das ermöglicht eine hohe Genauigkeit, erfordert jedoch eine hohen Detaillierungsgrad im Produktentwicklungsprozess. Anwendung finden hauptsächlich CAD-Modelle, die über Funktionen zur Gewichtsapproximation verfügen. Mit Fortschritt des Entwicklungsprozesses haben diese Modelle einen zunehmenden Detaillierungsgrad. [GS09, Kle12]

Mit den Einzelgewichten können in Kombination mit der Position im Gesamtfahrzeug die Schwerpunkte von Baugruppen und des Gesamtfahrzeugs berechnet werden. Diese haben wiederum Einfluss auf die Gestaltung des Gesamtfahrzeugs, bspw. bei der Auslegung von Fahrwerk und Antrieb. [BS13]

Zusammengefasst existieren Verfahren, die entweder aufwendig und genau oder weniger aufwendig und dafür ungenauer sind. Sie basieren auf den Merkmalen von Geometrie und Position sowie in der detaillierten Analyse auch auf dem eingesetzten Material.

Verhalten bei NVH- und Crash

Zur Beurteilung des NVH- und Crash-Verhaltens eines gesamten Fahrzeugs sind analytische Formeln unzureichend. Kröger [Krö02] zeigt jedoch die Möglichkeit, einzelne Bauteile auf diese Weise auszulegen. Für die Betrachtung des Gesamtfahrzeugs sind detailliertere Analysen notwendig. Dafür wird die Finite-Elemente-Methode (FEM) angewendet.

Die FEM ist ein numerisches Verfahren zur Berechnung des Verhaltens eines Objektes. Zunächst wird das zu untersuchende Objekt diskretisiert. Ausgangsbasis ist z.B. ein Geometriemodell in einem CAD-System. Das geometrische Produktmodell wird in einen Präprozessor überführt. Hier erfolgt die Diskretisierung des Produktmodells. Dieses wird in endliche mathematisch beschreibbare Elemente unterteilt. Diese sind miteinander verknüpft und bilden ein Netz. Den Elementen werden Eigenschaften zugewiesen, um ihnen ein Verhalten zu ermöglichen. Anschließend werden die Randbedingungen der Modelle für die Berechnungen definiert. Hierzu zählen bspw. Lagerbedingungen im Raum und angreifende Kräfte. Das Ergebnis ist ein rechenfähiges FEM-Modell, welches ein Gleichungssystem aus Steifigkeit, Verschiebungen und Kräften abbildet. [Mey07, Kle12, Ste12, VBWZ09]

Das Gleichungssystem wird im Solver gelöst. Neben den Verschiebungen, die bestimmt werden, können Spannungen ausgegeben werden. Für die Lösung des Gleichungssystems können verschiedene Verfahren verwendet werden. Darunter sind lineare und zeitabhängige Berechnungsverfahren zu finden. Unabhängig davon sind numerische Effekte zu berücksichtigen, die aufgrund der Diskretisierung auftreten. Die Randbedingungen der Berechnungsverfahren und auftretende numerische Effekte können zu Ungenauigkeiten im berechneten Ergebnis bis zu falschen Ergebnissen führen. [Kle12, Ste12, VBWZ09]

Die Ergebnisse werden im Postprozessor aufbereitet, sodass der Anwender einer FEM die berechneten Ergebnisse auswerten und interpretieren kann. Für definierte Lastfälle, die in der Entwicklung zu validieren sind, können Ausgaben standardisiert werden, um sie miteinander zu vergleichen und zu entscheiden, bspw. für NVH- und Crash-Lastfälle. [Kle12]

In Abhängigkeit von den definierten Lasten variieren der benötigte Umfang und der Detaillierungsgrad des Berechnungsmodells. Für die Untersuchung statischer Lastfälle im Rahmen von NVH ist der Umfang hauptsächlich auf die Rohkarosserie beschränkt. FEM-Modelle mit einem geringen Detaillierungsgrad liefern für NVH bereits aussagekräftige Prognosen. Die Steifigkeit einer Karosserie kann so aus dem Verhältnis der Verformung zu dem Ausgangszustand ermittelt werden. Die Steifigkeit wird für die Lastfälle Torsion aufgrund von Achs-Belastungen und die Biegung aufgrund von Insassenbelastungen beurteilt. Die Torsionssteifigkeit kann alternativ dynamisch unter anderen Lastannahmen und Randbedingungen berechnet werden, siehe Abbildung 7.5. Darüber hinaus können Diagonalmaßänderungen einbezogen werden. [Mey07, BS13]

In den Bereich NVH fällt die Berechnung der Eigenfrequenzen der Karosserie. Zu diesem Zweck wird eine Modalanalyse durchgeführt. Neben den Eigenfrequenzen können Torsions- und Biegefrequenzen berechnet werden. Dafür wird die Karosserie mit Lastkollektiven beaufschlagt. Für Umfang und Detaillierungsgrad bleiben obige Aussagen bestehen. Bei akustischen Analysen ist die Rohkarosserie in vielen Fällen um weitere Komponenten zu ergänzen, um Schallausprägungen oder Eigenfrequenzen der Komponenten zu bestimmen. [Mey07, BS13]

Für die Berechnung des Crash-Verhaltens werden detaillierte FEM-Gesamtfahrzeugmodelle benötigt. Das Verhalten der Karosserie auf die Belastungen und das Zusammenwirken mit anderen Komponenten wird ausführlich untersucht. Maßgebend ist hierbei die Ermittlung von Intrusionen in den Fahrgastraum und von Beschleunigungswerten. [Mey07, BS13]

Fertigungszeit

Die Fertigungszeit eines Großserien-Fahrzeugs wird unter Berücksichtigung vieler Kriterien geplant, u.a. der Taktzeit. Der Fertigungsprozess ist den Taktzeiten entsprechend zu planen. Das hat die Folge, dass alle Arbeitsschritte darauf anzupassen sind. In dieser Konsequenz sind alle Fertigungsschritte der Karosserie zum Umformen, Fügen und Beschichten auf die Taktzeit abzustimmen. [DGF11, Tsc83]

Die Zeitdauer von Fertigungsprozessen wird mit der Fertigungszeit beschrieben. Die Zeiten verschiedener Teilprozesse werden aufsummiert und ergeben die gesamte Fertigungszeit. Die einzelnen Prozessschritte sind in die Taktzeit mit einzuplanen. Hierzu zählen Rüstzeiten der Fertigungsmaschinen, Verteilzeiten der Produkte, Hauptzeiten für den eigentlichen Prozess und Nebenzeiten. Das gilt für Fertigungsschritte im Urformen, Umformen, Fügen und Beschichten. [DGF11, BS13, Tsc83]

Als Beispiel wird das Fügen der Rohkarosserie beschrieben. Bauteile werden in die Fügevorrichtung eingelegt, Roboter positionieren die Bauteile, sodass an den Flanschen die Verbindungen eingebracht werden. Die gefügten Bauteile werden anschließend für den nächsten Prozessschritt positioniert. Das Einbringen von Verbindungen kann weiter bis auf die Ebene einer Fügestelle detailliert werden. Für Widerstandspunktschweißen werden die Schweißzangen an dem Flansch positioniert. Der Schweißpunkt wird hergestellt, indem die Schweißzangen für einen Zeitraum der Verbindung mit dem Flansch herstellen. Anschließend werden die Schweißzangen für die nächste Fügestelle ausgerichtet. Dort erzeugen sie in definiertem Abstand einen weiteren Schweißpunkt. Die Anzahl der Wiederholungen hängt von den Prozessparametern der Fügetechnik ab. [Tsc83]

Für die Ermittlung der Zeit, die für die gesamte Fügetechnik benötigt wird, sind die Länge und die Anzahl der Fügestellen wichtig. Damit können der Verfahrweg und die Verfahrzeit in Abhängigkeit von den Fügemaschinen berechnet werden. Deswegen wird die benötigte Zeit pro Fügestelle summiert. Daraus resultiert die Fertigungszeit zur Verbindung von zwei Bauteilen. Hierbei wird die Maschinenzahl nicht betrachtet. Sie findet Berücksichtigung, indem die Anzahl der benötigten Maschinen in Bezug auf die Taktzeit berechnet wird. Alternativ wird die Maschinenzahl vorher mit einbezogen, sodass daraus die Ausnutzung der Taktzeit resultiert.

4.4.2 Wirtschaftliche Eigenschaften

Zur wirtschaftlichen Beurteilung eins Produktes werden dessen Kosten analysiert. Darunter fallen Kosten zur Herstellung eines Produktes bis hin zu den Kosten, die das Produkt über und am Ende seines Lebenszyklusses verursacht.

Im Life Cycle Costing (LCC) werden die Kosten über den gesamten Lebenszyklus eines Produktes untersucht. Hierbei wird zwischen den Kosten für Hersteller und denen für Nutzer unterschieden. Aus beider Sicht bestehen Anforderungen an die Kosten. Für den Hersteller fallen Kosten für die Planung, Entwicklung und Fertigung an. Von diesen ausgehend wird das Fahrzeug am Markt eingepreist. Das Unternehmen hat das Interesse, diese Kosten möglichst gering zu halten, um das Produkt mit maximalem Gewinn verkaufen zu können. Der Nutzer bezahlt für das Produkt den Kaufpreis. Dazu übernimmt er die Betriebs- und Instandhaltungskosten (TCO), wie auch Entsorgungskosten. Abbildung 4.12 gibt eine Übersicht über das LCC. [ELK07]

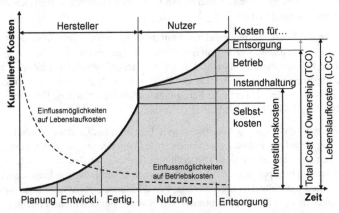

Abbildung 4.12: Übersicht über die Lebenzykluskosten von Herstellung, Nutzung und Entsorgung; nach [ELK07] mit freundlicher Genehmigung des Springer-Verlags

Zur Maximierung des Gewinns sind die Kosten des Herstellers zu minimieren. Sie werden unter dem Begriff Selbstkosten zusammengefasst und bestehen aus direkt dem Produkt zuzuordnenden Kosten und Gemeinkosten, die nicht direkt zugeordnet werden können. Wird der Planungs-, Entwicklungs- und Fertigungsprozess effizienter und effektiver gestaltet, können Kosten eingespart werden. [ELK07]

Sowohl die Fertigungs- als auch die Materialkosten können nur zum Teil den Produkten selbst zugeordnet werden. Die meisten Kosten werden in den frühen Phasen des Entwicklungsprozess festgelegt. Produktmodelle zur Abschätzung in dieser frühen Phase sind daher ein wichtiger Bestandteil der Entwicklung. Für die Kalkulation der Fertigungskosten werden detaillierte Informationen zur Fertigung benötigt. Außerdem hat der Standort der Fertigung einen Einfluss auf die Kosten. [ELK07]

Die Materialkosten, die den Produkten direkt zuzuordnen sind, können über Produktmodelle mit wenigen Informationen abgeschätzt werden. Bereits mit den Informationen zum Bauteilgewicht und einem Materialpreis pro Gewichtseinheit können Materialkosten für Bauteile abgeschätzt werden. In Abstimmung mit der Beschaffung und Fertigung können diese Produktmodelle verfeinert werden, indem z.b. Verschnitt berücksichtigt wird. Der Verschnitt kann zwar wieder verkauft werden, jedoch nicht zu dem Einkaufspreis des Materials. Des Weiteren hängt der Einkaufspreis bspw. von Stückzahlen und Coilgrößen ab. Auf Basis bestehender Daten von Herstellern und Lieferanten können hier aussagekräftige Werte ermittelt werden. [ELK07]

4.4.3 Ökologische Eigenschaften

Fahrzeuge werden heutzutage nach ihren ökologischen Eigenschaften bewertet und vermarktet, z.B. nach ihrem CO_2-Ausstoß. Die Beurteilung ökologischer Eigenschaften eines Fahrzeugs findet im Life Cycle Management statt. Ein Teil davon ist das oben beschriebene LCC. Daneben existiert eine soziale Komponente, die hier nicht weiter betrachtet wird. Im folgenden liegt der Fokus auf der ökologischen Lebensweganalyse von Produkten. Eine Ökobilanz kann auch für Unternehmen mit ihren Prozessen und Produkten durchgeführt werden. [Her10]

Für die Untersuchung des ökologischen Lebensweges eines Produktes existiert die Norm DIN ISO 14014 [DIN09b]. Darin sind die Grundsätze und Rahmenbedingungen eines LCA definiert. Kernbestandteil eines LCA ist die Sachbilanz. In dieser werden innerhalb definierter Systemgrenzen die In- und Outputflüsse sowie die Stoff- und Energieflüsse erfasst und bewertet. Vorausgehend wird eine Zieldefinition erarbeitet, um die Systemgrenzen festzulegen. Anschließend werden die Wirkungen auf die Umwelt abgeschätzt und die Ergebnisse interpretiert. Dabei ist zu berücksichtigen, dass bei einem LCA Produkt- und Prozessmodelle verwendet werden, die im Vergleich zur Realität durch Ungenauigkeiten zu Abweichungen führen können. [Her10, DIN09b]

Die Wirkung auf die Umwelt wird in Kategorien eingeteilt, siehe Abbildung 4.13. Deswegen werden einzelne Einflüsse gewichtet und zu einem Betrag je Wirkungskategorie zusammengefasst. Nach Herrmann [Her10] sind international fünf Kategorien anerkannt.

Abbildung 4.13: Übersicht über die fünf Wirkungskategorien in einer Ökobilanz (LCA); eigene Darstellung in Anlehnung an [DIN09b]

Mit diesen Kategorien können die Umwelteinwirkungen von Produkten miteinander verglichen werden. Einen hohen Einfluss auf die Kategorien hat die Zusammensetzung der Legierungen, denn davon sind die Stoff- und Energieflüsse zur Materialherstellung betroffen. Darüber hinaus kann der Energieaufwand für die Beurteilung eines Produktes analysiert werden. Der kumulierte Energieaufwand (KEA) summiert den Primärenergieverbrauch über den Lebenszyklus eines Produktes auf. Dazu zählt der Aufwand zur Herstellung, Nutzung und Entsorgung. Der Leichtbau einer Karosserie ist nur dann sinnvoll, wenn ein Break Even Point definiert wird. Diese Gewinnschwelle bezeichnet den Zeitpunkt, von dem an für die Nutzung des leichteren Fahrzeugs insgesamt weniger Energie aufgewendet werden muss als für das schwerere Fahrzeug. Das hat den Hintergrund, dass viele Maßnahmen des Leichtbaus bei der Herstellung einen höheren Energieaufwand haben als bei stahlintensiver Blechschalenbauweise. Wenn der Energieaufwand dadurch bei der Nutzung geringer ist, steigt der gesamte Energieaufwand über die Laufleistung der Fahrzeugs langsamer an. [Her10]

Recycling betrifft in der LCA die Entsorgungsphase. Hier wird zwischen weiterer Verwendung, Verwertung und Beseitigung unterschieden. Die Verwendung bezeichnet eine weitere Verwendung des Produktes oder eines Bauteils daraus. Bei der Verwertung ist zwischen stofflicher und energetischer Verwertung zu trennen. Die Beseitigung kann ebenfalls in thermische Beseitigung und die Deponierung unterteilt werden. Sowohl die weitere Verwendung als auch die stoffliche Verwertung werden als Recycling bezeichnet. In der EU regelt die Altfahrzeugrichtlinie 2000/53/EG den Anteil von Wiederverwendung und Verwertung eines Fahrzeugs auf 95% des mittleren Fahrzeuggewichtes. [Her10]

5 Entwicklung der Methodik: Ausdetaillieren des Prozesses

In diesem Kapitel wird der grundsätzlich erarbeitete Prozess der Methodik aus Kapitel 3.3 detailliert. Denn nun liegt das erforderliche Wissen erhoben, analysiert und strukturiert vor, siehe Kapitel 4. Die Detaillierung des Prozesses entspricht der Workflowabgrenzung in der Prozessintegration. Anschließend kann somit die Umsetzung des Prozesses in Anwendungen durchgeführt werden, vgl. Desktopintegration und Systemintegration. Abbildung 5.1 zeigt das Vorgehen in der Entwicklungsphase und ordnet es im Zusammenhang ein.

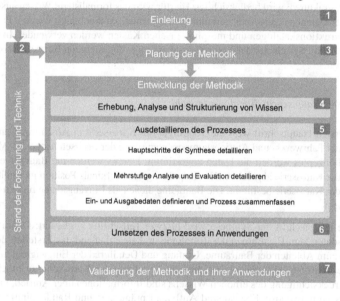

Abbildung 5.1: Gliederung des fünften Kapitels; eigene Darstellung

Ausgehend von dem erhobenen Wissen wird der gesamte Prozess detailliert und das Gesamtsystem ausgearbeitet. Danach werden die Hauptschritte der Synthese zur Generierung von Karosseriekonzepten mit dem Systemmodell entwickelt. Anschließend wird der mehrstufige Analyse- und Evaluationsschritt mit den Produktmodellen und Bewertungsverfahren erarbeitet. Den Abschluss des Kapitels bilden die Festlegung der Ein- und Ausgabedaten sowie die Zusammenfassung des Prozesses.

© Springer Fachmedien Wiesbaden GmbH, ein Teil von Springer Nature 2018
J. Hasenpusch, *Methodik zur Beurteilung eigenschaftsoptimierter Karosseriekonzepte in Mischbauweise*, AutoUni – Schriftenreihe 123,
https://doi.org/10.1007/978-3-658-22227-7_5

5.1 Synthese

Die Hauptschritte der Synthese werden in Kapitel 3.3.3 vorgestellt. Für den ersten Haupt-schritt wird fahrzeugtechnisches Wissen zum Package und zu Maßkonzepten in Kapitel 4.2 erhoben. Darauf basierend wird in Kapitel 5.1.1 der erste Hauptschritt der Synthese detailliert. Ziel des ersten Hauptschritts ist die Ermittlung der Topologie und der Bauräume der Karosseriebauteile, um das Merkmal Position für jedes Bauteil zu bestimmen.

Im zweiten Hauptschritt werden die Ausprägungen der Merkmale Geometrie und Material zu Karosseriekonzepten kombiniert. Die Fertigung der Karosserie, insbesondere die Verbin-dung von Strukturen, wird berücksichtigt. Hierfür wird das formalisierte Wissen aus Kapitel 4.3 in einer Datenbank abgespeichert und kann systematisch kombiniert werden. Prinzipien von Konstruktionskatalogen und morphologischen Kästen werden verwendet. In Kapitel 5.1.2 wird diese Systematik der Kombination zu fertig- und fügbaren Karosseriekonzepten beschrieben.

5.1.1 Erster Hauptschritt: Topologieauswahl

In dem ersten Hauptschritt wird die Topologie der Karosserie in Abstimmung mit dem Package der Fahrwerks- und Antriebskomponenten sowie der Insassen festgelegt. Mit Hilfe des Maßkonzeptes werden die Daten abgestimmt. Daraus werden die Bauräume für die Bauteile der Karosserie abgeleitet. Die Ausprägung des Merkmals Position ist somit für die Bauteile der Karosserie bestimmt. Die Bauräume dienen als Eingangsdaten für den zweiten Hauptschritt.

Der erste Hauptschritt der Synthese wird in zwei Teilschritte gegliedert: Definition der Eingangsdaten zum Bestimmen der Topologie und anschließend das Erstellen des Maß-konzepts zum Ableiten der Bauräume. Umfang und Detailgrad der Eingangsdaten für den ersten Teilschritt müssen ausreichen, um die Topologie der Karosserie zu beschreiben. Unter Berücksichtigung des erhoben Wissens sind Informationen über Antrieb, Fahrwerk und Insassen notwendig. Ebenso sind Aufbauausprägungen und Randbedingungen von Design, Ergonomie, Gesetzgebungen und Richtlinien zu berücksichtigen. Sie bilden die Eingangsdaten für das Systemmodell zur Ermittlung der Topologie.

Mit den Informationen zu der Aufbauausprägung und den Komponenten wird im zweiten Teilschritt das zu verwendende Maßkonzept festgelegt. Von der Aufbauausprägung hängen z.B. die Art und Anordnung der Bauteile im Fahrzeugheck ab. Der Antriebsstrang beein-flusst die Anbindungspunkte der Komponenten. Für einen elektrifizierten Antrieb ist ein Energiespeicher in Form einer Batterie zu integrieren. Davon hängen Art und Anordnung der Bauteile im Boden ab. Sind die benötigten Bauteile ausgewählt, kann deren Bauraum durch die Ableitung eines Maßkonzeptes bestimmt werden. Abbildung 5.2 zeigt die Einflüsse des Antriebsstrangs auf die Topologie der Karosserie. Daraus entstehen zwei Lösungsmuster, welche wiederum aus Lösungsmustern zusammengesetzt sind.

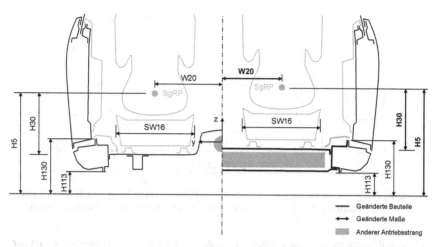

Abbildung 5.2: Auswirkung eines anderen Antriebsstrangs auf Topologie der Karosseriebauteile; links: Lösungsmuster für einen Verbrennungskraftmotorischer Antrieb, rechts: Lösungsmuster für einen Batterieelektrischer Antrieb; eigene Darstellung

Die in Abbildung 5.2 und Abbildung 5.3 gezeigten Abhängigkeiten sind mathematisch beschreibbare Beziehungen. Hahn [Hah17] verwendet sie, um ein grobes Maßkonzept auf Basis weniger Parameter zu generieren. Hahn erzeugt aus den Beziehungen ein Gleichungssystem, das die Maße als Variablen enthält. Ein Beispiel ist die Maßkette der Fahrzeuglänge $L103 = L104 + L101 + L105$. Mit nur wenigen Parametern sind in der frühen Phase von Produktentwicklungsprozessen zu viele unbekannte Variablen vorhanden, um das Gleichungssystem zu lösen. Deshalb ergänzt Hahn Gleichungen, die auf statistischen Werten beruhen und die unbekannten Variablen mit den bekannten Variablen in Beziehung setzen. Dafür werden je mindestens zwei Parameter in einen funktionalen Zusammenhang gesetzt. Demzufolge existieren genügend Bekannte, um das Gleichungssystem zu lösen und als Ergebnis ein Maßkonzept zu erhalten, das sich an den Werten der Richtlinie SAE J1100 [SAE09] orientiert.

Die statistischen Beziehungen resultieren aus einer Regressionsanalyse aus einem Datenbestand, der aktuelle Fahrzeuge einbezieht. Dabei wird untersucht, wie mindestens zwei Parameter in Beziehung zueinander stehen und wie diese funktional beschrieben werden kann. Dadurch können statistisch erzeugte Ungenauigkeiten in das Maßkonzept einbezogen werden. Sie ergeben sich aus der Streuung der Daten und können zudem aus fehlerhafter Datenerhebung oder Datenverarbeitung entstehen. [Hah17, FKPT07]

Die Streuung der Daten ist gegeben, da z.B. auf der Basis ähnlicher Informationslagen unterschiedliche Entscheidungen im Entwicklungsprozess getroffen werden können und Kriterien unterschiedlich gewichtet werden. Ergebnis ist eine Streuung der Werte. Diese mindert die Güte der statistischen Beziehungen. Zu ihrer Beschreibung wird das Bestimmt-

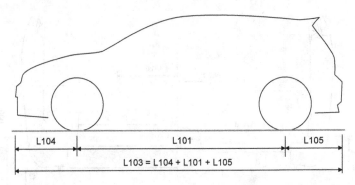

Abbildung 5.3: Maßkette Fahrzeuglänge, L103: Gesamtfahrzeuglänge; L104: Überhang vorn, L101: Radstand; L105: Überhang hinten; eigene Darstellung in Anlehnung an [SAE09]

heitsmaß R^2 verwendet, siehe Formel 5.1. Es definiert die Güte in Abhängigkeit von der Streuung und dem funktionalen Zusammenhang. Geringe Bestimmtheitsmaße mit $R^2 \ll 1$ weißen auf eine Streuung der Daten hin. [FKPT07]

$$R^2 = \frac{\sum_{i=1}^{n}(\hat{y}_i - \bar{y})^2}{\sum_{i=1}^{n}(y_i - \bar{y})^2} \tag{5.1}$$

mit den prognostizierten Werten $\hat{y}_i$, den wahren Werten y_i und dem Mittelwert $\bar{y}$.

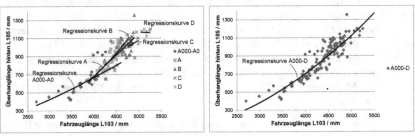

Abbildung 5.4: Ergebnis der Regressionsanalyse von L105 in Abhängigkeit von L103; links: Regressionskurven in Abhängigkeit von Fahrzeugklassen, rechts: Regressionskurven für gesamten Datenbestand; L103: Gesamtfahrzeuglänge; L105: Überhang hinten; eigene Darstellung in Anlehnung an [Hah17, Bar13]

Für den rechten Teil der Abbildung 5.4 resultiert folgender funktionaler Zusammenhang aus der Regressionsanalyse

$$L105 = 2 * 10^{-5} * L103^{2,105} \tag{5.2}$$

mit

$$R^2 = 0,8206 \tag{5.3}$$

Ein geringes Bestimmtheitsmaß kann auf einer fehlerhafte Datenerhebung basieren, z.B. auf einem zu geringen Stichprobenumfang oder aus der Verwertung ungeeigneter zusammenhängender Daten. Zum Beispiel können, wie in Abbildung 5.4 dargestellt, Regressionsanalysen für die Fahrzeugklassen A000 bis D getrennt durchgeführt werden. Der Aufwand zur Erstellung des Gleichungssystems steigt an. Ein weiteres Beispiel für eine fehlerhafte Datenverarbeitung ist Verwendung einer Datenbasis ohne Differenzierung unterschiedlicher Antriebsarten. Der vordere Überhang bei frontgetriebenen Fahrzeugen wird kürzer, wenn ein Elektromotor verbaut ist, weil dieser weniger Bauraum benötigt als ein Verbrennungsmotor. Die statistische Gleichung in Abbildung 5.4 basiert jedoch auf verbrennungsmotorisch angetriebenen Fahrzeugen. Deshalb entstehen Abweichungen, wenn verschiedene Antriebsstränge betrachtet werden. [FKPT07]

Unter Berücksichtigung der Abweichungen kann das Vorgehen von Hahn [Hah17] und ihr Tool verwendet werden, um frühzeitig bei wenig bekannten Variablen Maßkonzepte zu generieren. Je mehr Variablen gegeben sind, desto genauer wird das Ergebnis bei der Lösung des Gleichungssystems.

Auf den ersten Hauptschritt der Synthese übertragen, heißt das, mit Hilfe der Eingangsdaten werden die zu verwendenden geometrischen und statistischen Gleichungen ausgewählt. Damit wird das Gleichungssystem aufgestellt. Danach werden die restlichen Eingangsdaten als Variablen in das Gleichungssystem eingesetzt. Zur Lösung benötigte statistische Gleichungen werden ausgewählt und das Gleichungssystem wird entsprechend ergänzt. Anschließend wird dieses gelöst und das Ergebnis ist ein Maßkonzept. Zu einem Großteil kann das Tool von Hahn [Hah17] verwendet werden. Erweiterungen im Gleichungssystem sind für die Berücksichtigung von Eingangsdaten, wie Fahrwerksanbindungspunkten, Antriebssträngen und den Aufbauausprägungen notwendig.

Die Berechnung der Bauraummaße ist Bestandteil des zweiten Teilschrittes und zu entwerfen: Mit dem Maßkonzept liegen die Daten zu deren Ermittlung vor. In Abhängigkeit von der Aufbauausprägung und der Auswahl der Komponenten beschreiben mathematische Beziehungen die Lage, Anordnung und Maße der Bauräume. Die Werte werden in die Gleichungen eingesetzt. Auch hier kommen statistische Beziehungen zum Einsatz. Über sie werden z.B. Werte für Verkleidungselemente im Innenraum berücksichtigt. Abbildung 5.5 zeigt die Bestimmung des Bauraums eines Schweller-Querschnitts. Diesem steht dann der Bauraum zwischen den angrenzenden Komponenten zur Verfügung. Das hat zur Folge, dass der Bauraum maximal ausgenutzt wird.

Für die Berechnung des Bauraums des Schwellers bei dem in Abbildung 5.5 gezeigten Querschnitt werden folgende Gleichungen aufgestellt

$$SLBR2 = \frac{W103}{2} - W20 - \frac{SW16}{2} - A - B \tag{5.4}$$

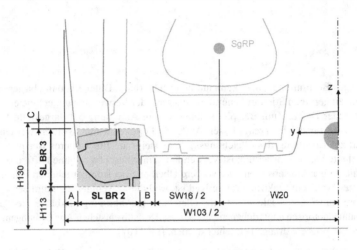

Abbildung 5.5: Ableiten des Bauraums des Schwellers für einen Querschnitt in Abhängigkeit vom Maßkonzept; SL BR 2: Bauraum des Schwellers in y, SL BR 3: Bauraum des Schwellers in z, A, B, C: Maßlicher Aufschlag für Verkleidungselemente, SW16: Sitzbreite, W20: Position Sitzreferenzpunkt (SgRP) in y, W103: Fahrzeugbreite, H113: Bodenfreiheit, H130: Einstiegshöhe; eigene Darstellung

und

$$SLBR3 = H130 - H113 - C \tag{5.5}$$

Bei dem zweiten Teilschritt dürfen keine negativen Maße erzeugt werden. Die Lösung ist nur dann gültig, wenn alle Maße im positiven Wertebereich liegen. Für bestimmte Maße sind darüber hinaus zwingend zu berücksichtigende Grenzwerte definiert. Liegen Werte außerhalb dieser Bereiche, wird die Lösung nicht akzeptiert und das Gleichungssystem wird erneut mit anderen Startwerten gelöst. Wird keine Lösung gefunden, ist die Gleichung zu identifizieren und deren Werte anzupassen.

Das Tool von Hahn [Hah17] wird um die Berücksichtigung der Eingangsdaten sowie die Bauraumableitung erweitert. Ein Ausschnitt des Gleichungssystems in Bezug auf den ersten Hauptschritt der Synthese ist in Abbildung 5.6 dargestellt.

Im Ergebnis wird in den zwei Teilschritten des ersten Hauptschrittes der Synthese mit den Eingangsdaten zunächst die Topologie der Karosserie ausgewählt. Darauf basiert die Aufstellung des Gleichungssystems, welches gelöst wird, um ein Maßkonzept zu erstellen. Daraus werden die Positionen und Bauräume der Bauteile querschnittspezifisch abgeleitet.

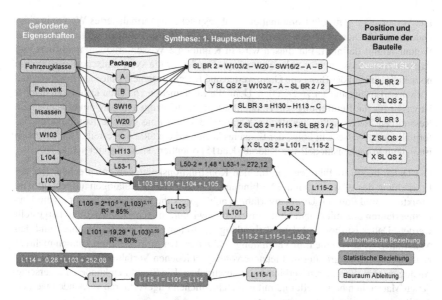

Abbildung 5.6: Erster Hauptschritt der Synthese: Ausschnitt des Gleichungssystems zur Bestimmung des Maßkonzeptes und Ableitung der Bauräume mit X, Y, und Z SL QS 2 für die Position des zweiten Querschnitts sowie SL BR 2 und SL BR 3 für die Bauraumabgrenzung des zweiten Querschnitts in y- und z-Richtung; eigene Darstellung

5.1.2 Zweiter Hauptschritt: Konzeptgenerierung

Im zweiten Hauptschritt werden basierend auf den geforderten Eigenschaften und den Ergebnissen des ersten Hauptschrittes herstellbare Karosseriekonzepte generiert. Diese Generierung wird in vier Teilschritten durchgeführt, um die Komplexität mit Hilfe von Modularität zu beherrschen. Zuerst werden für jedes Bauteil Merkmalsausprägungen ausgewählt. Dazu werden in Abhängigkeit der Fertigung geeignete Strukturen, Materialien und Fügeverfahren ausgewählt. Diese werden im zweiten Teilschritt miteinander zu Bauteilen bzw. Baugrupppen kombiniert. Dabei entstehen bekannte Lösungsmuster, die realisierbar sind. Mit Hilfe der formalisieren Abhängigkeiten können nicht realisierbare Lösungsmuster ausgeschlossen werden. Im dritten Teilschritt werden diese Bauteile bzw. Baugruppen zu Fügegruppen und diese wiederum im vierten Teilschritt zu Karosserievarianten kombiniert. Vom Prinzip her entspricht der erste Teilschritt der Verwendung von Konstruktionskatalogen. Die daraus entnommenen Daten füllen für jeden Teilschritt morphologische Kästen. Deren Daten werden dann zu Bauteilen bzw. Baugruppen, Fügegruppen und Karosserievarianten kombiniert. Die jeweiligen Verträglichkeiten werden in der Datenbank anhand von Kriterien geprüft.

Die Voraussetzung für die Kombination ist abgespeichertes formalisiertes Wissen in einer Datenbank. Zu diesem Zweck werden in Kapitel 3.3.3 Anforderungen aufgestellt und der Weltausschnitt definiert. Für diesen wird in Kapitel 4.3 Wissen erhoben, analysiert und strukturiert, sodass dies formalisiert vorliegt. Das ist für die systematische Kombination notwendig, um auf der Basis von Grenzwerten und Regeln geeignete Daten auszuwählen und auch neue Lösungsmuster zu erstellen. Denn die Kombination von allen Daten miteinander ist weder für die Beurteilung von Herstellbarkeit, noch bezogen auf die aufzuwendenden Ressourcen zweckmäßig, vergleiche Kapitel 3.3.4. Für eine gezielte Kombination des formalisierten Wissens in Folge der Eingangsdaten wird ein ERM aufgestellt. Das Vorgehen ist an dem Vorgehensmodell von Kudraß [Kud15] orientiert, siehe Kapitel 4.1.4.

Die Daten liegen in Tabellen vor, die den Konstruktionskatalogen entsprechen. Bei der Erarbeitung des ERM werden die Verbindungen zwischen den Katalogen aufgestellt. Die Strukturen sind von den Umformverfahren abhängig. Eine Struktur kann mit einem Umformverfahren und mit einem Umformverfahren wiederum mehrere Strukturen hergestellt werden. Daher ist dies eine 1:m Verbindung. Zwischen den Umformverfahren und den Materialien existiert eine n:m Verbindung. Mit einem Umformverfahren können mehrere Materialklassen verarbeitet und letztere von verschiedenen Verfahren bearbeitet werden. Analog werden die anderen Verbindungen beschrieben. Die Strukturen können mit verschiedenen Materialien hergestellt und mit unterschiedlichen Fügeverfahren verbunden werden. Abbildung 5.7 zeigt das erstellte ERM.

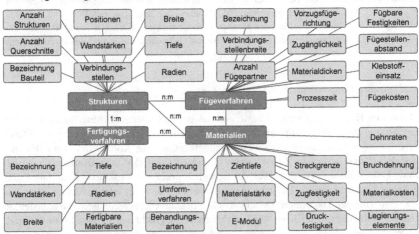

Abbildung 5.7: ERM der Datenbanktabellen für den zweiten Hauptschritt der Synthese mit dem formalisierten Wissen des Weltausschnitts; 1:m und n:m Verbindungen zwischen den Objekten; eigene Darstellung

Die auf Abbildung 5.7 basierenden Kataloge bilden die Datenbasis für den ersten und zweiten Teilschritt des zweiten Hauptschritts. Basierend auf den geforderten Eigenschaften und den Bauräumen werden zunächst bauteilspezifisch Strukturen ausgewählt. Diese sind in der Datenbank parametrisch abgespeichert, sodass sie den Bauräumen angepasst und die Bauräume maximal ausgenutzt werden. Die Herstellbarkeit wird über die Verbindung zu den Umformverfahren validiert. Hier werden für die angepasste Struktur Randbedingungen überprüft, z.B. Tiefen und Breiten. Der Struktur werden bauteilbezogen Wandstärken zugeordnet. Diese Zuordnung resultiert aus den Anforderungen an das Bauteil, bspw. ob es crashrelevant ist. Auch diese Wandstärken werden hinsichtlich der Umformverfahren überprüft.

Wenn die Struktur ausgewählt und angepasst ist, existiert der erste Eintrag für den morphologischen Kasten eines Bauteils bzw. einer Baugruppe, siehe Abbildung 5.9. Die Struktur gilt dann für alle Querschnitte eines Bauteils, wird jedoch an den jeweils verfügbaren Bauraum der Querschnitte angepasst. Insgesamt werden unter den gegebenen Randbedingungen alle herstellbaren Strukturen je Bauteil ausgewählt und angepasst.

In Abhängigkeit von der Struktur und deren Merkmalsausprägungen an den Querschnitten sowie dem entsprechenden Umformverfahren werden Materialien ausgewählt und zugeordnet. Indem zunächst geprüft wird, welches Umformverfahren vorliegt, und die Materialauswahl eingeschränkt. Dann werden Ziehtiefen und in Abhängigkeit der Struktur Wandstärken geprüft. Außerdem wird über eine Klassifizierung des Bauteils nach dessen Belastung eine Vorauswahl getroffen. Alle übrig bleibenden Materialien werden den Bauteilvarianten zugewiesen.

Bestehen die Baugruppen aus mehreren Strukturen bzw. Bauteilen, wird der geschilderte Ablauf für alle Strukturen wiederholt, siehe Abbildung 5.8. Die Varianten werden nachfolgend kombiniert. Dazu werden die Fügestellen in Abhängigkeit der Fügeverfahren überprüft. Die Strukturvarianten haben definierte Fügestellen, an denen sie miteinander verbunden werden, z.B. Flansche. Es werden nur Strukturen, die geometrisch miteinander kompatibel sind, kombiniert. Das wird anhand der Strukturen in der Datenbank geprüft.

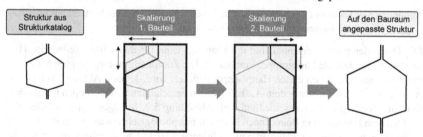

Abbildung 5.8: Anpassung der Strukturen an den Bauraum; eigene Darstellung in Anlehnung an [Lus15]

Danach werden für die Fügestellen u.a. anhand von Wandstärken und Materialeigenschaften Fügeverfahren ausgewählt und zugeordnet. Wenn für Fügestellen keine Fügeverfahren gefunden werden, wird die Bauteilvariante nicht weiter verfolgt. Existieren mehrere Fügeverfahren, werden zunächst alle der Bauteilvariante zugeordnet. Die Auswahl der Fügeverfahren wird anhand von priorisierten Fügeverfahren, die als Eingangsdaten übergeben werden, durchgeführt.

Das beschriebene Verfahren wird für alle im ersten Hauptschritt ausgewählten Baugruppen durchgeführt. Das entspricht der Kombination der Daten aus den Konstruktionskatalogen in dem ersten morphologischen Kasten je Baugruppe. Abbildung 5.9 stellt den Ablauf des ersten und zweiten Teilschritts dar. Die Umsetzung wird in Kapitel 6.1 beschrieben.

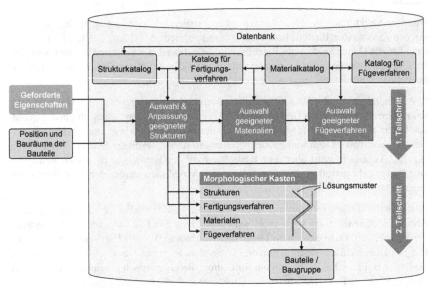

Abbildung 5.9: Erster und zweiter Teilschritt des zweiten Hauptschritts der Synthese zur Erstellung von Bauteilvarianten; eigene Darstellung

Die Daten der Bauteilvarianten sind die Eingangsdaten für den dritten Teilschritt. Hier werden die Bauteile zu Fügegruppen kombiniert. Die Zuordnung zu Fügegruppen hängt von der Topologie ab, die im ersten Hauptschritt definiert wird. Je nach Abhängigkeiten von Antrieb und Fahrwerk sowie dem Aufbau werden verschiedene Fügegruppen berücksichtigt. Ihre Topologie ist unterschiedlich, vgl. Abbildung 5.2. Je Fügegruppen werden alle zugehörigen Bauteile und Baugruppen in einem morphologischen Kasten gesammelt und zu Fügegruppenvarianten kombiniert, vgl. Abbildung 5.10. Für die Kombination werden die Fügestellen der Strukturen verwendet. Diesen Fügestellen sind die entsprechenden Bauteile zugeordnet. Unter Berücksichtigung von Wandstärken und Materialeigenschaften werden den Fügestellen Fügeverfahren ausgewählt. Baugruppen ohne Fügeverfahren werden nicht weiterverfolgt.

Am Beispiel des Schwellers, als Bestandteil der Fügegruppe *Boden* eines verbrennungsmotorisch betriebenen Fahrzeugs der Klasse A0, werden die Fügestellen zu Sitzquerträger und Bodenblech geprüft. Ist der Schweller dagegen Bestandteil eines elektrisch betriebenen

Fahrzeugs, werden Fügestellen zu anderen Sitzquerträgern und ein anderes Bodenblechen abgefragt. Weitere Fügestellen, die andere Bauteilen in der Baugruppe beeinflussen, werden ebenfalls überprüft.

Das Verfahren zur Kombination von Bauteilen zu Fügegruppen wird für alle zur Topologie gehörenden Baugruppen durchgeführt. Im letzten Teilschritt werden diese in einem morphologischen Kasten zu Karosserievarianten kombiniert, siehe Abbildung 5.10. Analog zur Erstellung der Fügegruppen werden die Fügestellen der Bauteile zwischen den Fügegruppen überprüft. Am Beispiel des Schwellers werden die Varianten der Baugruppe Boden mit den Varianten der Fügegruppen Aufbau, Vorder- und Hinterwagen zu Karosserievarianten kombiniert.

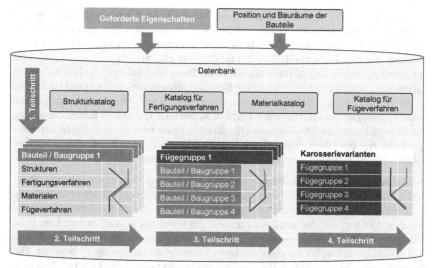

Abbildung 5.10: Erster bis vierter Teilschritt des zweiten Hauptschritts der Synthese zur Erstellung von fertig- und fügbaren Karosserievarianten; eigene Darstellung

Zusammenfassend werden von Bauräumen und deren Positionen in den ersten beiden Teilschritten des zweiten Hauptschritts Bauteilvarianten erstellt. Dabei werden Merkmale neu miteinander kombiniert, sodass neue Lösungsmuster entstehen. Diese werden in dem dritten und vierten Teilschritt zu Karosserievarianten kombiniert, sodass hier bekannte und neue Lösungen entstehen. Im ersten Teilschritt wird die Herstellbarkeit der Strukturen in Abhängigkeit von Material und Umformverfahren überprüft. Bei der Kombination in den Teilschritten zwei bis vier wird jeweils die Fügbarkeit überprüft. Als Ergebnis entstehen fertig- und fügbare Karosserievarianten auf Basis von geforderten Eigenschaften und der Topologie mit den Bauraumdaten aus dem ersten Hauptschritt, siehe Abbildung 5.10. Das Ergebnis des zweiten Hauptschritts der Synthese ist je eine Stückliste je Karosserievariante. In dieser stehen die Merkmale für jedes Bauteil der Karosserie. Insgesamt definiert die

Parametrik der beiden Syntheseschritte das Grundgerüst des Systemmodells. Auf Basis der festgelegten Parameter je Lösungsvariante werden die nachfolgenden Analyseschritte gespeist und dienen der Evaluation.

5.2 Analyse und Evaluation

In Kapitel 3.3 wird der mehrstufige Prozess von Analyse und Evaluation vorgestellt und die Nutzwertanalyse als grundlegende Methode ausgewählt. Darauf basierend wird im Folgenden der Prozess detailliert.

Das Ziel der Analyse und Evaluation ist der Vergleich der Lösungsvarianten, um den Anwender bei der Auswahl der besten Lösung zu unterstützen. Bei dem mehrstufigen Prozess ist eine weitere Auswahl zu treffen, um den gesamten Aufwand zu minimieren. Bei dieser Vorauswahl ist das Risiko einer falschen Entscheidung zu berücksichtigen, siehe Abbildung A.1 in Anhang A. Im ersten Schritt der Prozessdetaillierung sind deshalb die in Kapitel 3.3.2 vorgestellten Analysen unter Berücksichtigung von Aufwand und Bedeutung für die Entwicklung den Bewertungsstufen zu zuordnen. Die notwendigen Eingangsdaten und die Aussagegenauigkeit sowie weitere in Kapitel 4.4 festgestellt Randbedingungen sind zu berücksichtigen. Die Bedeutung für die frühe Phase wird aus Wichtigkeit abgeleitet eine frühe Aussagefähigkeiten zu haben, weil basierend auf den Eigenschaften weitere Entscheidungen getroffen oder Analysen durchgeführt werden.

Die Analysen werden in den oben genannten Kategorien miteinander verglichen. Dafür ist eine Bewertungsskala ohne mittleren Bereich geeignet, um eine Tendenz festlegen zu können. Für Aufwand, Bedeutung und Aussagefähigkeit werden die Bereiche von ++/+/-/-- vergeben. Ein geringer Aufwand wird mit ++, ein hoher mit -- symbolisiert. Eine hohe Bedeutung hat das Symbol ++ und eine geringe Bedeutung --. Die Aussagegenauigkeit wird von einer hohen bis zu einer niedrigen Genauigkeit mit ++ bis -- bewertet. Die Eingangsdaten, die zum Aufbau der verwendeten Produktmodelle und zur Durchführung benötigt werden, sind in der Tabelle 5.1 aufgelistet.

Für die erste Bewertung und Auswahl sind Analysen mit einem geringen Aufwand, einer hohen Bedeutung und einer guten Aussagegenauigkeit verwendbar. Außerdem können nur Analysen eingesetzt werden, deren Eingangsdaten im Syntheseprozess erzeugt werden. Für die Endbewertung und Endauswahl können dagegen aufwendigere Analysen mit einer besseren Aussagegenauigkeit verwendet werden, da die Anzahl der Lösungsvarianten begrenzt ist. Zusätzlich wird die Bedeutung der Analysen für die frühe Phase betrachtet. Anhand dieser Kriterien werden die Analysen in zwei Bewertungsstufen eingeteilt. Analysen mit einer geringen Aussagegenauigkeit werden nicht verwendet, um nicht durch zu hohe Abweichungen die Ergebnisse und die Auswahl der Lösungsvarianten negativ zu beeinflussen. Eine Möglichkeit die Aussagegenauigkeit zu erhöhen ist die Detaillierung der Produktmodelle mit weiteren Eingangsdaten. Diese müssen im Syntheseprozess zuvor erzeugt werden, dazu ist das Verhältnis von Aufwand zu Aussagegenauigkeit bzw. Nutzen zu berücksichtigen.

Tabelle 5.1: Vergleich der Analysen bzgl. Eingangsdaten, Aufwand, Bedeutung und Aussagegenauigkeit, ++ hohe Bedeutung, Genauigkeit, geringer Aufwand , --: Geringe Bedeutung, Genauigkeit, hoher Aufwand; eigene Darstellung

Gliederung	Eigenschaft	Analyse	Eingangsdaten	Aufwand	Bedeutung frühe Phase	Aussagegenauigkeit
Technisch	Gewicht, Schwerpunkt	Einfache Gewichtsabschätzung	• Abmessungen Fahrzeug • Vorgängerfahrzeug	++	++	--
		Geometrieabhängige Gewichtsabschätzung	• Bauteilgeometrie • Position der Bauteile • Material	+	++	+
		Gewichtsverfolgung Stückliste	• Fachbereichsspezifische detaillierte Modelle • Stückliste mit Gewichten	-	++	++
	Verhalten bei statischen und dynamischen Lasten, Schwingungsanalysen	FEM-Simulation statisch / dynamisch	• Geometriemodell • Material • Verbindungstechnik • Fahrzeugkomponenten	-	++	+
	Verhalten bei Crash, Intrusion, Beschleunigung	FEM-Simulation Crash	• Detailliertes Geometriemodell • Material • Verbindungstechnik • Fahrzeugkomponenten	--	++	++
	Akustisches Verhalten	FEM-Simulation Akustik	• Detailliertes Geometriemodell • Material • Verbindungstechnik • Fahrzeugkomponenten	--	++	+
	Fertigungszeit	Berechnung Fertigungszeit	• Geometriemodell • Material • Verbindungstechnik • Fügeverfahren	-	+	-
	Taktzeit	Berechnung Taktzeit	• Fertigungszeit • Fertigungsmaschinen, -straße	--	++	++
Wirtschaftlich	Materialkosten	Einfache Materialkostenabschätzung	• Bauteilgewicht • Material • Materialeinkaufspreise	+	+	-
		Schätzverfahren Materialkosten mit Beschaffung	• Bauteilgewicht • Material • Materialnutzungsgrad • Materialeinkaufspreise in Abhängigkeit der Stückzahl, Materialmenge	--	+	++
	Fertigungskosten	Berechnung Fertigungskosten	• Bauteilgeometrie • Material • Fertigungsmaschinen, -straße	-	++	+
	TCO / LCC	Aufwendige Kostenanalysen	• Entwicklungskosten • Materialkosten • Nutzungskosten • Entsorgungskosten • Fertigungskosten	--	++	+
Ökologisch	Wirkungskategorien	LCA Sachbilanz	• Bauteilgewicht • Material inkl. Legierungszusammensetzung • Materialnutzungsgrad	-	+	+
	Recyclingquoten	Bestimmung der Recyclingqquoten	• Bauteilgewicht • Material • Wiederverwendung/Verwertungsplanung	-	-	+

Durch die Detaillierung von Analysen mit weiteren Eingangsdaten kann die Tabelle 5.1 erweitert werden.

Aufgrund des geringen Aufwands sind die einfache und die geometrieabhängige Gewichts-abschätzungen und die Schwerpunktberechnungen, die Berechnung der Fertigungszeit und die einfache Materialkostenabschätzung für eine erste Bewertungsstufe geeignet. Die einfache Gewichtsabschätzung hat eine geringe Aussagegenauigkeit. Eine bessere Alternative ist die geometrieabhängige Gewichtsabschätzung, weshalb erstere nicht weiter beachtet wird. Die Bedeutung des Gewichts ist hoch. Die in einer erste Stufe erzeugten Ergebnisse müssen deshalb unter Berücksichtigung der Aussagegenauigkeit evaluiert werden. Werden die Produktmodelle für die Lösungsvarianten unter den gleichen Randbedingungen erzeugt, sind die Abweichungen aufgrund des Abstraktionsgrades der Modelle vergleichbar, sodass eine Aussage über die Tendenz getroffen werden kann.

Für die Endbewertung und Endauswahl sind aus technischer Sicht die FEM-Analysen ein wichtiger Bestandteil. Dafür müssen jedoch die FEM-Modelle zuvor erzeugt werden. Unter Berücksichtigung der Anforderungen und des grundlegenden Prozesses ist es ohnehin notwendig, geometrische Produktmodelle der Lösungsvarianten zu erzeugen. Diese können zur Ableitung von FEM-Modellen verwendet werden. Ein Hauptbestandteil der Analysen für die Endbewertung ist daher die Geometriemodellerstellung aus den Stücklisten und die anschließende Berechnungsmodellerstellung für die Bewertung von statischen und dynamischen Lastfällen sowie Crash. Die Akustik wird hier nicht weiter verfolgt, da die Aussagegenauigkeit detaillierte FEM-Modelle erfordert, die nicht aus den Stücklisten generiert werden können.

Für die Berechnung der Taktzeit sind konkrete Annahmen zu Fertigungsmaschinen und den Prozessen festzulegen. Der Aufwand, eine Fertigung zu planen, wird von den Experten als zu groß angesehen und widerspricht der Anforderung AF-1.1, Tabelle 3.1. Fertigungskosten hängen direkt mit der Planung der Fertigung zusammen und werden deshalb nicht weiter betrachtet. Das führt dazu, dass aufwendige Kostenanalysen wie TCO nicht betrachtet werden. Neben den Fertigungskosten werden dafür noch weitere Eingangsdaten vorausgesetzt, die nicht im bisherigen Syntheseprozess erzeugt werden. Um die Fertigung dennoch beurteilen zu können, entsteht der Ansatz, den Anteil von Standardfügeverfahren zu beurteilen. Hiervon kann ein Quotient ermittelt werden, der den Anteil der Fügeverfahren angibt, die bereits im Serieneinsatz sind. Hier ist die Eingabe der Standardfügeverfahren in Abhängigkeit von den Materialkombinationen erforderlich. Der Aufwand dafür ist bei entsprechender Automatisierung gering. Deshalb kann die Ermittlung der Standardfügeverfahren der ersten Stufe zugeordnet werden.

Die notwendigen Eingangsdaten für eine LCA über den gesamten Lebenszyklus sind jedoch nicht vorhanden. Broch [Bro17] beschreibt jedoch die Möglichkeit, eine Sachbilanz bezogen auf eine Lebensphase, wie bspw. die Herstellung, zu beziehen. Dafür liegen die notwendigen Daten vor oder können datenbankbasiert ermittelt werden. Diese Analyse ist aufgrund ihres Aufwandes für einen beschränkten Umfang von Lösungsvarianten anzuwenden. Die Recyclingquote wird zu diesem Zeitpunkt nicht betrachtet, da für die Karosserie aufgrund der Materialauswahl aus Kapitel 4.3.2 und 5.1 eine vollständige Verwertbarkeit angenommen wird.

Auf die detailliertere Gewichts- und Materialkostenberechnung wird wegen des Verhältnisses von Aufwand und Aussagegenauigkeit verzichtet. Damit werden folgende Eigenschaften für die mehrstufige Analyse und Evaluation ausgewählt, siehe Abbildung 5.11. Darunter sind Eigenschaften, die kunden-, stakeholder und lebenszyklusspezifisch sind, um eine ganzheitliche Beurteilung der Karosserieeigenschaften in der frühen Phase zu ermöglichen, siehe Abbildung 3.9 auf Seite 66. Der Umfang der Eigenschaften ist somit bewusst eingegrenzt, um ein akzeptables Verhältnis aus Aufwand und Nutzen zu erhalten und im Hinblick auf die technischen, wirtschaftlichen und ökologischen Kategorien eine ganzheitliche Beurteilung realisieren zu können, vgl. Anforderungen AF-1.1 bis AF-1.3, Tabelle 3.1.

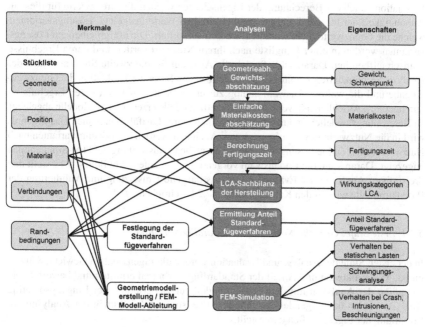

Abbildung 5.11: Ausgewählte Eigenschaften der mehrstufigen Analyse und Evaluation; eigene Darstellung

Bei dem Vergleich des Aufwandes der Analysen je Lösungsvariante fällt auf, dass es drei Cluster gibt. Gewicht, Schwerpunktlage, Materialkosten und Anteil Standardfügeverfahren können für die Lösungsvarianten mit geringem Aufwand analysiert werden. Die Berechnung der Fertigungszeit und die Durchführung einer Sachbilanz ist mit größerem Aufwand verbunden und sollte daher für eine begrenzte Anzahl von Lösungsvarianten durchgeführt werden. Alle FEM-Simulationen benötigen die entsprechenden Produktmodelle, die mit hohem Aufwand erzeugt werden. Das passt zu der Bedeutung und der Aussagegenauigkeit der Analysen. Für die mehrstufige Analyse und Evaluation sind deshalb drei anstatt zwei Stufen sinnvoll. Die für die Durchführung der Analysen notwendigen Produktmodelle werden in den folgenden Unterkapiteln näher beschrieben. Darunter fällt auch ihre Kopplung zum Systemmodell und die Weitergabe der Ergebnisse an die jeweilige Evaluation.

Die dreistufige Evaluation basiert auf der Nutzwertanalyse. Jede Stufe der Evaluation bezieht die Eigenschaften aus der vorherigen Stufe mit ein, sodass eine aussagekräftige Bewertung entsteht. Zu Beginn des Gesamtprozesses werden die zu analysierenden und evaluierenden Eigenschaften definiert und somit die Bewertungskriterien festgelegt. Anschließend werden die relevanten Kriterien gegeneinander gewichtet. Ein paarweiser Vergleich unterstützt die Gewichtung. Neben den Daten des Packages und der Maße sind noch Angaben zu den Standardfügeverfahren zu tätigen. Auf die Synthese folgt die erste Stufe der Analyse und Evaluation. Nach der Berechnung der Eigenschaften werden die Grenzwerte für diese in Abhängigkeit der maximal und minimal ermittelten Werte festgelegt. Lösungsvarianten, welche die Grenzwerte nicht einhalten, werden aussortiert. Die übrigbleibenden Lösungsvarianten werden in einer Rangliste nach ihrem Nutzwert sortiert und deren Ergebnisse grafisch aufbereitet. Daran schließt sich die Auswahl für die zweite Stufe an. Nach der Analyse des reduzierten Umfangs wird in der zweiten Stufe der Evaluation die Grenzwerteingabe und die weitere Auswahl analog zur ersten Stufe, auch mit deren Ergebnissen durchgeführt. Anschließend werden die Geometriemodelle erzeugt, FEM-Modelle abgeleitet, zu Berechnungsmodellen ergänzt und entsprechend ihrer Lastfälle berechnet. Das Ergebnis wird in die Nutzwertanalyse aufgenommen. Auch hier werden die Lösungsvarianten nach Nutzwert sortiert und je Lösungsvariante ein zusätzliche Auswertung der FEM-Simulationen angezeigt. Daran kann die Endauswahl vorgenommen werden. Abbildung 5.12 stellt den dreistufigen Analyse- und Evaluationsprozess dar. Die Umsetzung und Validierung der Produktmodelle wird in den Kapiteln 6.2 und 7.2 beschrieben.

5.2.1 Erste Stufe: Gewicht, Kosten und Standardfügeverfahren

In der ersten Stufe der Analyse und Evaluation werden die Eigenschaften Gewicht, Schwerpunkt, Materialkosten und Anteil der Standardfügeverfahren ermittelt und bewertet. Die Kopplung der Analysen mit dem Systemmodell zur Generierung der Eingangsdaten je Analyse werden im Folgenden beschrieben. Ebenso wird das Prinzip der Analysen zur Ermittlung der Eigenschaften dargestellt.

Geometrieabhängige Gewichtsabschätzung und Lageabschätzung des Schwerpunktes

Die geometrieabhängigen Gewichtsberechnung basiert auf den Stücklisten, die im Syntheseprozess erstellt werden. Dort sind die Merkmale Geometrie, Materialien und Positionen zu jedem Bauteil einer jeden Lösungsvariante hinterlegt, vgl. Kapitel 5.1. Die Bauteile werden mit Hilfe von Querschnitten definiert und diese an den verfügbaren Bauraum angepasst. Auch die Lage des Bauraums je Querschnitt ist aus dem ersten Hauptschritt der Synthese bekannt. Zusätzlich werden noch die Blechstärken und das zugehörige Material benötigt.

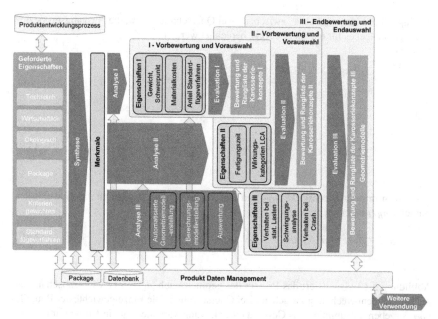

Abbildung 5.12: Gesamtprozess mit dreistufiger Analyse und Evaluation; eigene Darstellung

Analog zu dem Umformprozess von Blechen wird die Ausgangsgröße der Blechbauteile bestimmt, die notwendig ist. Das entspricht der Länge des Bauteils an einem Querschnitt. Dazu werden die Längen l_i zwischen den Punkten P_i bis P_n der Querschnittes QS_j bis QS_m zu l_{gesQSj} summiert:

$$l_{gesQSj} = \sum_{i=1}^{n-1} l_i \tag{5.6}$$

mit

$$l_i = \sqrt{(x_{i+1} - x_i)^2 + (y_{i+1} - y_i)^2} \tag{5.7}$$

und x_i sowie y_i die Koordinaten des Anfangspunktes P_i zum nächsten Punkt P_{i+1}, siehe Abbildung 5.13. [Res16]

Aus den Positionen der Querschnitte im Raum können die Abstände a_j zwischen den jeweils nächstliegenden Querschnitten QS_j und QS_{j+1} bestimmt werden. Daraus kann rechnerisch

der ungefähre Flächeninhalt A_j zwischen zwei Querschnitten bzw. die Ausgangsgröße des
benötigten Bleches für ein Bauteil A_{BTk} berechnet werden.

$$A_j = \frac{1}{2} * \left(l_{gesQSj} + l_{gesQSj+1}\right) * a_j \tag{5.8}$$

und

$$A_{BTk} = \sum_{j=1}^{m-1} A_j \tag{5.9}$$

zusammen mit der Blechstärke t_{BTk} und der Materialdichte ρ_{BTk} kann das Gewicht des
Bauteils m_{BTk} berechnet werden

$$m_{BTk} = A_{BTk} * t_{BTk} * \rho_{BTk} \tag{5.10}$$

Abbildung 5.13 visualisiert das Prinzip der geometrieabhängigen Gewichtsabschätzung
bis zur Flächenberechnung zwischen zwei Querschnitten. Die Einzelgewichte der Bauteile
m_{BTk} ergeben aufsummiert das Gewicht einer Lösungsvariante m_{LVp} in Kilogramm.

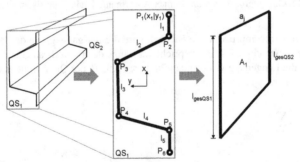

Abbildung 5.13: Geometrieabhängige Gewichtsabschätzung bis zur Berechnung des Flächeninhalts
zwischen zwei Querschnitten; eigene Darstellung in Anlehnung an [Res16]

Neben dem Gesamtgewicht der Rohkarosserie ist die Ermittlung des Schwerpunkts der
Rohkarosserie über die geometrieabhängige Gewichtsabschätzung möglich. Hierzu werden
die Bauteilgewichte als Punktmasse an den Bauteilschwerpunkten im Raum positioniert und
ein Momentengleichgewicht aufgestellt. Zunächst wird die Lage des Bauteilschwerpunktes
v_{BTk} über das Verhältnis der Querschnitte zueinander bestimmt. Da der Bauraum voll
ausgenutzt wird, vgl. Abbildung 5.8, können die Bauraumabmessung $BTBR1$, $BTBR2$ oder

$BTBR3$ je nach Lage der Querschnitte im Raum verwendet werden. Für einen Querschnitt im 1-2 Koordinatensystem wird der Bauraum über A_{QSj} errechnet.

$$A_{QSj} = BTBR1 * BTBR2 \tag{5.11}$$

Daraus kann das Verhältnis r des ersten und letzten Querschnitts gebildet werden

$$r_{BTk} = \frac{A_{QSj}}{A_{QSm-1}} \tag{5.12}$$

Zusammen mit den Positionen der Bauraumquerschnitte aus der Synthese

$$v_{QSj} = \left(XBTQSjYBTQSjZBTQSj \right) \tag{5.13}$$

kann die Lage des Bauteilschwerpunktes mit

$$v_{BTk} = v_{QSj} + \left(\frac{1}{4} + \frac{1}{2} * \frac{1}{1+r_{BTk}}\right) * \left(v_{QSm-1} - v_{QSj}\right) \tag{5.14}$$

bestimmt werden. Die Herleitung dieser Formel ist im Anhang C.2 dargestellt.

Der Einfluss der Y- und Z-Komponente des Bauteilschwerpunktes v_{BTk} wird nicht weiter betrachtet. Mit der X-Komponente wird das Momentengleichgewicht um das globale Koordinatensystem bestimmt, um den Schwerpunkt der Karosserie je Lösungsvariante zu bestimmen. Die Bauteilgewichte fließen als Massenpunkt an ihrem Schwerpunkt in die Gleichung mit ein. Die Lage des Schwerpunktes in x-Richtung X_{LVp} wird mit dem Momentengleichgewicht

$$\sum M = m_{LVp} * g * X_{LVp} = \sum_{k=1}^{q-1} \left(m_{BTk} * g * X_{BTk}\right) \tag{5.15}$$

umgestellt zu

$$X_{LVp} = \frac{\sum_{k=1}^{q-1}\left(m_{BTk} * X_{BTk}\right)}{m_{LVp}} \tag{5.16}$$

Abbildung 5.14 zeigt das Momentengleichgewicht.

Die Produktmodelle für die geometrieabhängige Gewichtsabschätzung und Abschätzung der Lage des Schwerpunktes bestehen zusammengefasst aus einem System von Gleichungen, welche die Merkmalsausprägungen aus dem Systemmodell je Lösungsvariante verarbeiten.

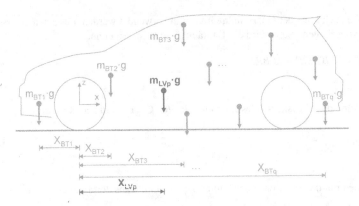

Abbildung 5.14: Momentengleichgewicht um den Ursprung zur Schätzung der Lage des Schwerpunktes der Rohkarosserie in globaler x-Koordinatenrichtung; eigene Darstellung in Anlehnung an [Res16]

Für Bauteile wird hierbei die gleiche Blechdicke angenommen, sodass Ungenauigkeit für Bauteile mit variablen Blechstärken daraus resultieren. Die Verbindungen zwischen Bauteilen werden darüber ebenfalls nicht abgebildet. Das betrifft auch die Berechnung der Schwerpunktes.

Einfache Materialkostenabschätzung

Die einfache Materialkostenabschätzung verwendet die Bauteilgewichte der geometrieabhängigen Gewichtsabschätzung und die Materialien der Bauteile. Als Randbedingungen werden gewichtsbezogene Materialpreise verwendet. Zum Aufbau des Produktmodells können diese Materialpreise aus öffentlichen und tagesaktuellen Quellen bezogen werden. Im Rahmen der Beschaffung finden unternehmenseigene Quellen Verwendung. Die Abhängigkeiten von Stückzahlen oder bspw. Coilgrößen werden hier vernachlässigt. Dennoch liegt eine verfeinerte Quelle für die Materialkostenabschätzung vor, vgl. Kapitel 4.4.2.

Mit den Bauteilgewichten m_{BTk} können je Lösungsvariante die Materialkosten MK_{LVp} geschätzt werden. Hierfür werden die Einzelgewichte der Bauteile mit den Materialpreisen MP_M pro Kilogramm multipliziert und summiert:

$$MK_{LVp} = \sum_{k=1}^{q} (m_{BTk} * MP_M) \qquad (5.17)$$

Das Ergebnis sind Materialkosten für eine Lösungsvariante in Euro.

Zusammengefasst verwendet das Produktmodell für die einfache Materialkostenabschätzung die Bauteilgewichte und beschaffungsspezifische Materialpreise. Durch den Einsatz der Bauteilgewichte können die Ungenauigkeiten in den Produktmodellen fortgetragen werden. Außerdem verfügen die Materialpreise durch die Vernachlässigung der oben genannten Abhängigkeiten über weitere Faktoren, die die Ungenauigkeit erhöhen können. Zu einer höheren Genauigkeit führt die Verwendung der beschaffungsspezifischen Materialpreise.

Ermittlung Anteil Standardfügeverfahren

Für die Ermittlung des Anteils von Standardfügeverfahren wird ein Vergleich zwischen den zugeordneten Fügeverfahren je Fügestelle und je Lösungsvariante zu den eingegeben Fügeverfahren, die als Standard definiert sind gezogen. Der Quotient gibt an, wie viel Prozent der Fügeverfahren dem definierten Standard entsprechen. Aus dem Systemmodell werden die Verbindungsdaten und Materialdaten sowie die Standards extrahiert. Je Lösungsvariante ist jeder Fügestelle FS_h ein Fügeverfahren FV_a zugeordnet. Außerdem hat der Nutzer definiert, welches Fügeverfahren als Standard verfügbar (1) oder nicht verfügbar (0) ist. Mathematisch kann der Vergleich dann wie folgt ausgedrückt werden:

$$n_{Standard,LVp} = \begin{cases} n_{Standard,LVp} + 1 & \text{wenn } FS_h = FV_a \text{ und } FV_a \rhd 1 \\ n_{Standard,LVp} & \text{wenn } FS_h = FV_a \text{ und } FV_a \rhd 0 \end{cases} \tag{5.18}$$

mit der Zahl von Fügestellen mit einem Standardfügeverfahren $n_{Standard,LVp}$. [Res16]

Damit kann der Quotient von Standardfügeverfahren $p_{Standard,LVp}$ mit der Gesamtzahl von Fügestellen $n_{Ges,LVp}$ gebildet werden.

$$p_{Standard,LVp} = \frac{n_{Standard,LVp}}{n_{Ges}} * 100 \tag{5.19}$$

Der Quotient gibt an wie viele Fügestellen mit als Standard definierten Fügeverfahren hergestellt werden können. Das lässt einen Rückschluss auf den Produktionsaufwand zu.

Bewertung erste Stufe

Die Eigenschaften Gewicht m_{LVp}, Lage des Schwerpunktes X_{LVp}, Materialkosten MK_{LVp} und Anteil Standardfügeverfahren $p_{Standard,LVp}$ fließen als Eingangsdaten in die Bewertung ein. Während die Lage des Schwerpunktes X_{LVp} als reines Ausschlusskriterium genutzt wird, dienen die anderen Eigenschaften zur Durchführung der Nutzwertanalyse in der ersten Stufe. Alle Lösungsvarianten, die die eingegeben Grenzwerte der Eigenschaften nicht erreichen, werden aussortiert. Die verbleibenden Lösungsvarianten werden nach den Bewertungskriterien von minimalen bis maximalen Werten geordnet. Je nach ausgewählter Punkteskala werden die entsprechende Anzahl an Wertebereichen gebildet und die Punkte den Lösungsvarianten zu gewiesen. Für das Gewicht wird zunächst die Differenz berechnet

$$m_{Differenz} = m_{LVp,max} - m_{LVp,min} \tag{5.20}$$

Mit der Anzahl an Wertebereichen in der Punkteskala n_{PSB} wird die Wertspanne für einen Bereich festgelegt

$$m_{Wertspanne} = \frac{m_{Differenz}}{n_{PSB}} \tag{5.21}$$

Daraus folgt die Zuordnung der Punkte zu den Lösungsvarianten von $m_{LVp,min}$ bis $m_{LVp,max}$ in den Wertebereichen von $m_{Wertspanne}$. Für ein Beispiel $m_{LVp,min} = 224\ kg$ und $m_{LVp,max} = 274\ kg$ ergibt sich $m_{Differenz} = 50\ kg$. Mit einer Punkteskala von 1-10 resultiert daraus eine Wertspanne von

$$m_{Wertspanne} = \frac{50}{10} = 5\ kg \tag{5.22}$$

Für eine Lösungsvariante mit $m_{LV1} = 225\ kg$ werden $P_{LV1,K1} = 10$ Punkte vermerkt. Bei einer Lösungsvariante mit $m_{LV2} = 230\ kg$ werden $P_{LV2,K1} = 9$ Punkte erreicht, weil der Wert der Lösungsvariante im zweiten Wertebereich vom Minimum ausgehend liegt.

Analog wird die Bewertung für die anderen Eigenschaften erstellt. Für die Materialkosten wird mit gleicher Wertfunktion bewertet, da dort ein niedriger Wert angestrebt wird. Bei dem Anteil von Standardfügeverfahren ist die Wertfunktion umgekehrt, da hier ein hoher Wert angestrebt wird.

Die Punkte $P_{LVp,Kb}$ werden für jede Lösungsvariante mit der Gewichtung des Kriteriums g_{Kb} multipliziert und schließend summiert. Die Gewichtung resultiert aus dem paarweisen Vergleich der Kriterien. Das Ergebnis ist der gewichtete Wert

$$GW_{LVp} = \sum_{b=1}^{s} \left(g_{Kb} * P_{LVp,Kb} \right) \tag{5.23}$$

In Bezug auf den maximal erreichbaren gewichteten Wert GW_{max} wird der Nutzwert NW_{LVp} errechnet. Dieser gibt das prozentuale Verhältnis der erreichten Punktzahl jeder Lösungsvariante zur maximalen Punktzahl an, vgl. Abbildung 5.16. Mit den Nutzwerten wird die Rangliste erstellt.

$$NW_{LVp} = \frac{GW_{LVp}}{GW_{max}} * 100 \tag{5.24}$$

Die Ergebnisse können grafisch ausgewertet werden, bspw. in einem Lösungsraum (Abbildung 5.15) der Eigenschaften Materialkosten und Gewicht. Mit den Informationen aus der grafischen Auswertung und der Rangliste führt der Anwender die erste Auswahl durch, sodass die Anzahl der Lösungsvarianten reduziert werden. Der Anwender kann gezielt Lösungsvarianten oder Bereich in der Rangliste auswählen.

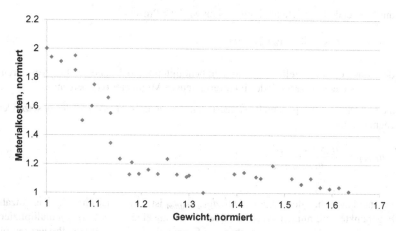

Abbildung 5.15: Beispielhafter Lösungsraum mit normierten Materialkosten und normiertem Gewicht; eigene Darstellung

5.2.2 Zweite Stufe: Fertigungszeit und LCA

In der zweiten Stufe der Analyse und Evaluation werden aufwendigere Analysen für einen reduzierten Umfang von Lösungsvarianten durchgeführt. Hierzu zählen die Ermittlung der Fertigungszeit und der Wirkungskategorien der LCA. Die Kopplung der Analysen mit dem Systemmodell zur Generierung der Eingangsdaten je Analyse werden im Folgenden beschrieben. Ebenso wird das Prinzip der Analysen zur Ermittlung der Eigenschaften dargestellt, vgl. Abbildung 5.12.

Berechnung Fertigungszeit

Das Produktmodell zur Ermittlung der Fertigungszeit fokussiert die Fügetechnik als Hauptbestandteil, siehe Kapitel 4.4.1. Es benötigt als Eingangsdaten die Merkmalsausprägungen der Fügestellen. Dazu zählen die Zuordnung der Fügetechnik und die geometrischen Abmessungen der Fügestellen. Außerdem werden als weitere Randbedingungen in Abhängigkeit der Fügetechnik die Prozesszeiten benötigt. Letztere geben an, wie viel Zeit für die Erstellung eines Fügepunktes und für eine Schweißnaht einer bestimmten Länge notwendig ist, vgl. Kapitel 4.4.1. In dem Produktmodell werden zwei Fälle unterschieden: die durchgehende und die nicht durchgehende Fügetechnik entlang einer Fügestelle. Davon hängt die Berechnung der Fertigungszeit ab. Bei nicht durchgehenden Fügestellen wird die Anzahl der Fügepunkte mit der Prozesszeit multipliziert. Für eine durchgehende Fügetechnik an einer Fügestelle wird die Länge der Naht mit der Prozesszeit pro Längeneinheit multipliziert. Daraus resultiert die Zeit, die für eine Fügestelle benötigt wird.

Für durchgehende Fügestellen mit einer Naht wird die Prozesszeit

$$t_{FSh,N} = (a_{FSh} - 2 \cdot a_{FVa,Rand}) \cdot t_{FVa} \tag{5.25}$$

mit der Länge der Fügestelle a_{FSh} und dem benötigten Randabstand des Fügeverfahrens $a_{FVa,Rand}$ sowie der Prozesszeit des Fügeverfahrens je Millimeter t_{FVa} berechnet.

Bei nicht durchgehenden punktuellen Fügestellen wird zunächst die Anzahl der zu setzenden Fügepunkte ermittelt

$$n_{FSh,P} = \frac{a_{FSh} - 2 \cdot a_{FVa,Rand}}{a_{FVa,Abstand}} + 1 \tag{5.26}$$

Der Abstand zwischen den Fügepunkten $a_{FVa,Abstand}$ ist verfahrensabhängig. Die Anzahl der Fügepunkte wird mit der Prozesszeit der Erstellung eines Punktes $t_{FVa,P}$ multipliziert. Zusammen mit der Verfahrzeit zwischen den Fügepunkten $t_{FVa,V}$ wird die Prozesszeit für eine Fügestelle errechnet.

$$t_{FSh,P} = n_{FSh,P} \cdot t_{FVa,P} + (n_{FSh,P} - 1) \cdot t_{FVa,V} \tag{5.27}$$

Die Fertigungszeit resultiert aus der Addition der Prozesszeiten für jede Fügestelle je Lösungsvariante

$$t_{LVp} = \sum_{h=1}^{c} t_{FSh,P,N} \tag{5.28}$$

Als Ergebnis wird die Fertigungszeit für den Fügeprozess in Sekunden an das Bewertungsverfahren der zweiten Stufe übergeben.

Das Produktmodell für die Berechnung der Fertigungszeit verwendet Daten aus Richtlinien zur Produktionsplanung. Die Gesamtzeit berücksichtigt jedoch keine Randbedingungen von Maschinenanzahl und Fügereihenfolge. Auch mehrere oder unterschiedliche Fügestellen auf einem Flansch werden hier vereinfacht nicht berücksichtigt.

LCA-Sachbilanz der Herstellung

Die Durchführung einer Sachbilanz wird im Folgenden auf die Produktion beschränkt, um die Wirkungskategorien bzgl. der Herstellungsphase miteinander zu vergleichen. Es werden unterschiedliche Eingangsdaten verwendet. Diese werden in eine auf die Sachbilanz angepasste Stückliste eingetragen. Je Bauteil wird das Bauteilgewicht aus der geometrie-abhängigen Gewichtsabschätzung vermerkt. Aus dem Systemmodell werden detaillierte Materialdaten verwendet. Insbesondere Legierungselemente sind hier zu nennen. Außerdem werden die Fertigungsverfahren und Behandlungsverfahren eingetragen.

Auf Basis dieser Stücklisten wird eine Sachbilanz durchgeführt. Dazu werden aus einer Datenbank Informationen zu den Materialien und Fertigungsverfahren verwendet und fließen in die Sachbilanz mit ein. Das Verfahren kam in dem vom BMBF geförderten Projekt MultiMaK2 zur Anwendung. Als Ergebnis werden CO_2-Äquivalente in den fünf Wirkungskategorien in Kilogramm ausgegeben, siehe Kapitel 4.4.3. Bei der Sachbilanz können Ungenauigkeiten durch die Verwendung von Standardprozessen entstehen, die von den eigentlichen Prozessen abweichen. [CHI$^+$15]

Bewertung zweite Stufe

Die Eigenschaften Fertigungszeit t_{LVp} und Wirkungskategorien GWP, ODP, POCP, AP sowie NP fließen in die zweite Stufe der Nutzwertanalyse ein. Alle Lösungsvarianten, die die eingegebenen Grenzwerte der Eigenschaften nicht erreichen, werden aussortiert. Wie in Stufe eins werden in Abhängigkeit der Punkteskala die Punkte zugewiesen.

In die Berechnung des Wertes, des gewichteten Wertes und des Nutzwertes werden die Ergebnisse der ersten Stufe einbegriffen, um die Rangliste mit den neuen Eigenschaften aufzustellen. Außerdem können die Ergebnisse grafisch ausgewertet werden, um die Übersicht der Ergebnisse und folglich die Auswahl zu erleichtern, vgl. Abbildung 5.16.

5.2.3 Dritte Stufe: FEM-Simulation

In der dritten Stufe der Analyse und Evaluation werden die aufwendigen Analysen Verhalten bei statischen und dynamischen Lastfällen sowie Crash durchgeführt. Die Analysen sind in der Durchführung und in ihrer Vorbereitung aufwendig. Wie in Abbildung 5.11 dargestellt wird, ist für die FEM-Simulationen zunächst die Erstellung von Geometriemodellen notwendig. Daraus werden FEM-Modelle abgeleitet und zu Berechnungsmodellen vervollständigt. Dementsprechend kann das Verhalten simuliert und ausgewertet werden.

Hauptziel bei der Ermittlung des Verhaltens des Modells ist die korrekte Abbildung des physikalischen Verhaltens. Das FEM-Modell muss bei einer bestimmten Last ein analoges Verhalten wie ein reales Fahrzeug aufweisen, bspw. ein sich faltender Längsträger beim Crash. Dieses ist die Voraussetzung, um Varianten miteinander vergleichen zu können. Daher

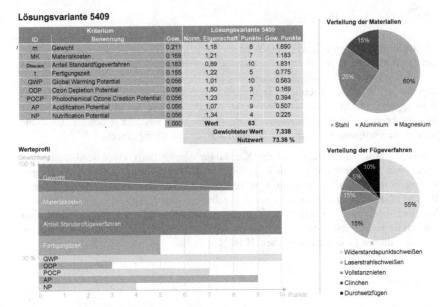

Abbildung 5.16: Datenblatt Bewertung zweite Stufe am Beispiel einer Lösungsvariante; ID - Identifikation anhand der Eigenschaften, siehe oben, Gew. - Gewichtung, Norm. -
Normiert; eigene Darstellung

ist das zweite Ziel, die korrekte Abbildung der Eigenschaften für einen relativen Vergleich
der Lösungsvarianten untereinander, bspw. für einen Vergleich der Torsionssteifigkeit. Die
beiden Ziele sind bei der FEM-Modellerstellung zu berücksichtigen.

Für die FEM-Modellerstellung ist eine Geometriemodellerstellung mit anschließender Ver-
netzung notwendig. Dadurch ist eine Abbildung unterschiedlicher Netzkriterien für die
Beurteilung des Verhaltens bei statischen und dynamischen Lastfällen sowie Crash möglich.
Außerdem können die Geometriemodelle zur Konstruktion weiter verwendet werden, vgl.
Anforderung AF-1.4, Tabelle 3.1. Eine automatisierte Geometriemodellerstellung aus den
vorhandenen Eingangsdaten wurde im Benchmarking (vgl. Tabelle 5.1) nicht ermittelt.
Daher wird diese im Folgenden entwickelt.

Automatisierte Geometriemodellerstellung

Bei der automatisierten Geometriemodellerstellung werden die Daten aus dem Systemmodell zu Geometriemodellen verarbeitet. Zu diesem Zweck sind die Geometrie- und
Positionsdaten jedes Bauteils zur Abbildung derer Gestalt notwendig. Ebenso ist den Bauteilen das Material und dessen Eigenschaften zuzuordnen und die Verbindungen zwischen

den Bauteilen sind darzustellen. Weitere Randbedingungen, wie Anbindungspunkte des Fahrwerks und Auswertepunkte für eine Kopplung mit der Auswertung sind zu berücksichtigen.

Die Entwicklung einer automatisierten Geometriemodellerstellung ist nur unter Berücksichtigung geeigneter Software und deren Randbedingungen möglich. Im Zuge dessen werden kommerzielle Softwareprogramme einem Benchmarking unterzogen, darunter *MeshWorks Suite*, *PaceLab Suite*, *Fast Concept Modelling* und *SFE Concept*. Von den Funktionen her betrachtet, sind die Softwareprogramme ähnlich. *SFE Concept* sticht wegen der direkten Kopplung mit *Catia V5* hervor, was eine anschließende Weiterverarbeitung im Unternehmen erleichtert. Außerdem sind Lizenzen im Unternehmen verfügbar. Daher werden für den Aufbau der automatisierten Geometriemodellerstellung die Randbedingungen von *SFE Concept* beachtet.

Duddeck und Zimmer, Hillebrand et al., Schelkle und Elsenhans sowie Schumacher et al. nennen in ihren Konzepten *SFE Concept* Bibliotheken, demonstrieren ihre Funktionen aber nicht ausreichend, vgl. Kapitel 2.4.4. Im Prinzip sind diese Bibliotheken für die automatisierte Modellerstellung in diesem Teil geeignet, da in den Bibliotheken grundlegende Bauteilgeometrien abgespeichert sind und diese zu Modellen zusammengesetzt werden können. Im Systemmodell liegen die konkreten Geometrien und Positionen der Bauteile sowie deren Materialien und Verbindungen vor, sodass sie den *SFE Concept* Bibliotheken übergeben werden können und daraus Geometriemodelle erzeugt werden. Anschließend kann die Vernetzung erfolgen. Abbildung 5.17 zeigt die prinzipielle Verwendung von *SFE Concept* Bibliotheken in der vorliegenden Arbeit.

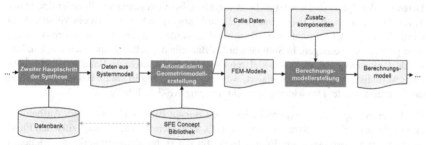

Abbildung 5.17: Automatisierte Modellerstellung mit *SFE Concept* Bibliothek; eigene Darstellung

In der *SFE Concept* Bibliothek können geometrisch modellierte Bauteile bestehender Fahrzeuge gespeichert werden. Mit Hilfe von *SFE Concept* können diese Bauteile parametrisiert werden, das heißt, an definierte Parameter anpassbar gestaltet werden. Dieses Prinzip verwenden Hillebrand et al. [HHD12] für eine definierte Fahrzeugstruktur. Durch Morphing werden die Strukturen mit Hilfe der Parameter von ihrem Ausgangszustand in einen anderen Zustand transformiert. Für den in Abbildung 5.17 skizzierten Anwendungsfall ist der Funktionsumfang des Konzeptes von Hillebrand et al. nicht ausreichend. Das resultiert aus den Daten, die in der Synthese miteinander kombiniert werden, vgl. Kapitel 5.1. Hier werden bezogen auf das CPM bestehende Lösungsmuster mit anderen Lösungsmustern kombiniert, sodass wiederum neue Lösungen entstehen können. Dabei werden Topologie, Geometrie, Position, Material und Fügetechnik so variiert, dass mehrere Produktmodelle zur Abbildung der Varianz notwendig sind. Die automatisierte Geometriemodellerstellung ist unter diesen Randbedingungen zu entwickeln. Der Prozess wird im Folgenden erarbeitet und in Kapitel 6.2 umgesetzt.

Um die Varianz der Lösungsvarianten aus der Synthese in der Geometriemodellerzeugung darstellen zu können, wird analog zu der Synthese ein modularer Ansatz verfolgt. In den vier Teilschritten des zweiten Hauptschritts der Synthese werden Merkmalsausprägungen ausgewählt und daraus Bauteile generiert, diese dann zu Baugruppen und wiederum zu Karosserien kombiniert. Analog kann auch das Produktmodell der automatisierten Geometriemodellerstellung zusammengesetzt werden, indem die Bauteile anhand der Randbedingungen ausgewählt, dann zu Fügegruppen und wiederum zu Karosserien zusammengesetzt werden, siehe Schritt 1 in Abbildung 5.18.

Am Beispiel zweier B-Säulen und zweier Schweller kann das Prinzip des modularen Aufbaus der *SFE Concept* Bibliothek verdeutlicht werden. B-Säulen Variante *BS*1 besteht aus zwei Blechen, während B-Säulen Variante *BS*2 aus drei Blechen besteht. Schweller Variante *SL*1 besteht aus zwei Blechen und ist mit beiden B-Säulen kompatibel. Dagegen ist Schweller Variante *SL*2 ein Strangpressprofil und von den geometrischen Randbedingungen nur mit der B-Säulen Variante *BS*1 kombinierbar. Daraus resultieren drei mögliche Varianten, sofern die Randbedingungen aus der Synthese erfüllt werden. Bei dem Prinzip des modularen Aufbaus werden die Kombinaten erst zu einem Produktmodell zusammengesetzt, wenn die Daten aus der Synthese das entsprechend vorgeben. Bei dem genannten Beispiel sind in der *SFE Concept* Bibliothek insgesamt vier Bauteile abgespeichert. Das ist ein Vorteil. Denn würde kein modulares Produktmodell verwendet, würden die drei Varianten bereits kombiniert gespeichert vorliegen. In Summe würden Bauteile doppelt abgespeichert werden, hier würde die Datenmenge, die des modularen Produktmodells mit sechs Bauteilen übersteigen. Eine Aktualisierung wäre kompliziert, wenn eine Änderung in vielen Bauteil wiederholt durchgeführt würde. Das widerspricht Anforderung AF-3.3, Tabelle 3.2.

Die Unterteilung in Fügegruppen in der *SFE Concept* Bibliothek ist an dem Aufbau des ersten Hauptschritts der Synthese orientiert. Es wird zwischen antriebsspezifischen Fügegruppen für Vorderwagen und Boden, bspw. für ein verbrennungsmotorisch betriebenes oder elektrisch betriebenes Fahrzeug, sowie zwischen aufbauspezifischen Fügegruppen für Hinterwagen und Dach unterschieden, bspw. Stufenheck oder Steilheck.

Das modular aufgebaute Produktmodell ist an die Position der Bauteile, deren Geometrie, Material und Fügetechnik anzupassen. Hierfür können wie zuvor die Daten aus dem Systemmodell verwendet werden, siehe Abbildung 5.18. Ein Strak aus dem Design wird nicht verwendet, stattdessen fließen die Daten aus dem Systemmodell in die zuvor definierten Konturen des modularen Produktmodells. Ein Anpassung der Geometriemodelle an den Strak ist möglich.

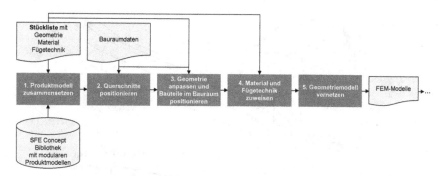

Abbildung 5.18: Prozessablauf der automatisierten Modellerstellung, vgl. Abbildung 5.17; eigene Darstellung

Dabei wird das System von *SFE Concept*, Bauteile mittels Querschnitten zu definieren, genutzt. Die Querschnitte des Produktmodells können anhand der Koordinaten $XBTQSj$, $YBTQSj$, $ZBTQSj$ positioniert werden (Schritt 2). Diese Koordinaten resultieren aus der Berechnung des Maßkonzeptes und Ableitung der Bauräume und definieren den Führungspunkt eines Querschnitts. Die Bauteile des Produktmodells werden dann an die geometrischen Daten aus der Stückliste einer Lösungsvariante angepasst. Mit Hilfe der Bauraumdaten und der Blechstärke aus der Stückliste werden die Bauteile im Bauraum positioniert (Schritt 3). Denn sie werden als Mittelflächenmodell dargestellt, welches die Blechstärke erst in der Simulation berücksichtigt, weshalb Abstände zur Bauraumgrenze und zueinander berücksichtigt werden müssen. Nach dem dritten Schritt sind aus den Stücklisten die Materialien den PIDs und Fügetechnik den Fügestellen zuzuordnen (Schritt 4). Letztendlich können die FEM-Modelle abgeleitet werden (Schritt 5). Abbildung 5.19 stellt die Schritte 2 bis 4 detailliert dar.

Zur Zuordnung der Daten zu den Führungspunkten, den Bauräumen und der Geometrie der Bauteile werden drei Koordinatensysteme verwendet:

• **x, y, z** für die Positionierung der Querschnitte im Raum

• **u, v ,w** für die Abmessungen des Bauraums

• **a, b, c** für die Abbildung der Strukturen

Die Anpassung des Produktmodells funktioniert nur, wenn bestimmte Randbedingungen eingehalten werden, die wiederum die Umsetzung der Synthese beeinflussen. Hierzu zählt die Art der Abspeicherung der Daten in der Datenbank und der Daten im Produktmodell. Die Punkte selbst und deren Zusammenhang müssen zum Beispiel zwischen den Querschnitten eindeutig definiert werden. Dies erfolgt über Kern- (K-) und Hilfspunkte (P-). Die Kernpunkte geben den Verlauf einen Querschnittes vor und sind zwingend erforderlich. Alle weiteren Punkte eines Querschnitts sind Hilfspunkte. Ein Querschnitt kann somit definiert und die Daten in die Produktmodelle übertragen werden, so lange nicht mehr als

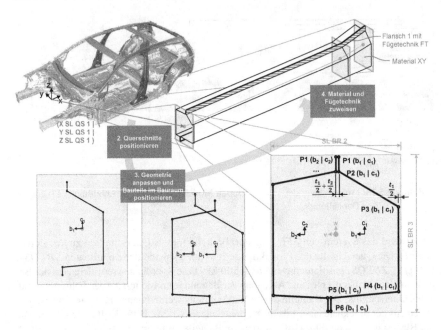

Abbildung 5.19: Prozessablauf der automatisierten Modellerstellung mit Fokus auf der Positionierung von Querschnitten (2.) und der Anpassung der Geometrie sowie Positionierung der Bauteile im Bauraum (3.) und der Zuweisung von Material und Fügetechnik (4.); eigene Darstellung

6 Kernpunkte vorliegen. Mehr Kernpunkte können nicht verarbeitet werden. Die ersten beiden und letzten beiden Kernpunkte definieren jeweils einen Flansch des Bauteils für eine Topologie, sodass die Fügetechnik direkt zugeordnet wird. Alle Punkte zwischen K2 und Kn-1 können beliebig verlaufen. Mit der Definition der K-Punkte variiert auch die Topologie. Abbildung E.11 veranschaulicht den Zusammenhang von K- und P-Punkten sowie der Topologie.

Die Schritte 2 bis 4 werden für alle Bauteile durchlaufen, sodass für jede Lösungsvariante ein Geometriemodell entsteht. Im fünften Schritt werden die Mittelflächenmodelle über einen Vernetzungsalgorythmus nach definierten Bedingungen vernetzt. Das Ergebnis sind FEM-Modelle, die für die weitere Analyse der Verhaltens verwendet werden. Sie verfügen über Nummerierungskonventionen, sodass die Berechnungsmodellerstellung mit der Einbindung weiterer FEM-Komponenten durchgeführt werden kann.

Berechnungsmodellerstellung

Unterschieden werden die FEM-Netze für statische und dynamische Lastfälle sowie für Crash hauptsächlich an der Kantenlänge der finiten Elemente. Die FEM-Netze werden für die entsprechende Verhaltensanalyse um weitere Komponenten und Randbedingungen ergänzt.

Für die Beurteilung des Schwingungs- und des Steifigkeitsverhaltens bei statischen und dynamischen Lastfällen ist die Ergänzung um Fahrwerkshilfsrahmen und Fahrwerkskomponenten oder analoger FE-Komponenten ausreichend, um die Lasten physikalisch korrekt an das Karosseriemodell weiter zu geben. Bei Modalanalysen können die Lasten auch an äquivalente Anbindungspunkten beaufschlagt werden.

Bei der Beurteilung des Crash-Verhaltens sind detaillierte Antriebs-, Fahrwerks- und Interieurkomponenten zu verwenden, um die kinematischen Ketten und folglich das Deformations-Verhalten korrekt abbilden zu können. Hier sind bei den Crash-Analysen elastisch-plastische Materialmodelle im Vergleich zu linear-elastischen Materialmodellen zu verwenden, vgl. Kapitel 4.4.1.

Eine Ergänzung der FEM-Modelle zu Berechnungsmodellen um die Komponenten, die für die Analyse notwendig sind, ist durch eine Schnittstelle zum Systemmodell möglich, die ausgibt, welche Komponenten bei der Maßkonzept- und Bauraumberechnung aus dem ersten Hauptschritt der Synthese verwendet werden.

Damit die Verknüpfung der FEM-Modelle mit den -Zusatzkomponenten und Lastfällen funktioniert, sind Parameter zu definieren, die die Randbedingungen der Zusatzkomponenten bereits in der Geometriemodellerstellung berücksichtigen. Dazu werden aus einer Datenbank die Anbindungspunkte, bspw. von Fahrwerk und Sitz, ausgelesen und der Geometriemodellerstellung übermittelt. Die Parameter werden dort berücksichtigt, sodass die Einbindung der Komponenten in der Berechnungsmodellerstellung direkt erfolgt.

Ein weiteres Kriterium, das bei der Berechnungsmodellerstellung berücksichtigt werden muss, ist die Auswertung. In Abhängigkeit von den Analysen variiert die Auswertung. Für Steifigkeiten werden Verschiebungen an definierten Punkten ausgelesen, während bei dem Crash-Verhalten die maximale Verformung bzw. Intrusion in definierten Bereichen und die Beschleunigungswerte ausgelesen werden. Dafür sind Auswertepunkte und -bereiche in die Berechnungsmodellerstellung zu implementieren, indem sie von der Analyse abhängig eingeladen werden. Das ermöglicht die Kopplung zu einer automatisierten Auswertung. Abbildung 5.20 stellt den Prozess mit dem Fokus der Berechnungsmodellerstellung dar.

Auswertung

Die Berechnung wird auf einem Großrechner oder auf einem lokalen Rechner durchgeführt. Die Ergebnisse können an standardisierte Auswerteverfahren weitergegeben werden, die automatisierte Auswertung durchführen. Die Ergebnisse der Auswertung fließen dann in

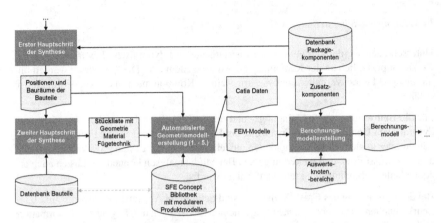

Abbildung 5.20: Berechnungsmodellerstellung mit den Eingangsdaten aus den vorherigen Prozessen und Datenbanken; eigene Darstellung

die Bewertung mit ein. Trotz verschiedener Tools, die für einen Plausibilitätscheck der Ergebnisse verwendet werden, sollte der Anwender die Berechnungsergebnisse im Detail prüfen. Die visualisierten Ergebnisse unterstützen.

Bei der Schwingungsanalyse kombiniert Koch [Koc16] den modalanalytischen Ansatz zur Bestimmung der globalen Bewegungsform nach Periard und Kosfelder [KP02b, KP02a] mit einer Frequenzganganalyse, um die globalen Biege- und Torsionsfrequenzen zu bestimmen. Diese Schwingungsanalyse hat den Vorteil, dass keine weiteren FEM-Komponenten benötigt werden. Die von Periard und Kosfelder definierten Messpunkte und ein zusätzliches Eingangssignal reichen aus. Als Ergebnis werden Beschleunigung der Rohkarosserie in Abhängigkeit von der Frequenz kummuliert. Die Maximalwerte geben die Biege- und Torsionsfrequenz f_B und f_T in Herz an. Anlog können die Eigenfrequenzen auch über die klassischen Verfahren der Modalanalyse ermittelt werden, jedoch sind hier die jeweiligen Eigenfrequenzen manuell zu zuordnen.

Im Rahmen der Steifigkeitsanalysen werden statische und dynamische Lastfälle analysiert. Die Steifigkeit selbst wird aus einem Quotienten zwischen Verformung und Belastung gebildet. Im statischen Lastfall werden die vorderen Federbeindome über eine Wippe mit einem Moment belastet, während die hinteren Dämpferanbindungspunkte fest gelagert werden. Aus der Belastung und der Verformung wird die statische Torsionssteifigkeit c_{sT} in Nm/° ausgerechnet. Die Torsionslinie wird ausgewertet. Sie definiert den Verdrehwinkel über der Fahrzeuglänge. Diagonalmaßänderungen werden ebenfalls betrachtet, da hier Zielwerte einzuhalten sind.

Neben der statischen Torsionslast wird die Auswirkung der statischen Biegelast untersucht. Das Karosseriemodell wird mit vier Insassen und der maximalen Zuladung belastet. Dann wird die Verformung ausgewertet, sodass analog zur Torsionslinie die Biegelinie die

Verformung bezogen auf die Fahrzeuglänge zeigt. An bestimmten Punkten sind Grenzwerte einzuhalten.

Zur Steifigkeitsanalyse gehört auch die dynamische Torsionssteifigkeit. Die Dämpferaufnahmepunkte vorne und hinten werden in entgegengesetzter Richtung mit einer dynamisch verlaufenden Kraft beaufschlagt. Gemessen wird wie bei den statischen Analysen die Verschiebung, hier an den Dämpferaufnahmepunkten. In Abhängigkeit des resultierenden Momentes und der Frequenz wird die dynamische Torsionssteifigkeit c_{dT} ausgegeben.

Für die Beurteilung des Crash-Verhaltens sind in Abhängigkeit vom Lastfall Intrusionswerte an unterschiedlichen Stellen auszuwerten. Für einen Frontcrash mit 40% Überdeckung sind vor allem die Intrusionswerte an der Stirnwand auf die Erreichung der Zielwerte zu prüfen. Außerdem sind die Beschleunigungswerte der Insassen unterhalb von definierten Grenzwerten zu halten. Das Deformationsverhalten der Längsträger ist hierfür entscheidend. Für einen Heckcrash sind vor allem die Intrusionen im Bereich der Rückbank und die Beschleunigungswerte der hinteren Insassen auszuwerten. Bei einem Seitencrash sind wiederum die Intrusionen im vorderen Bereich bedeutend sowie das Deformationsverhalten der B-Säule. Bei den zahlreichen länderspezifischen Crashtests ist eine Einbindung in die dritte Bewertungsstufe mit einem hohen Aufwand verbunden, die entsprechenden Eigenschaften aufzubereiten und korrekt einfließen zu lassen. Experteninterviews mit den Fachabteilungen ist zu entnehmen, dass das Verhalten eines Bauteils nicht zweifelsfrei mit einer Kennzahl beurteilt werden sollte. Deshalb wird auf die Einbindung des Crash-Verhaltens in die dritte Stufe verzichtet. Jedoch wird ausdrücklich darauf verwiesen, dass die Beurteilung des Crash-Verhaltens bereits in der frühen Phase wichtig ist.

Bewertung dritte Stufe

Die Eigenschaften Biege- und Torsionsfrequenz f_B und f_T, statische und dynamische Torsionssteifigkeit c_{sT} und c_{dT} fließen in die dritte Stufe der Nutzwertanalyse mit ein. Alle Lösungsvarianten, die die eingegebenen Grenzwerte der Eigenschaften nicht erreichen, werden aussortiert. Wie in Stufe eins und zwei werden in Abhängigkeit der Punkteskala die Punkte zugewiesen. In die Berechnung des Wertes, des gewichteten Wertes und des Nutzwertes werden auch die Ergebnisse der ersten beiden Stufen hinzugezogen, um die Rangliste mit allen Eigenschaften für die Endauswahl aufzustellen. Die Eigenschaften, die nicht direkt in die Nutzwertanalyse einfließen, werden grafisch aufbereitet. Hierzu zählen die Torsions- und Biegelinien und die Diagonalmaßänderungen. Analog könnte der Anwender mit den Ergebnissen aus einer zusätzlichen Beurteilung des Verhaltens bei Crashlastfällen umgehen und diese mit in die Endauswahl einfließen lassen. Die zusätzliche Informationen der statischen und dynamischen Lastfälle werden in Abbildung 5.21 dargestellt.

Nach den Endauswahl kann der Anwender alle Daten der ausgewählten Lösungsvariante weiterverwenden. Dazu zählen Stücklisten, Geometriemodelle und Eigenschaften, wie in den Anforderungen AF-1.4, Tabelle 3.1, und AF-2.4, Tabelle 3.2, dokumentiert wird.

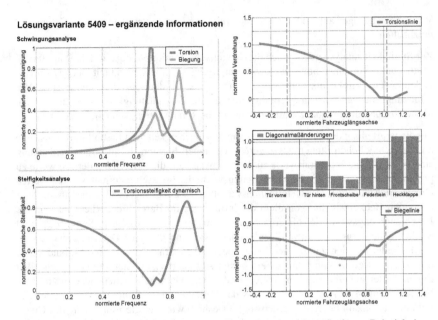

Abbildung 5.21: Ergänzende Informationen zur Bewertung der dritten Stufe am Beispiel einer Lösungsvariante; eigene Darstellung in Anlehnung an [Koc16]

5.3 Zusammenfassung des detaillierten Prozesses

Zusammengefasst besteht der detaillierte Prozess aus zwei Hauptschritten der Synthese und drei Stufen der Analyse und Evaluation. Basierend auf geforderten Eigenschaften werden Lösungsvarianten von Karosserien erzeugt, analysiert und bewertet.

Der erste Hauptschritt der Synthese ist in zwei Teilschritte gegliedert. Im ersten Teilschritt werden die Eingangsdaten definiert, um die Topologie zu bestimmen. Als Eingangsdaten werden Angaben zum Package des Fahrzeugs und geforderte Eigenschaften benötigt. Mit Hilfe der Angaben zu dem Package werden Bauräume abgeleitet und im weiteren Prozess sichergestellt, dass die FEM-Zusatzkomponenten in der dritten Stufe von Analyse und Evaluation eingebunden werden können. Die geforderten Eigenschaften fließen ebenfalls in die Ableitung der Bauräume ein, wie auch in die Auswahl und Kombination der Merkmalsausprägungen. Sie sind für die Festlegung der Kriterien für die drei Stufen der Analyse und Evaluation ausschlaggebend. Werden sie vom Anwender nicht ausgewählt, dann wird die zugehörige Analyse nicht durchgeführt und die Ergebnisse fließen nicht in die Bewertung mit ein. Im zweiten Teilschritt wird ein Gleichungssystem aufgestellt, um ein Maßkonzept zu errechnen und damit die Bauräume der Karosserie abzuleiten.

Die Positionen und Bauräume der Bauteile werden zusammen mit den geforderten Eigenschaften im zweiten Hauptschritt der Synthese verarbeitet. In den beiden ersten der vier Teilschritte werden Merkmalsausprägungen ausgewählt und daraus Bauteilvarianten kombiniert. Dabei werden bekannte Lösungsmuster adaptiert, sodass neue Lösungsmuster entstehen. Diese werden in den Teilschritten drei und vier zu Karosserievarianten kombiniert. Herstellbarkeit und Fügbarkeit wird in den Teilschritten überprüft, sodass herstellbare Lösungsvarianten entstehen. Das Ergebnis sind Stücklisten, die das Systemmodell den weiteren Prozessschritten zur Verfügung stellt.

Die Stücklisten werden in den drei Stufen der Analyse und Evaluation verwendet, um die Eigenschaften zu analysieren und diese dann mit den geforderten Eigenschaften zu evaluieren. Nach jeder Stufe führt der Anwender eine Auswahl von Lösungsvarianten durch, die im weiteren Prozess betrachtet werden, um den Aufwand zu reduzieren. In der ersten Stufe werden die Eigenschaften Gewicht, Lage des Schwerpunktes, Materialkosten und Anteil der Standardfügeverfahren mit verschiedenen Produktmodellen analysiert und in der Nutzwertanalyse evaluiert. Die zweite Stufe verwendet aufwendige Produktmodelle für die Analyse der Fügezeit und der Wirkungskategorien bei einer LCA-Sachbilanz, bezogen auf die Herstellungsphase. In der dritten Stufe wird das Verhalten bei statischen und dynamischen Lasten für Steifigkeiten und Längenänderungen sowie Schwingungsanalysen beurteilt. Die Beurteilung des Verhaltens bei Crash wird nicht in dem Prozess implementiert, da die Crashtests grundsätzlich nicht nur mit Kennzahlen bewertet werden können, weshalb eine Automatisierung des Bewertungsprozesses nicht in Frage kommt. Eine Schnittstelle wird jedoch zur Verfügung gestellt. Mit Hilfe einer Endauswahl kann der Anwender die Daten weiterverwenden. Für jede ausgewählte Lösungsvariante werden Stücklisten, Geometriemodelle und die Eigenschaften ausgegeben.

Der Anwender kann zwischen den Prozessschritten selbst iterieren. Eingangsdaten können angepasst werden, wenn die Synthese bspw. keine Lösungsvarianten ausgibt, weil die geforderten Eigenschaften konträr definiert oder Bauräume zu klein sind. Dann sind die Hauptschritte der Synthese erneut zu durchlaufen. Auch bei den Stufen der Analyse und Evaluation kann der Anwender eine Auswahl erneut treffen, muss die anschließenden Stufen jedoch erneut durchführen. Auch die vom Anwender vergebene Gewichtung der Kriterien hat einen Einfluss auf die Evaluation und kann angepasst werden.

6 Entwicklung der Methodik: Umsetzen des Prozesses in Anwendungen

In diesem Kapitel wird der letzte Schritt der Entwicklungsphase der Methodik thematisiert. Der Prozess der Methodik wird im vorherigen Kapitel detailliert. Die exemplarische Umsetzung des Prozesses in Anwendungen wird in diesem Kapitel beschrieben. Dazu wird das erhobene Wissen aus Kapitel 4 verwendet. Zunächst werden die Anwendungen im Integrationsdesign und -spezifikation beschrieben (vgl. Kapitel 4.1) und anschließend realisiert. Abbildung 6.1 zeigt die Gliederung des Kapitels und ordnet es in den Zusammenhang ein. Die Umsetzung stellt beispielhaft eine auf die Anforderungen abgestimmte Umsetzung der Methodik dar. Die Auswahl von Software und Lizenzen ist an der IT-Infrastruktur des Unternehmens orientiert, um Anforderung AF-2.7, Tabelle 3.2, zu erfüllen.

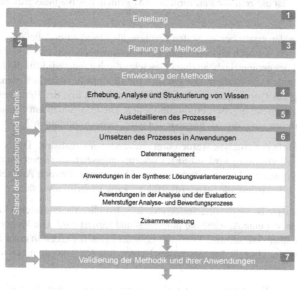

Abbildung 6.1: Gliederung des sechsten Kapitels; eigene Darstellung

Die einzelnen Teilschritte und Stufen mit deren Anwendungen und Produktmodellen sind aus Sicht der Prozesssteuerung beschrieben. Für die Umsetzung im Rahmen der Desktopintegration und Systemintegration ist zunächst das Datenmanagement zwischen den Anwendungen unter Berücksichtigung des Prozesses näher zu definieren und die grundlegende EAI-Architektur festzulegen.

Da die Umsetzung unter Berücksichtigung des MBSE stattfindet, vgl. Anforderung AF-2.1, Tabelle 3.2, wird der Syntheseschritt in einem Systemmodell realisiert. Dieses beliefert

© Springer Fachmedien Wiesbaden GmbH, ein Teil von Springer Nature 2018
J. Hasenpusch, *Methodik zur Beurteilung eigenschaftsoptimierter Karosseriekonzepte in Mischbauweise*, AutoUni – Schriftenreihe 123,
https://doi.org/10.1007/978-3-658-22227-7_6

alle weiteren Anwendungen im Anschluss mit Daten. Das Grundgerüst des Systemmodells wird im ersten Hauptschritt aufgestellt. Unter Berücksichtigung des detaillierten Prozesses kann dafür eine existierende Anwendung von Hahn [Hah17] erweitert werden. Darum wird Hahns Anwendung um die Topologiebestimmung mit Packagedaten und die Bauraumableitung erweitert. Für den zweiten Hauptschritt der Synthese ist eine relationale SQL-Datenbankanwendung geeignet, um die Datenmenge zu verarbeiten, vgl. Kapitel 5.1.2. Zusammen bilden zwei Anwendungen das Systemmodell, siehe Abbildung 6.2.

Die Produktmodelle für die Analysen werden im MBSE im Allgemeinen direkt mit dem Systemmodell verknüpft. Da in diesem Prozess mehrere Lösungsvarianten erzeugt werden, ist eine direkte Kopplung nicht möglich. Für jede Lösungsvariante sind die Ergebnisse für die Nutzwertanalyse zu sammeln. Dafür ist eine zentrale Plattform geeignet, vgl. Anforderung AF-2.3, Tabelle 3.2. Um auch Schnittstellen zu anderen Fachbereichen zuzulassen (Anforderung AF-2.5), ist die zentrale Plattform am EAI-Prinzip des Business Bus zu orientieren, siehe Kapitel 4.1.

Die Analysen in den ersten beiden Stufen verfügen über Produktmodelle, die zum Teil voneinander abhängen, dennoch können daraus einzelne Anwendungen entwickelt werden. Das Produktmodell der geometrieabhängigen Gewichtsabschätzung wird für die Lageabschätzung des Schwerpunktes erweitert. Das gilt auch für die einfache Materialkostenabschätzung. Die Ermittlung des Quotienten von Standardfügeverfahren und der Berechnung der Fertigungszeit basieren auf eigenen Produktmodellen. Die LCA-Sachbilanz basiert auf einer bestehenden Anwendung, die mit angebunden wird, siehe Abbildung 6.2.

Für die dritte Stufe der Analyse werden drei Anwendungen realisiert. Die automatisierte Geometriemodellerstellung wird mit SFE Concept umgesetzt. Die Berechnungsmodellerstellung benötigt weitere Daten außerhalb von SFE Concept. Bei den Auswerteverfahren kann zum Teil auf existierende Standardverfahren zurückgegriffen werden.

Die Nutzwertanalyse ist für die drei Stufen identisch, lediglich die bewerteten Eigenschaften variieren, sodass hier eine Anwendung umgesetzt und variiert wird. Die Weiterverwendung der Daten wird über eine zentrale Plattform gesteuert. Daten werden in einer zusätzlichen Datenbank verwaltet. Für die Interaktion des Nutzers mit den Anwendungen wird eine GUI realisiert.

Die Architektur der Prozessumsetzung mit mehreren Anwendungen, die nach dem Prinzip des Business Bus angesteuert werden, haben den Vorteil, dass die Anwendungen eigenständig und austauschbar sind. Eine Aktualisierung oder Änderungen des Prozesses ist so möglich, sofern die Normen eingehalten werden. Außerdem können die Produktmodelle und Datenbanken von den Fachbereichen ohne weiteren Aufwand aktualisiert werden, vor allem dann, wenn es bereits bestehende Systeme sind. Damit werden die Anforderungen AF-2.1 bis AF-2.3, 2.5 bis 2.7 und 3.3 weitestgehend erfüllt, Tabelle 3.2. Zusammenfassend betrachtet, entspricht die Prozessumsetzung einer Task- und Workflowsteuerung, siehe Abbildung 6.2.

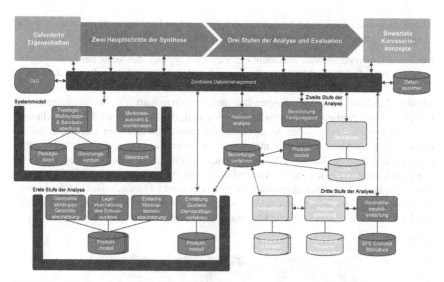

Abbildung 6.2: Prozessumsetzung mit einer Task- und Workflowsteuerung, orientiert am Prinzip des Business Bus mit eigens umgesetzten und erweiterten Anwendungen; eigene Darstellung

6.1 Anwendungen in der Synthese

Dieses Kapitel beschreibt die Umsetzungen der Hauptschritte der Synthese in ihre Anwendungen und somit das Systemmodell. Ausgehend von Eingangsdaten werden im ersten Hauptschritt Topologie, Positionen und Bauräume der Bauteile abgeleitet. Diese Daten fließen in den zweiten Hauptschritt. Dort werden Merkmale ausgewählt und zu Bauteilen und diese wiederum zu Karosseriekonzepten kombiniert. Die zwei Anwendungen bilden das Systemmodell, welches alle nachfolgenden Anwendungen mit ihren Produktmodellen indirekt über das zentrale Datenmanagement mit Daten versorgt.

6.1.1 Erster Hauptschritt: Topologieauswahl

Für den ersten Hauptschritt der Synthese wird die Anwendung von Hahn [Hah17] um die in Kapitel 5.1.1 beschriebenen Funktionen erweitert. Hierzu wird das Grundgerüst an Beziehungen, die Hahn verwendet, angepasst. Das in Microsoft Excel umgesetzte Gleichungssystem wird dafür ergänzt, [Mey15].

Das Gleichungssystem wird an antriebs- und aufbauspezifische Bauweisen angepasst, indem Gleichungen in Abhängigkeit der Packagedaten aktiviert oder deaktiviert werden. Die

Aktivierung einer Gleichung basiert auf den eingegeben Packagekomponenten. Vor der Eingabe der Maße werden deshalb Packagekomponenten bei dem Anwender abgefragt.

Das Gleichungssystem wird außerdem um Variablen ergänzt, die Maße der Packagekomponenten berücksichtigen. Die Abmessungen des Motors oder Fahrwerks und deren Anbindungspunkte fließen beispielsweise in die Berechnung des Maßkonzeptes mit ein, vgl. Abbildung 5.6 auf Seite 113. Ausgewählt werden Fahrzeugart inkl. Aufbauausprägung, Fahrzeugklasse, Antriebskonzept und Fahrwerksdaten. Im Anschluss wird das Gleichungssystem aufgestellt und mit den Angaben des Anwenders zu den Fahrzeugmaßen gelöst. Dazu wird der in Microsoft Excel implementierte Solver verwendet. Abbildung 6.3 zeigt den schematischen Aufbau des Gleichungssystems mit den Soll- und Ist-Werten, den Gleichungsinformationen, den Parametern mit deren Grenzwerten sowie der Matrix mit der Verknüpfung der Parameter in den Gleichungen. Darunter ist einen Ausschnitt der Umsetzung abgebildet. Der Solver löst das Gleichungssystem, bis keine Differenz zwischen Soll- und Ist-Wert vorliegt. Die Sollwerte kommen aus den Eingaben des Anwenders. [Mey15]

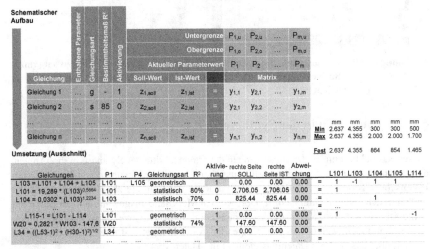

Abbildung 6.3: Schematischer Aufbau und Ausschnitt der Umsetzung des Gleichungssystems zur Bestimmung des Maßkonzeptes; eigene Darstellung in Anlehnung an [Mey15]

Das daraus resultierende Maßkonzept stellt die Eingangsdaten für die Ableitung der Bauräume zur Verfügung. Die Daten werden in das System aus Gleichungen eingesetzt, um die Bauräume abzuleiten. Prinzipiell ist der Aufbau dieses Systems in Abhängigkeit der Packagekomponenten und die Verwendung von Variablen an dem oben erweiterten Gleichungssystem orientiert. Dabei werden auch geometrische und statistische Gleichungen verwendet. [Mey15]

Mit den Maßen werden die Bauräume der Bauteile $BTBR1$, $BTBR2$ und $BTBR3$ und deren Positionen $XBTQS_j$, $YBTQS_j$ und $XBTQS_j$ für die Querschnitte j abgeleitet. Abbildung

5.6 auf Seite 113 zeigt das am Beispiel des Schwellers für einen Querschnitt. Auch die Abstände der Querschnitte können demnach berechnet werden. Ausschnitte der Umsetzung zeigen Abbildung 6.4 mit der Bauraumableitung und Abbildung 6.5 mit der Bestimmung der Position der Querschnitte.

Bau-gruppen	Anzahl QS	Querschnitt 1						Querschnitt 2					
		Achsen		1. Achse		2. Achse		Achsen		1. Achse		2. Achse	
		1. Achse	2. Achse	Berechnung	Wert	Berechnung	Wert	1. Achse	2. Achse	Berechnung	Wert	Berechnung	Wert
BS	2	2	1	W103/2 - W3/2 - Offset(Bsaussen)	111	L101 - L114 - L115-2 - L53-2 - Offset(BoF-AHP) - 2*Offset(R2)	173	2	1	W103/2 - W3/2 - Offset(BSinnen) - Offset(Bsaussen)	91	[L101 - L114 - L115-2 - L53-2 - Offset(BoF-AHP) - 2*Offset(R2)] * cos(8°)	171
AS	5	2	3	W103/2 - W20 - Sitzbreite/2 - Offset(SLaussen) - Offset(Slinnen)	140	H130 - H156	180	2	1	W103/2 - W3/2 - Offset(SLaussen) - Offset(Slinnen)	91	L113 + LAB - H108/2 - Offset (Radx) - Offset(Einstieg)	181

Abbildung 6.4: Ausschnitt der Umsetzung der Bauraumableitung; aus [Mey15]

Bau-gruppen	Anzahl QS	Abstand QS1 zu QS2		Abstand QS2 zu QS3		Abstand QS3 zu QS4		Querschnitt 1					
								x - Koordinate		y - Koordinate		z - Koordinate	
		Berechnung	Wert	Berechnung	Wert	Berechnung	Wert	Berechnung	Wert	Berechnung	Wert	Berechnung	Wert
BS	2	QS2 - QS1	683		0		0	L114	1.437	(-1)*W103/2 + BBS_A1v/2 + Offset(BSaussen)	-764	-H108/2 + H130 + Offset(R) + Offset(SFE) + Offset(UB)	225
AS	5	QS2 - QS1	336	QS3 - QS2	64	QS4 - QS3	100	H108/2 + Offset(Radx) + BAS_H2u + Offset(R) + Offset(SFE)	784	(-W103)/2 + Offset(Slaussen) + BAS_A1v/2	-755	-H108/2 + H156 + BAS_A1w/2 + Offset(BB) + Offset(UB)	15

Abbildung 6.5: Ausschnitt der Umsetzung der Bestimmung der Positionen der Querschnitte; aus [Mey15]

Sobald eine Gleichung negative Werte für einen Parameter liefert, wird beim Lösen des Systems die Lösung verworfen und dem Anwender die Rückmeldung auf die betreffende Gleichung ausgegeben. Außerdem bereitet die Anwendung die Ergebnisse grafisch auf, sodass der Anwender das Maßkonzept und das grobe Package kontrollieren kann. Wird das Ergebnis von ihm bestätigt, werden die Ergebnisse für das zentrale Datenmanagement aufbereitet. Folgende Ergebnisse werden aufbereitet:

- Liste von Bauteilen
- Position der Querschnitte der Bauteile und deren Abstände zueinander
- Bauräume der Bauteile an jedem Querschnitt
- Liste ausgewählter Packagekomponenten mit deren Anbindungspunkten
- Maßkonzept und dessen Visualisierung
- Eingaben des Anwenders

Zusammenfassend gesagt, erzeugt die Anwendung den ersten Teil des Parameterbaumes des Systemmodells, in dem die Bauteile, deren Position und Bauräume festgelegt werden, vgl. Abbildung 2.4 auf Seite 13. Dieser Teil des Parameterbaumes ist für alle Lösungsvarianten identisch. Der zweiten Teil des Parameterbaumes wird im zweiten Hauptschritt für alle herstellbaren Lösungen erzeugt und das Ergebnis in Stücklisten dokumentiert.

6.1.2 Zweiter Hauptschritt: Konzeptgenerierung

Im zweiten Hauptschritt werden die Lösungsvarianten mit Hilfe von morphologischen Kästen generiert, siehe Kapitel 5.1.2. Zur Umsetzung der vier Teilschritte des zweiten Hauptschrittes werden eine Datenbank und dazu Abfrageprozeduren entwickelt. Die Datenbankentwicklung wird bis zum konzeptionellen Entwurf in Kapitel 5.1.2 beschrieben. Dieses Kapitel knüpft daran mit der Ausarbeitung des logischen Entwurfes an, vgl. Kapitel 4.1. Dieser wird mit dem erhobenen, analysierten und strukturierten Daten in einen physischen Entwurf überführt, der hier beschrieben ist. Das ist die Basis für die Entwicklung der Abfrageprozeduren. Die ersten beiden Teilschritte werden in einer Abfrageprozedur umgesetzt. Die Teilschritte 3 und 4 werden in einer zweiten Prozedur realisiert.

In dem ersten Schritt werden eine geeignete Datenbanksprache und das DBMS ausgewählt. Da in der Wissenserhebung, -analyse und -strukturierung und im konzeptionellen Entwurf Zusammenhänge zwischen Attributen und Tupeln hergestellt werden, siehe Kapitel 4.1.4 und 5.1.2, kann die Auswahl auf Datenbanksprachen für relationale Datenbanken beschränkt werden. Wenig verbreitete Datenbanksprachen werden ebenfalls nicht betrachtet. UML ist eine Modellierungssprache und benötigt ein DBMS, das die Befehle übersetzt. Dagegen können Befehle von SQL von den entsprechenden DBMS direkt umgesetzt werden. Zudem ist die Verbreitung von SQL hoch, sodass passende DBMS verfügbar sind. Nach Anforderungen AF-2.7, Tabelle 3.2, ist das eine wichtige Voraussetzung, um die Methodik im Unternehmen zu implementieren. Die Datenbank selbst wird serverbasiert angelegt, um paralleles Arbeiten zu ermöglichen. Dafür ist der Microsoft SQL Server geeignet. Für den Zugriff darauf und die Entwicklung der Prozeduren ist das Microsoft SQL Server Management Studio geeignet. Dieses DBMS hat eine eigene Nutzerverwaltung, welches Anforderung AF-5.1 erfüllt. Sicherheit und Wissensschutz ist bei dieser Datenbankanwendung von hoher Bedeutung, weil wettbewerbsrelevante Daten bzw. Wissen auf den Servern liegt, vgl. Kapitel 4.3. [Lus15]

Mit SQL wird der konzeptionelle Entwurf in einen logischen Entwurf transformiert. Hierbei wird die Beziehung zwischen den Tabellen genau definiert, um eine Redundanz zu minimieren. Die Beziehungen werden über Primär-Fremdschlüsselbeziehungen dargestellt. Das sind Einträge in den jeweiligen Tabellen, mit deren Hilfe die Daten miteinander verknüpft werden. Eine Abfrageprozedur verwendet diese Beziehungen, um Daten auszuwählen. Deshalb werden bei der Transformation Regeln befolgt, die zur Minimierung der Redundanz beitragen, siehe [Kud15]. Anschließend werden die Daten normalisiert, um die Struktur auf die Operatoren anzupassen und das Editieren zu ermöglichen. Das Ergebnis ist in Abbildung 6.6 dargestellt.

Die Tabellen aus Abbildung 6.6 werden mit Hilfe des DBMS Microsoft SQL Server Management Studio auf dem SQL Server angelegt. Daraufhin werden die Tabellen mit dem strukturierten Wissen aus Kapitel 4.3 befüllt, sodass die Datenbank einsetzbar ist. Im folgenden wird die Entwicklung der beiden Abfrageprozeduren beschrieben.

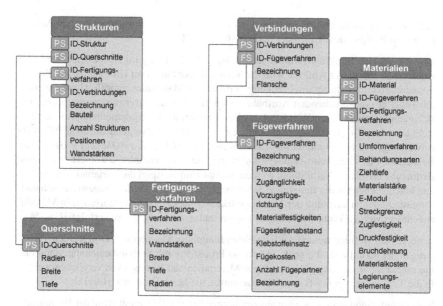

Abbildung 6.6: Logischer Entwurf der Datenbank für den zweiten Hauptschritt der Synthese mit Primär- (PS) und Fremdschlüsseln (FS); eigene Darstellung in Anlehnung an [Lus15]

Erste Abfrageprozedur: Teilschritte 1 und 2

Innerhalb der Datenbank wählt die erste Abfrageprozedur geeignete Strukturen in Abhängigkeit der Fertigungsverfahren aus und passt sie an die jeweiligen Bauräume an. Im Zuge dessen werden geeignete Materialien und Fügeverfahren zugeordnet. Damit werden Bauteilvarianten kombiniert. Diese werden der zweiten Abfrageprozedur zur Verfügung gestellt. Daher müssen die Tabellen nicht extrahiert werden. Da die Lösungsvarianten je nach Eingangsdaten variieren, sind temporäre Tabellen geeignet, um diese zwischenzuspeichern. Die Eingangsdaten werden dagegen als Variablen übergeben. Aus dem Prozess aus Abbildung 5.9 auf Seite 116 wird zusammen mit den permanenten Tabellen unter den beschrieben Randbedingungen die erste Abfrageprozedur erarbeitet. Das Ergebnis ist anhand eines erweiterten ERM in Abbildung 6.7 dargestellt. [Lus15]

Mit Hilfe der Eingangsdaten entstehen zwei temporäre Tabellen. Dort werden Strukturen anhand von Fertigungsverfahren ausgewählt. Über die Primär-Fremdschlüsselbeziehung zwischen Strukturen und Querschnitten werden die Querschnitte der ausgewählten Strukturen an die Bauräume angepasst und in der Datenbank unter *Querschnitte Neu* abgespeichert und dort wiederum in Bezug zu der ausgewählten Struktur gesetzt. Querschnitte, die nicht in den Bauraum passen, werden zusammen mit den Strukturen nicht weiterverfolgt. In Anhang E.1 ist ein Beispiel des SQL-Codes dargestellt. [Lus15]

Den angepassten Strukturen werden in Abhängigkeit der Fertigungsverfahren Materialien zugeordnet. Bei dieser Abfrage wird die Verträglichkeit unter zu Hilfenahme der Primär-Fremdschlüsselbeziehung von Fertigungsverfahren zu Materialien geprüft. Hierfür werden die Tupel der entsprechenden Attribute in den Tabellen auf Grenzwerte überprüft, zum Beispiel die herstellbaren Wandstärken eines Verfahrens in Zusammenhang mit den herstellbaren Wandstärken einer Legierung. Dabei werden vorwiegend die *INSERT INTO* Anweisungen in Kombination mit den Anweisungen *SELECT*, *FROM* und *WHERE* verwendet. Das ist eine Wenn-Dann-Verknüpfung, die Tabelleneinträge kopiert, wenn eine Bedingung erfüllt ist. Verbildlicht werden hiermit zum Beispiel die Varianten von Außen- und Innenblechen für die Baugruppe Schweller kopiert, wenn sie die Grenzwerte einhalten. Strukturen, denen aufgrund der Materialstärke oder des Herstellverfahrens kein Material zugeordnet werden kann, werden nicht kopiert und damit nicht weiter verfolgt. [Lus15]

In der letzten Abfrage werden die Bauteile zu Baugruppen kombiniert. Dort werden Verbindungen der Strukturen überprüft, indem die Primär-Fremdschlüsselbeziehungen mit den Fügeverfahren in Abhängigkeit von bspw. Materialien und Wandstärken verglichen werden. In die Tabelle werden nur Bauteile übernommen, die herstellbar sind. [Lus15]

Zusammenfassend gesagt, werden aus den permanenten Tabellen mit Hilfe der Eingangsdaten und der Primär-Fremdschlüsselbeziehungen Bauteilvarianten erstellt. Über die Primär-Fremdschlüsselbeziehungen werden die Tabellen in Zusammenhang gebracht und die Tupel der Attribute können abgefragt werden. Das entspricht der Kombination zu Lösungsmustern unter Verwendung von bekannten Regeln, nach denen die Auswahl getroffen wird. Es entstehen sowohl bekannte, wie auch neue Lösungsmuster. Negative Lösungsmuster werden ausgeschlossen. Diese erste Abfrageprozedur wird für jedes Bauteil bis zur Baugruppe durchgeführt, bis bspw. alle herstellbaren Varianten einer B-Säule, bestehend aus einem Innen- und einem Außenblech, entstehen. Die ersten beiden Teilschritte des zweiten Hauptschritts der Synthese sind somit abgeschlossen.

Zweite Abfrageprozedur: Teilschritte 3 und 4

Die zweite Abfrageprozedur verwendet die temporären Tabellen, um aus den Baugruppen die Fügegruppen zu erzeugen und diese zu Karosserievarianten zu kombinieren. Analog zur ersten Abfrageprozedur werden die Primär-Fremdschlüsselbeziehungen zwischen den Tabellen genutzt, um gezielte Abfragen zu stellen, um die Lösungsmuster zu kombinieren. Dabei wird die Fügbarkeit unter Einbeziehung der permanenten Tabellen überprüft. Das Ergebnis sind Tabellen mit den Lösungsvarianten. Alle zugehörigen Daten werden aus den Tabellenbezügen gesammelt und in eine Stückliste für jede Variante aus der Datenbank exportiert.

Die Informationen zu den Fügegruppen werden aus der Verbindungstabelle entnommen. In den Eingangsdaten ist vermerkt, welche Fahrzeugbestandteile zu wählen sind, bspw.

Fügegruppe *Boden* eines verbrennungsmotorisch betriebenen Fahrzeugs der Klasse A0. Aus der Verbindungstabelle werde alle Fügestellen ausgelesen, die die Fügegruppe beinhaltet. Nacheinander werden die Verbindungen zwischen zwei Baugruppen auf ihre Fügbarkeit überprüft. Hier werden wieder die *INSERT INTO, SELECT, FROM* und *WHERE* Anweisungen verwendet. Darunter fallen u.a. Materialdickenkombinationen, Materialstärken und Flanschbreiten. Alle fügbaren Baugruppen werden in eine Fügegruppentabelle übertragen. Dann werden die ausgewählten Baugruppen um die Verbindungen mit der nächsten Baugruppe geprüft. Dieser Prozess wird für alle Verbindungen einer Fügegruppe durchgeführt. Während des Prüfens wird auch die Plausibiltät der Baugruppen untereinander geprüft. Durch die Kombinatorik können Baugruppen miteinander gefügt werden, die andere Merkmalsausprägungen aufweisen, zum Beispiel zwei Varianten der B-Säule. Das ist in der Realität nicht abbildbar, resultiert jedoch aus der Kombinatorik. Deshalb wird die Plausibilität anhand der entsprechenden IDs geprüft, indem nur Varianten von Fügegruppen weiterverfolgt werden, wenn die Strukturen innerhalb der Baugruppen die selbe ID aufweisen. Abbildung E.1 in Anhang E.1 zeigt den schematischen Ablauf der Kombination zu Fügegruppen. [Res16, Tas17]

Analog zur Fügegruppenerstellung funktioniert die Karosserievariantenerstellung in der zweiten Abfrageprozedur. Aus den temporären Tabellen der Fügegruppen werden nach Vorgabe der permanenten Verbindungstabelle die Verbindungen zwischen den Baugruppen der Fügegruppen überprüft. Hierzu gehören die Fügbarkeit und die Plausibilität. Abbildung 6.7 zeigt ein auf die wesentlichen Tabellen erweitertes ERM mit der ersten und zweiten Abfrageprozedur. In Anhang E.1 sind weitere Beispiel des Codes angeführt. [Res16, Tas17]

Im Ergebnis werden aus den permanenten Tabellen mit Hilfe der Eingangsdaten und den temporären Tabellen der ersten Abfrageprozedur zuerst Fügegruppen erstellt und deren Varianten dann zu Karosserievarianten kombiniert. Am Ende werden die erstellten Daten in Ausgabetabellen je Lösungsvariante mit Hilfe der Primär-Fremdschlüsselbeziehungen zusammenkopiert und als Stücklisten exportiert. Somit erzeugt das aus zwei Anwendungen bestehende Systemmodell für alle herstellbaren Lösungsvarianten einen kompletten Parameterbaum. Die darin enthaltenen Daten werden dem Analyse- und Evaluationsprozess zur Verfügung gestellt.

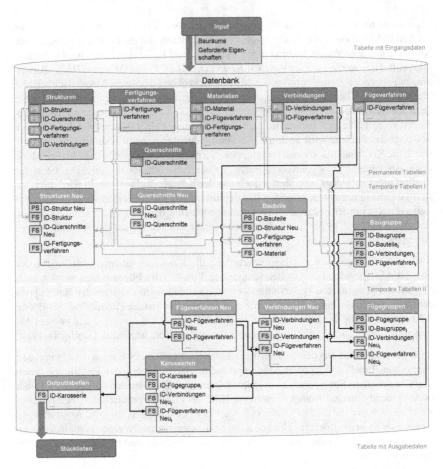

Abbildung 6.7: Erweitertes ERM der zweiten Abfrageprozedur; eigene Darstellung in Anlehnung an [Tas17, Res16]

6.2 Anwendungen in der Analyse und Evaluation

Die Umsetzung der dreistufigen Analyse und Evaluation wird in diesem Kapitel beschrieben. Basierend auf den Stücklisten aus dem Systemmodell werden die Analysen mit Eingangsdaten gespeist, die zur Abschätzung der Eigenschaften notwendig sind. Die benötigten Eingangsdaten und die Prinzipe der Analysen sind in Kapitel 5.2 beschrieben. Im Folgenden werden der Aufbau der Produktmodelle und deren Anwendungen dargestellt. Der Aufbau der Nutzwertanalyse und die anschließende Auswahl sind bei den Stufen identisch und werden deshalb einmal beschrieben.

6.2.1 Erste und zweite Stufe: Gewicht, Kosten, Standardfügeverfahren, Fertigungszeit und LCA

Für den Aufbau der ersten und zweiten Stufe werden die Prinzipen aus Kapitel 5.2 in Produktmodelle und Anwendungen umgesetzt. Zunächst wird dafür eine geeignete Software ausgewählt.

Entscheidend für die Auswahl in diesen beiden Stufen sind die Anforderungen AF-2.7 und AF-4.1, Tabelle 3.2. Die IT-Struktur des Unternehmens ist zu berücksichtigen und die Bedienung benutzerfreundlich zu gestalten, da Grenzwerte für die Bewertungskriterien eingegeben und daraufhin Lösungsvarianten aussortiert werden. Die verbleibenden Lösungsvarianten werden in einer Rangliste sortiert. Daraus wählt der Anwender die Varianten aus, die weiter betrachtet werden sollen. Diese Auswahl soll vom Anwender einfach bedienbar sein. Neben der Auflistung der Lösungsvarianten werden die Ergebnisse der Analyse für den Anwender visualisiert. Die Eingangsdaten müssen eingelesen und innerhalb kurzer Zeit verarbeitet werden können. Deswegen soll die Anwendung einen hohen Automatisierungsgrad besitzen. Die Software Microsoft Excel bietet diese Möglichkeiten in Kombination mit der Skriptsprache VBA an, sodass diese Software ausgewählt wird. [Res16]

Die Auswahl der Bewertungskriterien bestimmt, welche Anwendungen angesteuert werden, um die Analysen der Eigenschaften durchzuführen und deren Ergebnisse im Anschluss der Nutzwertanalyse zu übermitteln. Die Eingabe der Kriterien und deren Gewichtung erfolgen bevor die Synthese gestartet wird und sind in die Datenverwaltung integriert, siehe Kapitel 6.3.

Der Aufbau des Produktmodells für die geometrieabhängige Gewichtsabschätzung besteht in VBA aus drei Schleifen. In der ersten Schleife werden alle Einzelgewichte der Bauteile m_{BTk} ermittelt. In der zweiten Schleife werden die Einzelgewichte der Bauteile für alle Baugruppen aufsummiert. Die dritte Schleife wird für jede Lösungsvariante durchlaufen, sodass alle Gewichte der Baugruppen einer Lösungsvariante aufsummiert werden und das Gesamtgewicht einer Lösungsvariante m_{LVp} ermittelt wird. In Anhang E.4 sind die drei Schleifen als VBA-Code Beispiel dargestellt. Das Momentengleichgewicht zur Ermittlung der Lage des Schwerpunktes verwendet die Einzelgewichte m_{BTk} und die Gesamtgewichte der Lösungsvarianten m_{LVp}.

Die Einzelgewichte sind die Ausgangsbasis für die einfache Materialkostenabschätzung. Mit dem Materialpreis MP_M werden die Materialkosten jedes Bauteils in einer Schleife berechnet. Analog zur Gewichtsabschätzung werden die Materialkosten der Baugruppen abgeschätzt und in der dritten Schleife zu den Materialkosten je Lösungsvariante MK_{LVp} summiert. [Res16]

Die Ermittlung des Quotienten von Standardfügeverfahren wird für jede Lösungsvariante in zwei Schleifen durchgeführt. Jeder Fügestelle ist ein Fügeverfahren zugeordnet. Bei der ersten Schleife werden die zugeordneten Fügeverfahren mit den Fügeverfahren, die als Standard gekennzeichnet sind, verglichen. Bei jeder Übereinstimmung zählt die Schleife den Wert $n_{Standard,LVp}$ um den Wert 1 nach oben. In der zweiten Schleife wird für alle Lösungsvarianten der Quotient $p_{Standard,LVp}$ berechnet. [Res16]

Die abgeschätzten Eigenschaften werden für den Anwender zur Eingabe der Grenzwerte aufbereitet. Für das reine Ausschlusskriterium Lage des Schwerpunktes X_{LVp} wird die Abbildung der Fahrzeugsilhouette aus dem ersten Hauptschritt der Synthese verwendet und der Anwender um die Eingabe der Grenzwerte in Millimeter gebeten. Für das Gewicht m_{LVp}, die Materialkosten MK_{LVp} und den Anteil der Standardfügeverfahren $p_{Standard,LVp}$ werden die minimalen und maximalen Werte für die Lösungsvarianten ausgegeben. Über einen Schieberegler kann der Anwender ein maximales Gewicht, maximale Materialkosten und einen minimalen Quotienten für die Standardfügeverfahren eintragen, siehe Abbildung 6.8. Alle Varianten, die diese Grenzwerte nicht einhalten, werden aussortiert.

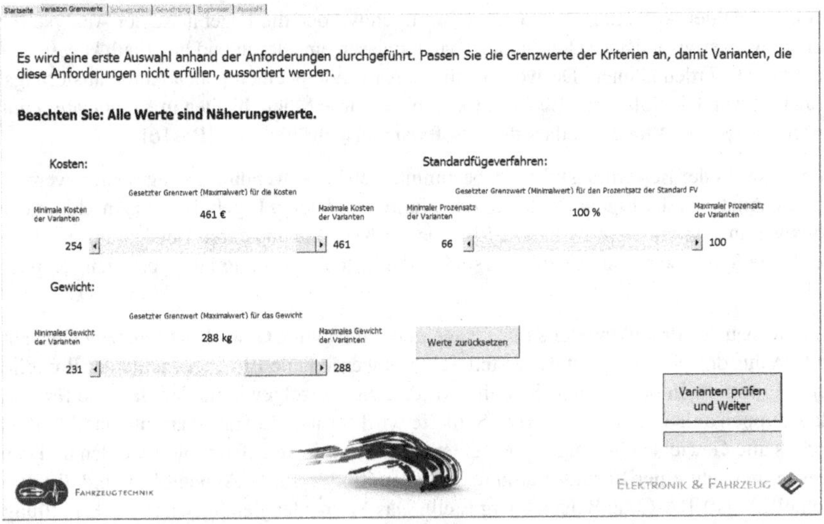

Abbildung 6.8: Umsetzung der Eingabe der Grenzwerte für Gewicht, Materialkosten und Anteil von Standardfügeverfahren in der ersten Stufe der Analyse und Evaluation mit beispielhaften fahrzeugunabhängigen Werten; aus [Res16]

Die verbleibenden Lösungsvarianten fließen in die erste Stufe der Nutzwertanalyse ein. In Abhängigkeit von der ausgewählten Punkteskala werden die Lösungsvarianten für jede Eigenschaft in die Wertebereiche eingeteilt und entsprechende Punkte verteilt. Zusammen mit der Gewichtung der Kriterien wird in einer letzten Schleife der Nutzwert ermittelt. Die Ergebnisse werden in eine Rangliste eingetragen und als pdf-Datei exportiert. Außerdem werden die Ergebnisse grafisch mit Excel aufbereitet und als pdf-Datei gespeichert. Diese Dokumente nutzt der Anwender für die Auswahl der Lösungsvarianten für den weiteren Prozess. Abbildung E.7 in Anhang E.2 zeigt die GUI für die Auswahl in der ersten Stufe. [Res16]

Für die ausgewählten Varianten werden Eingangsdaten für die Sachbilanz der LCA zusammengestellt. Auf eine direkte Anbindung der Anwendung im Gesamtsystem wird aufgrund des hohen Aufwandes im Vergleich zu dem Nutzen verzichtet. Da die Anwendung benutzerdefinierte Eingaben erfordert, die ein Experte mit geringem Aufwand durchführen kann, wird die Anbindung teilautomatisiert durchgeführt. Die zusammengestellten Stücklisten werden automatisiert per Mail an den zuständigen Experten gesandt. Dieser führt die Anwendung aus und das Ergebnis wird zurückgesandt. Das Layout der Ergebnisdateien wird bei der Erstellung der Nutzwertanalyse berücksichtigt, sodass die Ergebnisse von der Anwendung ausgelesen werden und in die zweite Bewertungsstufe einfließen.

Die Fertigungszeit für die Fügestellen wird in einer VBA-Anwendung berechnet. In einem ersten Schritt sind allen Fügestellen geeignete Fügeverfahren zuzuordnen. Für Fügestellen, deren Fügeverfahren in der Liste standardisierter Fügeverfahren enthalten sind, werden die standardisierten Fügeverfahren automatisiert ausgewählt. Für Fügestellen, denen kein Standardfügeverfahren zugewiesen ist, bei denen nur ein weiteres Fügeverfahren möglich ist, wird dieses Fügeverfahren zugeordnet. Für alle anderen Fügestellen muss der Anwender ein Fügeverfahren auszuwählen. Abbildung 6.9 zeigt den Auswahlprozess beispielhaft. [Res16]

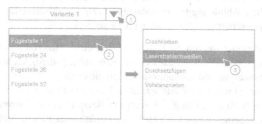

Abbildung 6.9: Umsetzung der Auswahl der Fügeverfahren für Fügestellen, bei denen kein Standardfügeverfahren möglich ist; aus [Res16]

Nach der Festlegung der Fügeverfahren wird mit Hilfe der Flanschlängen die Fügezeit ermittelt. Die Berechnung wird zunächst für jede Fügestelle durchgeführt. Die Werte aller Fügestellen einer Lösungsvariante werden aufsummiert. Das Ergebnis ist die Fertigungszeit für Fügeverfahren t_{LVp}.

Für die zweite Stufe der Nutzwertanalyse werden die minimalen und maximalen Werte der Wirkungskategorien der LCA und der Fertigungszeit ausgelesen und dem Anwender analog zu ersten Stufe präsentiert. Mit Hilfe eines Schiebereglers können Grenzwerte festgelegt werden. Auch hier werden die Lösungsvarianten in Wertebereiche eingeteilt und Punkte vergeben. Diese Punkte ergänzen die Bewertung der ersten Stufe, indem sie mit der Gewichtung multipliziert und mit den gewichteten Werten aus der ersten Stufe zu dem Nutzwert der zweiten Stufe aufsummiert werden. Am Ende wird eine neue Rangliste erzeugt und die Ergebnisse werden normiert eingetragen. Wie in Abbildung 5.16 auf Seite 132 dargestellt, werden die Ergebnisse grafisch ausgewertet und dem Anwender als pdf-Datei exportiert. Mit Hilfe der Daten führt der Anwender die zweite Auswahl durch. Sind weder das LCA noch die Fertigungszeit als Bewertungskriterium ausgewählt, wird die zweite Stufe der Analyse und Evaluation übersprungen. [Res16]

6.2.2 Dritte Stufe: FEM-Simulationen

Die dritte Stufe der Analyse und Evaluation startet mit der Geometriemodellerstellung der ausgewählten Lösungsvarianten. In Zusammenarbeit mit Dassault System wird ein Skript entwickelt, mit dem SFE Concept im Batch-Modus verwendet wird. Das Skript benötigt die Positionen und Bauräume der Bauteile sowie die Stücklisten als Eingangsdaten. Dem Anwender wird die FEM-Modellerstellung abgenommen und er kann auf das Ergebnis zurückgreifen, ohne SFE Concept Kenntnisse zu besitzen. Das entspricht einer intuitiven einfach verständlichen Bedienung (Anforderung AF-4.1, Tabelle 3.2). Der Prozess wird in verschiedenen Phasen detailliert.

Die Eingangsdaten werden am Ende der Synthese für das Skript lesbar in Austauschdateien aufbereitet. Die Bauraumdaten aus dem ersten Hauptschritt der Synthese werden in der Austauschdatei aufbereitet. Sie ist für alle Lösungsvarianten identisch, da die gleichen Bauraummaße gelten. Abbildung E.9 in Anhang E.3 zeigt zwei Beispiele zur Definition des ersten Schwellerquerschnitts, vgl. Abbildung 5.19 auf Seite 136.

Für jede Lösungsvariante werden die Daten zu Geometrie, Material und Fügetechnik aus dem zweiten Hauptschritt der Synthese in einer Rohfassung abgespeichert. Am Ende der zweiten Stufe der Analyse und Evaluation werden die ergänzenden Informationen zu der Fügetechnik verarbeitet und für die ausgewählten Lösungsvarianten je eine Austauschdatei erstellt. Abbildung E.10 in Anhang E.3 zeigt ein Beispiel eines Schwellers mit Außen- und Innenteil. Die Geometrie wird mit Hilfe der Punkte übermittelt. Außerdem sind Materialdicke, das Material für NVH und Crash sowie die Fügetechnik für beide Fügestellen hinterlegt.

In der Austauschdatei ist festgelegt, welche Grundstruktur verwendet werden soll, um das Produktmodell zusammenzusetzen. Die Daten entstammen aus der Packagedefinition im ersten Hauptschritt der Synthese. Im ersten Schritt setzt das Skript das Produktmodell aus einzelnen Fügegruppen zusammen. Im Rahmen dieser Umsetzung wird eine SFE Concept Bibliothek aufgebaut. Sie beinhaltet verschiedene Bodengruppen und Vorderwagen. Eine Auswahl zeigt Abbildung 6.10.

In dem zusammengesetzten Produktmodell werden im zweiten Schritt die Querschnitte positioniert. Anschließend wird die Geometrie an den Bauraum angepasst und die Bauteile werden im Bauraum angeordnet. Dem Flächenmodell werden im vierten Schritt Material und

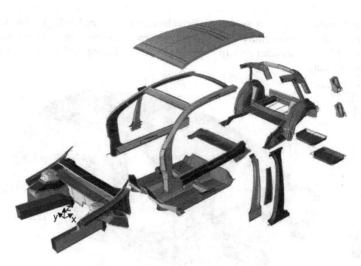

Abbildung 6.10: Inhalt der SFE Concept Bibliothek, gegliedert nach Fügegruppen; eigene Darstellung

Fügetechnik zugewiesen. Im letzten Schritt erfolgt die Vernetzung nach definierten Vorgaben, vgl. Abbildung 5.18 auf Seite 135. Ein FEM-Modell ist in Abbildung 6.11 dargestellt.

Abbildung 6.11: FEM-Modell der automatisierte Geometriemodellerstellung; eigene Darstellung

In dem FEM-Modell für NVH-Berechnungen sind Auswertepunkte und Anbindungspunkte für das Fahrwerk und die Sitze berücksichtigt. Die Daten werden in den Austauschdateien übergeben. Für die verschiedenen Lastfälle sind unterschiedliche Komponenten mit Hilfe eines Berechnungsdecks zu integrieren. Auch die Lastannahmen werden darüber eingebracht. Infolge der Berücksichtigung der Komponenten bei der FEM-Modellerstellung ist eine automatisierte Berechnungsmodellerstellung möglich. Aufgrund der hohen Variantenvielfalt wird im Rahmen dieser Umsetzung keine weitere Automatisierung verfolgt. Die Komplementierung zu einem Berechnungsmodell erfolgt manuell auf Grundlage bestehender Bibliotheken für Zusatzkomponenten.

Mit dem Berechnungsmodell werden die Berechnungen gestartet. Die Ergebnisse können mit standardisierten Auswerteverfahren verarbeitet werden, sodass eine Aussage zum Verhalten der Lösungsvarianten getroffen werden kann. Abbildung 6.12 zeigt die statische Torsionsbelastung.

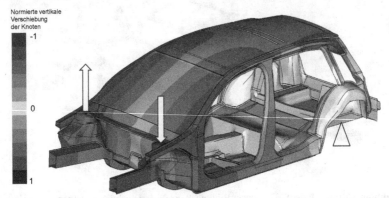

Abbildung 6.12: Verhalten bei statischer Torsionslast bei einem FEM-Modell aus der automatisierten Geometriemodellerstellung; Verschiebung in z-Richtung, normiert, 10-fache Skalierung; eigene Darstellung

Die Eigenschaften Biege- und Torsionsfrequenz f_B und f_T sowie statische und dynamische Torsionssteifigkeit c_{sT} und c_{dT} fließen in die dritte Stufe der Nutzwertanalyse mit ein. Hierfür sind die ermittelten Eigenschaften je Lösungsvariante in die Anwendung einzutragen. Analog zu der zweiten Stufe werden Grenzwerte abgefragt, Lösungsvarianten aussortiert und die restlichen Lösungsvarianten bewertet. Eine Beurteilung der Werte ohne weitere Informationen ist jedoch nicht empfehlenswert. Deshalb sind ergänzenden Informationen, wie in Abbildung 5.21 auf Seite 140 dargestellt, für die Endauswahl zu betrachten.

Eine Erweiterung der Analysen auf Crash-Verhalten ist möglich, wird jedoch nicht ausgeführt, vgl. Kapitel 5.2.3 und Kapitel 8.2.

6.3 Datenmanagement

Die Berücksichtigung des Datenmanagements ist eines der sechs Teilziele in Kapitel 3.2.2. Das wird in den Anforderungen AF-2.3 bis AF-2.5 und AF-5.1 dargelegt, Tabelle 3.2. Deshalb wird das Datenmanagement bei der Ausarbeitung des grundlegenden Prozesses berücksichtigt, siehe Kapitel 3.3. Auf der Grundlage des in Kapitel 4.1 erhobenen Wissens wird festgelegt, dass eine zentrale Plattform zu entwickeln ist, die am EAI-Prinzip des Business Bus orientiert ist. Die Anwendungen aus der Prozess- und Desktopintegration sind eigenständig und austauschbar, sodass eine Aktualisierung des Prozesses möglich ist.

Mit Hilfe einer zentralen Plattform können die Anwendungen taskflow- und workfloworientiert angesteuert werden. Für die Interaktion mit dem Anwender und die Sicherung der Datenbestände sind eine GUI und ein zusätzlicher Datenspeicher in der Systemintegration implementieren.

In erster Linie sind die Anwendungen von der zentralen Datenmanagementplattform anzusteuern. Dazu zählen die Anwendungen des Systemmodells, der Analysen der Eigenschaften und die Nutzwertanalyse. Die entsprechenden Anwendungen dürfen nur angesteuert werden, wenn der vorherige Prozessschritt abgeschlossen ist und die Ergebnisse vorliegen. Für den Zugriff auf die Anwendungen sind die notwendigen Lizenzen und die Schnittstellen der Softwares zu berücksichtigen. [Szy16]

Zur prozessbezogenen Ansteuerung der Anwendungen muss dem Nutzer eine grafische Oberfläche geboten werden. Dort kann der Fortschritt des Prozesses bzw. seiner Anwendungen angezeigt und angesteuert werden. Außerdem sind die GUIs der Anwendungen zu berücksichtigen oder eigene GUIs zu konzipieren, um dem Anwender die Möglichkeit zu geben Eingaben tätigen, da Anwendungen diese benötigen. [Szy16]

Ein wichtiger Bestandteil der Funktionalität des zentralen Datenmanagements ist die Verwaltung der Daten. Hierbei ist ein eigener Speicher zu entwerfen, der die Daten nutzerorientiert sichert und auch später wieder zur Verfügung stellt, zum Beispiel um ein Projekt zu sichern und im weiteren Verlauf an geeigneter Stelle fortzufahren oder den Datenaustausch zu ermöglichen. [Szy16]

Bei der Konzeption des Datenmanagements ist nicht nur auf die Anforderungen an die Steuerung der Anwendungen, das Verwalten der Schnittstellen und die Interaktion des Anwenders, sondern auch auf eine hohe Datensicherheit zu achten. Darüber hinaus sind weitere nicht funktionale Anforderungen wie Zuverlässigkeit, Leistung und Effizient, Kompatibilität sowie Wartung und Übertragbarkeit zu berücksichtigen. [Szy16]

Unter Berücksichtigung der Anforderungen des Prozesses, der Software und weiterer Randbedingungen, wie der Verwendung eines Windows Betriebssystems werden eine geeignete Programmierumgebung und -sprache ausgewählt. Aufgrund der verfügbaren Lizenzen wird das CASE-Tool Microsoft Visual Studio mit der Programmiersprache C# verwendet. [Szy16]

Der gesamte Prozess wird über die zentrale Datenmanagementplattform gesteuert, die sogenannte Co-Simulationsplattform (COSP). Zum Start wird die COSP.exe ausgeführt. Daraufhin erscheint die grafische Benutzeroberfläche, siehe Abbildung E.5 in Anhang E.2. Diese dient der allgemeinen Verwaltung von der Projekterstellung bis zum Beenden der COSP. Auch Anleitungen und Hilfe-Dateien sind abrufbar. Um auf den GUI zur Prozesssteuerung zu gelangen, wird ein neues Projekt erstellt, ausgewählt oder importiert. Daraufhin erscheint ein Fenster mit der Prozessdarstellung, siehe Abbildung 6.13.

Von der Prozessdarstellung (Abbildung 6.13) werden die Anwendungen gesteuert. Im ersten Schritt werden die Bewertungskriterien für die Nutzwertanalyse eingegeben und gewichtet. Folglich können die Anwendungen der Analysen gezielt angesteuert werden. Die Daten sind

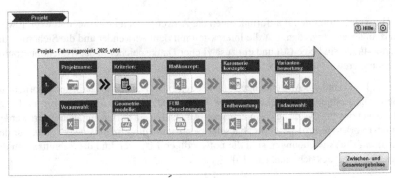

Abbildung 6.13: Prozessdarstellung der COSP; aus [Szy16]

auch für die Synthese wichtig. Zusätzlich sind weitere Daten notwendig, die in einer GUI eingegeben werden. Diese GUI ist Teil des Systemmodells, sodass eine Frontend-Integration umgesetzt wird. Die Eingaben zum Package und zu den Maßen werden vom Anwender durchgeführt, siehe Abbildung E.6 in Anhang E.2. Damit kann der erste Hauptschritt der Synthese vollzogen werden. Das Ergebnis erhält der Anwender zur Kontrolle.

Der zweite Hauptschritt der Synthese wird nach der Freigabe durch den Anwender ausgeführt und die Ergebnisse werden dem Analyse- und Evaluationsprozess übergeben. Dabei wird die Anwendung der Nutzwertanalyse aufgerufen, die wiederum auf die Ergebnisse der Analysen zugreift und in ihrer GUI anzeigt. Erste und zweite Stufe der Nutzwertanalyse sind an die COSP angebunden. Die nachfolgende automatisierte Geometriemodellerstellung wird direkt angesteuert. Hiermit werden für alle ausgewählten Lösungsvarianten FEM-Modelle erzeugt. Wie oben beschrieben, ist die nachfolgenden Anbindung der Anwendungen nicht zielführend. Deshalb erfolgt der letzte Schritt der Nutzwertanalyse teilautomatisiert, sofern die Daten in die vorbereiteten Felder eingetragen werden. Das zentrale Datenmanagement ermöglicht abschließend die Verwaltung der Ergebnisse inkl. Im- und Export, siehe Abbildung E.8 in Anhang E.2.

6.4 Zusammenfassung und Randbedingungen der Umsetzung

In den Kapiteln 6.1 bis 6.3 ist die Umsetzung des ausdetaillierten Prozesses aus Kapitel 5 beschrieben. Beim Integrationsdesign und -spezifikation werden die Anforderungen aus Kapitel 3.2 für die Umsetzung berücksichtigt. Das Ergebnis demonstriert die Vereinbarkeit von MBSE, KBE und Datenmanagement zur schnellen und ganzheitlichen Beurteilung der Auswirkungen von Parametervariationen auf die Eigenschaften und Merkmale eines Produktes am Beispiel von Karosseriekonzepten.

Die COSP vereint als zentrale Datenmanagementplattform mit GUI und Speicher die Ansteuerungsfunktionen der Anwendungen task- und workfloworientiert. Damit können die

Daten der Anwendungen des Systemmodells an die nachfolgenden Prozessschritte verteilt werden.

Innerhalb des Systemmodells werden Lösungsvarianten von den geforderten Eigenschaften bis zu den Merkmalen wissensbasiert entwickelt. Dazu werden im ersten Hauptschritt Packagedaten und Maße mit einem Gleichungssystem verknüpft. Dieses wird mit Hilfe statistischer Gleichungen gelöst. Hier fließt Wissen in das Gleichungssystem ein und nimmt dem Anwender ab, Maßketten und Zusammenhänge zu identifizieren, und richtet die Ergebnisse statistisch an bekannten Fahrzeugmodellen aus. Im zweiten Hauptschritt der Synthese werden bekannte Lösungsmuster der Merkmale miteinander kombiniert, sodass wissensbasiert neue und bekannte Lösungen entstehen. Dieser Prozessschritt ist vergleichbar mit mehreren Morphologischen Kästen, die nacheinander befüllt und kombiniert werden. Das Ergebnis sind Stücklisten herstellbarer Karosseriekonzepte.

Die COSP verwaltet die Ergebnisse der Synthese und übermittelt diese den Anwendungen der Analysen in Form des EAI-Prinzips Business Bus. Das entspricht der Strategie des MBSE. Die anhand der Kriterien ausgewählten Analysen werden für die jeweils ausgewählten Lösungsvarianten durchgeführt und der Nutzwertanalyse in den unterschiedlichen Stufen zur Verfügung gestellt. Die Analysen der ersten und zweiten Stufe laufen automatisiert ab. Die Sachbilanz des LCA ist im Prozess integriert, die Anwendung jedoch nicht direkt angebunden. In der dritten Stufe der Analyse und Evaluation ist die automatisierte Geometriemodellerstellung direkt angesteuert, sodass die FEM-Modelle für alle ausgewählten Lösungsvarianten erstellt werden. Dabei werden Teil-Produktmodelle zu einem Produktmodell zusammengesetzt. Diese Produktmodelle enthalten Wissen über die Konstruktion der Bauteile. Die Erstellung der Berechnungsmodelle und die Auswertung werden vom Anwender durchgeführt, der die Ergebnisse in die dritte Stufe der Nutzwertanalyse einbinden und diese Stufe durchführen kann. Mit Hilfe der COSP werden die Ergebnisse verwaltet.

Damit kann eine ganzheitliche Beurteilung der Auswirkungen von Parametervariationen auf die Eigenschaften und Merkmale von Karosseriekonzepten umgesetzt werden. Der Begriff ganzheitlich bezeichnet somit nicht eine alles umfassende Beurteilung, sondern eine Beurteilung, die wichtige technische, wirtschaftliche und ökologische Eigenschaften in der frühen Phase der Produktentwicklungsprozesse erfasst. Eine alles umfassende Beurteilung ist in Bezug auf das magische Dreieck nicht zielführend. Zunächst werden die umgesetzten Anwendungen im vorderen Bereich des Kapitels 7 validiert. Anschließend wird u.a. auf Basis der Anforderungen der Beitrag der Methodik zur Effektivitäts- und Effizienzsteigerungen beurteilt. Implementierung sowie Verwaltung, Pflege und Aktualisierung werden daraufhin in Kapitel 8 beschrieben.

7 Validierung der Methodik und ihrer Anwendungen

Während der Umsetzung des Prozesses der Methodik beginnt die Testphase. In einem ersten Schritt werden die umgesetzten Anwendungen aus Kapitel 6 getestet und auf ihre Aussagefähigkeit hin validiert. In Bezug auf das MVPE-Vorgehensmodell betrifft das dessen rechte Hälfte, vgl. Abbildung 2.19 auf Seite 35. Anschließend werden Integrations- und Systemtests durchgeführt. Hierbei wird das Zusammenspiel der Anwendungen getestet und der Erfüllungsgrad der Anforderungen überprüft. Die Forderung nach Tests gehört zu dem Anforderungskatalog, siehe Kapitel 3.2.3 AF-1.9. [SL04, ERZ14] Neben der Validierung der Umsetzungen der Anwendungen ist auch die Methodik anhand von Erfolgsfaktoren zu validieren.

Das Ziel der Testphase ist die Freigabe des gesamten Systems aus dem Systemmodell, dem Datenmanagement und den Anwendungen. Eine erfolgreiche Validierung ist die notwendige Voraussetzung für eine Implementierung des Prozesses und trägt dazu bei, die Todesspirale einer Anwendung zu verhindern. Hierzu sind die Funktionen zu prüfen und weitere Anforderungen einzubeziehen, zum Beispiel die Beurteilung der Robustheit, siehe AF-2.8, Tabelle 7.3. Je nach Anwendung sind messbare Kriterien zu definieren, mit denen die Anforderungen validiert werden. Das gilt auch für die Validierung des Gesamtsystems mit Hilfe der Integrations- und Systemtests. Insgesamt kann die Validierung mit messbaren Kriterien einen Hinweis auf die Zielerreichung der Methodik geben. Die Erfolgskriterien wie die tatsächliche Zeitersparnis, Kostenreduzierung und Qualitätssteigerung können dagegen erst bei der Durchführung mindestens eines realen Fahrzeugentwicklungsprozesses beurteilt werden. Dabei können Herausforderungen auftreten, die bei der Entwicklung der Methodik und dessen Umsetzung nicht berücksichtigt wurden, da sie zu diesem Zeitpunkt nicht bekannt waren. Eine vollständige Validierung der Erfolgskriterien ist nicht zielführend. Stellvertretend werden deshalb nach dem Prinzip der Design Research Methodology messbare Erfolgskriterien identifiziert, messbare Erfolgsfaktoren abgeleitet und diese zur Validierung verwendet. Liegen diese messbare und nicht messbare Erfolgskriterien nah bei einander, können Rückschlüsse auf die nicht messbaren Erfolgskriterien gezogen werden. [BC09]

Grundsätzlich kann die Funktion der Anwendungen durch die Beurteilung der Zielerreichung validiert werden. Deswegen werden Abweichungen in den Ausgabedaten der Anwendung mit denen einer vergleichbaren Anwendung ermittelt. Bei den Produktmodellen der Analyse können andere Produktmodelle zum Vergleich der Eigenschaften verwendet werden, siehe Tabelle 5.1. Für das Systemmodell liegen die Merkmale in Abhängigkeit der geforderten Eigenschaften im Fokus. Die Validierung der Anwendungen wird in den Kapiteln 7.1 für die Synthese und 7.2 für die Analyse und Evaluation beschrieben. Hierbei werden die Funktionen an ausgewählten Beispielen überprüft. Die COSP wird in Kapitel 7.3 validiert. Rückschlüsse von den messbaren Erfolgsfaktoren auf die Erfolgskriterien in Bezug auf das umgesetzte Gesamtsystem und die ausgearbeitete Methodik werden in Kapitel 7.4 gezogen. Abbildung 7.1 zeigt das Vorgehen.

© Springer Fachmedien Wiesbaden GmbH, ein Teil von Springer Nature 2018
J. Hasenpusch, *Methodik zur Beurteilung eigenschaftsoptimierter Karosseriekonzepte in Mischbauweise*, AutoUni – Schriftenreihe 123,
https://doi.org/10.1007/978-3-658-22227-7_7

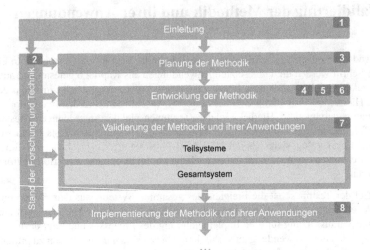

Abbildung 7.1: Gliederung des siebten Kapitels; eigene Darstellung

7.1 Anwendungen in der Synthese

Für die Validierung des Systemmodells in seiner Gesamtheit fehlen äquivalente Systemmodelle, da die Funktionsumfänge nicht vergleichbar sind oder sie nicht zugänglich sind. Die Anwendungen sind deshalb einzeln zu validieren. Sie werden in ihre Prozessschritte zerlegt, um die Ursache von Abweichungen identifizieren zu können.

7.1.1 Erster Hauptschritt: Topologieauswahl

Im ersten Hauptschritt der Synthese wird die Topologie der Karosseriestruktur grundlegend definiert und das Merkmal Position festgelegt. Dazu werden Packagedaten und Maße in ein Gleichungssystem eingegeben, das gelöst wird, um ein Maßkonzept zu erhalten und davon die Bauräume abzuleiten. Im Zuge dessen wird Hahns [Hah17] Anwendung in Kapitel 5.1.1 weiterentwickelt. In einem ersten Schritt ist zu prüfen, ob die Validierungsergebnisse von Hahn auf die vorliegende Anwendung übertragbar sind. Alle Funktionen der Anwendung, die darüber hinaus gehen, sind im zweiten Schritt zu validieren.

Hahn diskutiert die Ergebnisse in Bezug auf die beispielhafte Nutzung ihrer Anwendung. Als Grundlage dient ein Vergleich zwischen den Ausgangsdaten ihrer Anwendung und einem entwickelten Forschungsfahrzeug mit ähnlichen Eingangsdaten. Deutliche Abweichungen sind auf unterschiedliche Randbedingungen in den Beziehungen zurückzuführen. Als Beispiel nennt Hahn die Beziehung zwischen dem vorderen Überhang und dem Antriebsstrang.

Außerdem kommen Abweichungen über nicht plausibilisierbare Entscheidungen im Entwicklungsprozess zu Stande, wodurch eine Anwendung nicht oder schwer abbildbar ist. Insbesondere die Abbildung eines Forschungsfahrzeugs mit neuen Technologien ist auf Basis bestehender Fahrzeuge mit bekannten Technologien schwer vergleichbar. [Hah17]

Die Abweichungen bezeichnet Hahn als tolerabel, da eine 1:1-Nachbildung eines bestehenden Fahrzeugs nicht das Ziel der Anwendung ist. Sie verweist darauf, dass in der frühen Phase die richtige Größenordnung entscheidend ist, nicht die Genauigkeit eines Wertes. Generell führt die Verwendung von statistischen Gleichungen zu Abweichungen. Das hat jedoch den Vorteil, einen größeren Freiraum bei der Parameterdefinition zu wahren. [Hah17]

Für diese Anwendung im ersten Hauptschritt der Synthese ist nicht nur die Größenordnung, sondern auch die Genauigkeit des Wertes von Bedeutung. Jede Ungenauigkeit eines Wertes hat Auswirkungen auf den nachfolgenden Prozess. Den Wert genau zu definieren, ist Ziel dieser Anwendung. Eine Genauigkeit von 100% kann nur erreicht werden, wenn jedes Maß exakt definiert würde. Dann müssten nur die Abweichungen in den Bauräumen analysiert werden. Ziel ist jedoch die Nutzung des Gleichungssystems mit seinen Beziehungen, um in der frühen Phase eine aussagekräftiges Maßkonzept für eine Karosseriestruktur zu erhalten. Andernfalls ist die Frage nach der Richtigkeit der Ergebnisse notwendig. Die Genauigkeit im Vergleich zu Hahns Anwendung ist deshalb zu erhöhen. Das ist auch für die spätere Anbindung von Zusatzkomponenten bei den FEM-Modellen notwendig. Ein messbarer Erfolgsfaktor stellt die Abweichung der Maße dar. Als Erfolgskriterium gilt eine im Durchschnitt geringer ausfallende Abweichung als bei Hahn.

Zur Reduzierung der Abweichungen werden u.a. die Packagekomponenten definiert und deren Anbindungspunkte als fest gesetzt. Außerdem werden antriebsspezifische Beziehungen implementiert. Ein Anwendungsbeispiel soll die Abweichungen zeigen. Das Anwendungsbeispiel wird mit einem in Serie produzierten Fahrzeug durchgeführt. Um eine Annäherung zu einem Einsatz im Entwicklungsprozess zu erreichen, werden die Packagekomponenten, Maße und Randbedingungen eingegeben, die zu Beginn des Entwicklungsprozess feststehen, u.a. Gesamtlänge, -breite und -höhe des Fahrzeugs sowie die Antriebskomponenten und grobe Insassenpositionierung. Der Vergleich ist in Tabelle 7.1 dargestellt. Die Maße L113 und H30-1 haben eine auffällig hohe Abweichung, die in der Verwendung von maßlichen Aufschlägen begründet liegt.

Die Abweichungen liegen im Durchschnitt im einstelligen Prozentbereich, da die eingegeben Maße und Anbindungspunkte festgesetzt werden. Aus den statistischen Beziehungen resultiert eine nicht näher zu definierende Ungenauigkeit. Im Gegenzug kann das Gleichungssystem gelöst werden. Bei den statistischen Beziehungen werden die mit dem höheren Bestimmtheitsgrad zuerst gewählt, um eine hohe Genauigkeit zu erzielen. Für einen elektrischen Antrieb liegen beispielsweise keine statistischen Daten vor, weshalb eine Validierung dieser nicht sinnvoll ist. Das Gleichungssystem ist um die statistischen Daten zu erweitern. Eine Anwendung ohne diese Daten führt zu hohen Abweichungen, da statistische Beziehungen anderer Antriebssysteme verwendet werden. Durchläufe mit in der

Entwicklung befindenden Fahrzeugen bestätigen dies. Die Abweichungen liegen dennoch im einstelligen Bereich.

Nicht plausibilisierbare Entscheidungen können nicht nachvollzogen werden. Sie beeinflussen die Maßkonzepterstellung jedoch, da sie in die statistischen Beziehungen einfließen. Die Berücksichtigung der Packagekomponenten führt zu einer hohen Genauigkeit, nimmt jedoch die Möglichkeit, Lösungen außerhalb dieser Grenzen zu finden. Die Bibliothek ist mit den Packagekomponenten zu erweitern.

Bei der Bauraumableitung liegen die Abweichungen höher als bei dem Maßkonzept. Das liegt daran, dass weitere Ungenauigkeiten durch statistische Werte hinzukommen, z.B. für Verkleidungen im Innenraum. Tabelle 7.1 zeigt die Bauräume von Schweller und vorderem unterem Längsträger. Auffällig ist die erhöhte Abweichung am dritten Querschnitt des Bauraums in der W-Achse, vgl. Bezeichnungen in Abbildung 5.19. Das resultiert aus der Abweichung der Insassenposition in der zweiten Sitzreihe. Die Eingabe dieses Wertes zu Beginn reduziert die Abweichung. Das ist allgemeingültig für alle Maße, sofern diese nicht in einem Zielkonflikt stehen, sodass ein Wert negativ wird. Dieser Fehlzustand wird von dem Solver des Gleichungssystems identifiziert und die betreffende Gleichung dem Anwender angezeigt.

Tabelle 7.1: Vergleiche der Ergebnisse der Maßkonzeptberechnung mit den Maßen des in Serie produzieren Golf (links) und der Bauraumableitung mit dem Schweller und vorderem unterem Längsträger (rechts); Betrag der Abweichungen in Prozent bezogen auf die Maße und Bauräume des in Serie produzieren Golf; eigene Darstellung

Maße	Differenz / %	Maße	Differenz / %
L53-1	1,3	H5-1	5,8
L53-2	15,7	H5-2	4,7
L99-1	0,4	H11	3,0
L99-2	10,5	H30-1	21,5
L101	0,0	H100	0,0
L103	0,0	H120-1	6,6
L104	5,9	H130	7,6
L105	6,7	H156	1,7
L113	20,6	W3	0,2
L114	6,5	W20	2,8
L601	3,0	W103	0,0
L615	7,3	⌀ 5,7	

Bauteil	Quer-schnitt	Achse	Differenz / %
Schweller	1	V	7,7
		W	9,4
	2	V	7,7
		W	9,4
	3	V	7,7
		W	19,1
Längsträger vorne unten	1	V	9,6
		W	7,0
	2	V	9,6
		W	7,0

Die Erweiterung von Hahns Anwendung reduziert die Abweichungen in der Maßkonzeptberechnung. Sofern nicht alle Maße genau eingegeben werden, ist eine Abweichung vorhanden. Diese wird aufgrund der statistischen Daten in der Bauraumableitung gesteigert. Im Gegenzug können mit wenigen Maßen bereits in der frühen Phase der Entwicklung die Bauräume der Bauteile abgeleitet und deren Position bestimmt werden. Eine Erweiterung der statistischen Beziehungen für alternative Antriebe ist empfehlenswert und zu validieren. Ebenso ist eine Aktualisierung der Daten anzustreben, um die Todesspirale zu vermeiden.

7.1.2 Zweiter Hauptschritt: Konzeptgenerierung

Im zweiten Hauptschritt der Synthese werden herstellbare Karosseriekonzepte generiert. In den vier Teilschritten werden Merkmale ausgewählt, diese zu Baugruppen, dann zu Fügegruppen und zuletzt zu Karosseriekonzepten kombiniert. Realisiert wird das in der Datenbank durch Primär-Fremdschlüsselbeziehungen, anhand derer zwei Prozeduren die Merkmale gezielt miteinander verknüpfen. Zur Validierung des zweiten Hauptschritts sind diese zwei Prozeduren zu untersuchen.

In der ersten Abfrageprozedur der SQL-Datenbank werden aus den Eingangsdaten unter Berücksichtigung von Grenzwerten über die Primär-Fremdschlüsselbeziehungen Baugruppen generiert. Durch diese Kombination entstehen bekannte und neue Lösungen. Eine Validierung erfordert nicht nur die Definition von Eingangsdaten und die Analyse des Outputs, sondern auch einen Vergleich mit einem bestehenden Fahrzeug. Damit wird abgedeckt, dass unter den erzeugten Baugruppenvarianten die bestehende Baugruppe enthalten ist. Das lässt den Schluss zu, dass die eingegebenen Randbedingungen und das formalisierte Wissen in der Prozedur so verarbeitet wird, wie es im Entwicklungsprozess inklusive der nicht zu plausibilisierenden Entscheidungen war. Ein Erfolgskriterium ist es nicht. Sollte die umgesetzte Baugruppenvariante nicht unter den Lösungsvarianten zu finden sein, kann das verschiedene Gründe haben. Zum einen weicht das formalisierte Wissen von dem eingesetzten Wissen im Entwicklungsprozess ab oder die Primär-Fremdschlüsselbeziehungen funktionieren nicht korrekt, da das formalisierte Wissen unzureichend abgespeichert ist. Zum anderen können die nicht plausibilisierbaren Entscheidungen zu einer Veränderung des realisierten Bauteils geführt haben. Um die Gründe für Abweichungen zu klären, müssten die Entwicklungsprozesse mit ihren Iterationsschleifen und den Lösungsvarianten untersucht werden. Der mit diesem Vergleich verbundene Aufwand ist sehr groß und unter der Berücksichtigung der Aussagekraft nicht zielführend. Die Überprüfung des Lösungsraumes eines Anwendungsbeispiels auf das realisierte Bauteil ist dennoch als ein Bestandteil der Validierung sinnvoll, da es ein messbarer Erfolgsfaktor ist.

Die Bauteile sind nicht zu 100 % auf Übereinstimmung zu untersuchen. Das formalisierte Wissen ist zum Teil durch dessen Strukturierung zusammengefasst, um den Aufwand in der Analysephase zu reduzieren und dennoch ein aussagekräftiges Ergebnis zu erhalten. In der frühe Phase ist eine Untersuchung von vielen Varianten, die sich nur um $0,0Xmm$ in der Wandstärke oder in $0,X$ % in den Legierungsbestandteilen unterscheiden, nicht zielführend. Hierfür werden Materialien mit hoher Ähnlichkeit in Gruppen zusammengefasst. Ebenso werden für die Wandstärke der Bauteile Gruppen gebildet, so genannte Stützstellen. Sie können vom Anwender definiert werden.

Im Prozess können Abweichungen durch die Anpassung der Bauteile an den Bauraum entstehen. Die Bauteile behalten ihre grundlegende Geometrie, wenn sie in den Bauraum skaliert werden. Passen Bauraum und Bauteil nicht im Verhältnis überein, füllen die Bauteile den Bauraum nicht vollständig aus oder sind zu groß. Abbildung 7.2 verdeutlicht diese Fälle. Prozessseitig können diese Fehler bereinigt werden, indem diese Varianten aussortiert werden. Möglich ist eine Bauteilanpassung unabhängig von der grundlegenden Geometrie, siehe Abbildung 7.2. Dabei ist eine Überprüfung der Herstellbarkeit anzuschließen. [Lus15]

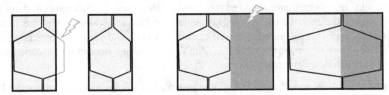

Abbildung 7.2: Abweichungen in der Skalierung der Bauteile in den Bauraum mit möglicher Anpassung der Bauteilstruktur; eigene Darstellung

Mehrere Durchläufe der Prozedur werden anhand des Beispiels des Golf durchgeführt. Es wird nachgewiesen, dass das realisierte Bauteil in den Lösungsvarianten vorhanden ist. Abweichungen kommen aufgrund der Gruppierung des formalisierten Wissens zu stande. Zudem wird der parallele Benutzerzugriff erfolgreich getestet. In Abhängigkeit der Varianz der Eingangsdaten läuft die erste Prozedur im Durchschnitt im unteren zweistelligen Sekundenbereich durch. [Lus15]

Alle weiteren Bauteile eines Durchlaufes können untersucht werden. Zum einen kann der Neuheitsgrad überprüft werden, indem ein Vergleich mit bereits bestehenden Konzepten erfolgt. Aufgrund der Informationslage und des oben genannten Aufwands für die Nachverfolgung von Entwicklungsprozessen wird die Überprüfung des Neuheitsgrades durch einen Vergleich mit bestehenden Konzepten nicht weiterverfolgt. Stattdessen können die Unterschiede der Bauteile untereinander verglichen werden und Rückschlüsse gezogen, welche Merkmale oft variiert und welche gleich sind. Aufgrund der hohen Vielzahl ist ein direkter Vergleich der Varianten nicht zielführend. Stattdessen ist eine Betrachtung von variierenden Eingangsparameter im Vergleich zu den Ausgabeparametern interessant, um die Funktion der Prozedur zu überprüfen. Ein Beispiel soll dies verdeutlichen. Den Bauteilen werden fertigungs- und funktionsabhängig Wandstärken zugewiesen. Hierbei werden Grenzen definiert und dazwischen eine Anzahl Stützstellen bestimmt, zum Beispiel haben crashbelastete Bauteile mit einem Bereich von $1,1mm$ bis $1,5mm$ drei Stützstellen bei $1,1mm$, $1,3mm$ und $1,5mm$. Daraus resultiert eine bestimmte Anzahl von X Bauteilen. Die Anzahl der Bauteile hängt vom Material ab. Einige Materialien können bis zu einer Wandstärke von $1,3mm$ verarbeitet werden. Andere Materialien können dagegen von $0,8mm$ bis $1,5mm$ umgeformt werden. In einem zweiten Durchlauf wird die Anzahl der Stützstellen geändert, sodass $1,4mm$ berücksichtigt werden. Das verändert die Anzahl von Y Bauteilen. Die Anzahl Y wird größer als X in Abhängigkeit des Materials, das in $1,4mm$ verarbeitet wird. In der Theorie nimmt die Anzahl Y genau um die Anzahl X der bestehenden Bauteile zu, sofern keine andere Grenzwerte das verhindern. Die Anzahl Y hängt in diesem Beispiel von der Anzahl der Stützstellen und den Materialien ab, sodass $X \leq Y \leq 2X$. Anhand des ERM können diese Zusammenhänge erarbeitet werden, siehe Abbildung 6.7. Sie sind mathematisch beschreib- und somit messbar. Mit Hilfe dieser Tests können die Primär-Fremdschlüsselbeziehungen überprüft werden. Aufgrund des komplexen Systems sind Stichproben aller permanenter Tabellen zu entnehmen. Unter Berücksichtigung der Lösungsmuster führt die Prozedur mit jeweils einer Merkmalsausprägung, die zur Kombination zur Verfügung steht, zu einem Ergebnis [Lus15, Res16, Tas17]. Zielkonflikte können damit jedoch nicht umgangen werden. Für Bauteile die nicht erzeugt werden, wird darauf hingewiesen, dass unter den gegebenen Randbedingungen und mit dem formalisierten Wissen keine Generierung möglich ist.

Die Validierung der zweiten Prozedur kann nur mit den Ergebnissen aus der ersten Prozedur durchgeführt werden. Sofern Baugruppen, die kombiniert werden sollen, aus der ersten Prozedur fehlen, kommt es zu einem Fehler. Analog zur ersten Prozedur ist eine alleinige Überprüfung des Lösungsraumes auf die realisierten Bauteile eines Anwendungsbeispiels nicht zielführend. Mit den Daten des oberen Anwendungsbeispiels, kann die Golf Karosserie unter den Lösungsvarianten in einer Annäherung generiert werden. Die Abweichungen resultieren aus den verwendeten Randbedingungen. Demzufolge haben das formalisierte Wissen und im Entwicklungsprozess genutzte Wissen einen hohen Deckungsgrad. Außerdem funktioniert die Kombinatorik der zweiten Prozedur.

Letzteres wird von der Anzahl an Lösungsvarianten, die kombiniert werden, gestützt. Bei wenigen Beschränkungen in den Eingaben strebt die Anzahl der Lösungsvarianten gegen Unendlich, wie in der Beispielrechnung aus Kapitel 3.3.4 postuliert wird. Es werden deutlich mehr Lösungsvarianten generiert als in einem Entwicklungsprozess, sodass darunter mit hoher Wahrscheinlichkeit auch neuartige Lösungsvarianten sind. Mit der Anzahl von Lösungsvarianten steigt die benötigte Zeit der Prozedur, um die Fügegruppen- und Karosserievarianten auf Plausibilität und Fügbarkeit zu prüfen, vgl. Abbildung E.1 in Anhang E. Untersuchungen ergeben, dass die Zahl der Lösungsvarianten exponentiell von den Randbedingungen abhängen. Die Anwendung der Prozedur ist daher nur zielführend, wenn konkrete Einschränkungen getroffen werden. Eine Lösung dafür ist die Reduzierung der Merkmalsausprägungen bauteil- und funktionsabhängig. Dazu zählt die Definition von Stützstellen, die Gruppierung von Materialien und deren funktionsabhängige Zuweisung, die Auswahl von Fügeverfahren oder zu verwendenden Geometrien. Eine Optimierung der Prozedur bringt zusätzliche Performance-Vorteile. [Tas17]

Zusammengefasst erzeugen die Prozeduren unter Verwendung des formalisierten Wissens Lösungsvarianten. Deren Anzahl hängt von den Eingaben des Nutzers ab und strebt bei wenigen Eingaben gegen Unendlich und ist so nicht produktiv einsetzbar. Sofern der Anwender ausreichend Randbedingungen vorgibt, kann die Zahl der Lösungsvarianten reduziert werden, sodass ein zielführender Einsatz möglich ist. Die n-dimensionalen Lösungsräume die entstehen, sind deshalb Punktewolken aus X Lösungsvarianten, die eine bestimmte Auflösung haben. Diese ist abhängig von den Eingaben. Die sinnvolle Eingrenzung der Randbedingungen hat für die spätere Analyse den Vorteil, ein aussagekräftiges Ergebnis zu erlangen, zum Beispiel wenn die Varianten mit einem B-Säulen-Einleger mit 1,2 mm Wandstärke alle bessere Bewertungen bekommen, als mit 0,8*mm*. Anschließend kann ein weiterer Durchlauf der Prozeduren Lösungsvarianten erzeugen, bei denen die Wandstärke der B-Säule um 1,2*mm* variiert, bspw. auf 1,1*mm* , 1,2*mm* und 1,3*mm*. Damit wird ein Bereich des Lösungsraumes detailliert. Die Dichte der Punktewolke steigt an der Stelle und mit den anschließenden Bewertungen können Extrema in diesem Bereich besser als zuvor identifiziert werden.

7.2 Anwendungen in der Analyse und der Evaluation

Die Analysen können über Abweichungen der Ausgabedaten zu vergleichbaren Anwendungen oder realen Bauteileigenschaften validiert werden. Die Anwendungen der ersten und zweiten Stufe der Analyse und Evaluation können an einem definierten Umfang durchgeführt werden. Die Abweichungen zu validierten Produktmodellen oder realen Bauteilen sind messbare Erfolgsfaktoren und ermöglichen eine Aussage zur Validierung. Für die dritte Stufe ist eine detaillierte Untersuchung erforderlich. Deren Erfolgsfaktoren sind zu definieren. Außerdem ist die Funktion der Nutzwertanalyse für die Stufen zu überprüfen.

7.2.1 Erste und zweite Stufe: Gewicht, Kosten, Standardfügeverfahren, Fertigungszeit und LCA

Die Analysen in den Anwendungen der ersten und zweiten Stufe werden mit Hilfe des oben genannten Anwendungsbeispiels validiert. Dazu werden die Ergebnisse der Synthese verwendet und das Produktmodell ausgewählt, das eine hohe Übereinstimmung mit dem Golf aufweist. Die Validierung erfolgt an der Bodengruppe. Eine Abweichung kann nicht nur zwangsläufig durch eine schlechte Näherung generiert werden, sondern auch aufgrund der Abweichungen aus den Eingangsdaten. Die Ergebnisse der geometrieabhängigen Gewichtsabschätzung werden mit den realen Bauteilgewichten verglichen, siehe Tabelle 7.2.

Tabelle 7.2: Vergleich der geometrieabhängigen Gewichtsabschätzung des Umfangs aus Bauteilen des Golf und mit einem angepassten Bauteil; Abweichungen in Prozent bezogen auf das Gewicht der Bauteile des in Serie produzieren Golf; nach [Res16]

Bauteil	Differenz zu Bauteilen / %	Differenz zu angepassten Bauteilen / %
Querträger Fußraum	-4,7	-
A-Säule	-31,7	-17,7
Boden vorne	2,4	-
Schweller	-4,8	-
Tunnel	-6,2	-
Sitzquerträger	6,2	-
Fersenblech	3,3	-

Neben den Eingangsdaten, die abweichen, resultieren weitere Abweichungen aus den Annahmen der Berechnung des Gewichts. Die Verwendung der Querschnitte ist mit einer Abstrahierung der Geometrie gleichzusetzen. Der Verlauf zwischen zwei Querschnitten kann dementsprechend dargestellt werden. Die Verbindung zwischen zwei Bauteilen wird dagegen nicht berücksichtigt. Bauteile mit größeren Abmessungen werden demnach besser abgeschätzt als kleinere Bauteile. Außerdem werden lokale Elemente wie Schottbleche oder Löcher nicht berücksichtigt wie bei dem Schweller. Bei der A-Säule ist die Bauteilgrenze abweichend zum realen Bauteil definiert, weshalb die höhere Abweichung zustande kommt. Ein Vergleich bei großen Abweichungen mit auf die Lage der Querschnitte angepassten Bauteilen des Golf aus einem CAD-Modell zeigt, dass die Abschätzungen eine geringere Abweichung besitzen, siehe Tabelle 7.2. [Res16]

Insgesamt liegt die Gewichtsabweichung der Bauteile im einstelligen Prozentbereich. Hierbei kann die Annahme getroffen werden, dass Modelle von längeren und größeren Fahrzeugen als der Golf einen besseren Abstraktionsgrad besitzen, da die Abstände zwischen den Querschnitten und somit das Volumen, das abstrahiert wird, anteilig am Bauteil höher wird. Diese Annahme wird nicht weiter überprüft. Das Ergebnis kann bei Durchläufen mit anderen Randbedingungen variieren, wenn eine andere antriebsspezifische Topologie verwendet wird.

Die Lageabschätzung des Schwerpunktes basiert auf der Gewichtsabschätzung. Mit den Einzelgewichten wird ein Momentengleichgewicht gebildet, um die Lage des Schwerpunktes abzuschätzen. Für den betrachteten Bauteilumfang weicht der Schwerpunkt um 17 % vom realen Schwerpunkt des Bauteilumfangs ab. Dieser Wert ist als reines KO-Kriterium akzeptabel, da hiermit extreme Varianten herausgefiltert werden können. Die Abweichung hier resultiert aus den Abweichungen der Gewichtsabschätzung und aus der Annahme, dass die Schwerpunkte Punktmassen sind, die sich aus dem Verhältnis der Querschnitte zueinander zwischen diesen ergeben, vgl. Kapitel 5.2.1. [Res16]

Eine Abweichung der Materialkosten basiert ebenfalls auf den Abweichungen der Gewichtsabschätzung. Wie auch bei der Lageabschätzung des Schwerpunktes führen die Annahmen zu den Materialpreisen zu Abweichungen. Diese werden von der Beschaffung zur Verfügung gestellt und in dieser Anwendung als gegeben angesehen. Die Anwendung funktioniert bei dem Anwendungsbeispiel. Der Anteil der Standardfügeverfahren wird aus den Eingaben des Anwenders und den kombinierten Lösungsvarianten ermittelt. Es werden keine Abweichungen festgestellt.

Die beiden Fälle für die Berechnung der Fertigungszeit werden ebenfalls anhand des Anwendungsbeispiels überprüft. Ein Vergleich mit der tatsächlichen Fertigungszeit ist jedoch nicht zielführend, da die Daten zum einen aus der Produktion entnommen sind, und zum anderen die Eigenschaften der Fertigung, wie Maschinenanzahl, Fügereihenfolge etc. nicht berücksichtigt werden. Die Ergebnisse würden in hohem Maß von einander abweichen.

In der zweiten Stufe der Analyse wird die Sachbilanz einer LCA durchgeführt. Diese Anwendung existiert und wird als validiert betrachtet. Eine Anwendung in [CHI+15] bestätigt dies. Die Ausgabe der darauf zugeschnittenen Stücklisten sowie das Einlesen der Daten für die Nutzwertanalyse sind erfolgreich.

Bei den ersten beiden Stufen der Nutzwertanalyse werden alle Kombinationen von Eigenschaften getestet. Die Anwendung verarbeitet die Daten bei allen Kriterien oder nur einem

Kriterium pro Stufe einwandfrei. Sollte kein Kriterium gewählt sein, wird die entsprechende Stufe durchgeführt, ohne dass eine neue Bewertung vorgenommen wird. Lediglich notwendige Daten werden für die zweite bzw. dritte Stufe erzeugt. Diese Möglichkeit wird im Gesamtsystem aufgrund fehlender Sinnhaftigkeit jedoch deaktiviert und der Anwender zur Auswahl je eines Kriteriums je Bewertungsstufe gezwungen, um eine begründete Auswahl treffen zu können. Außerdem werden verschieden Punkteskalen und die Zuweisung der Punkte getestet. [Res16, Szy16]

Zusammengefasst ist eine Abweichung der Eigenschaften aus den Analysen zu den realen Eigenschaften oder denen der validierten Produktmodelle bei der Gewichtsabschätzung vorhanden. Dieser Sachverhalt fließt auch in die Lageabschätzung des Schwerpunktes und die Materialkostenabschätzung mit ein. Die Abweichungen kommen jedoch bei allen Lösungsvarianten zustande, die innerhalb eines Durchlaufes betrachtet werden. Da die Bauräume der Lösungsvarianten eines Durchlaufes identisch sind, wird damit der Unterschied in der geometrischen Ausprägung des Bauteils, dessen Material und Fügetechnik bewertet. Dieser Unterschied wird je nach Anwenderwunsch auf den minimalen, mittleren oder maximalen Wert normiert ausgegeben. Ein absoluter Vergleich ist nicht vorgesehen, lediglich die Grenzwerte werden absolut eingetragen.

7.2.2 Dritte Stufe: FEM-Simulationen

Die dritte Stufe der Analyse und der Evaluation besteht aus der automatisierten Geometriemodellerstellung, der Berechnungsmodellerstellung, der Auswertung und der Bewertung. Für das Hauptziel, die korrekte Abbildung des physikalischen Verhaltens, hat insbesondere die Geometriemodellerstellung einen großen Einfluss. Ein Erfolgskriterium ist hierbei die Modellierungsgüte, die aus mehreren messbaren Faktoren besteht. Sie können an den FEM-Modellen des automatisierten Prozesses analysiert werden. Dazu wird in erster Linie das zuvor verwendete Anwendungsbeispiel analysiert. Zunächst wird die Geometrie mit einem Referenzmodell verglichen, um Abweichungen zu ermitteln. Abbildung 7.3 stellt eine Überlagerung der Geometrien dar. Die Bauteile weisen eine geringe Abweichung von dem Referenzmodell auf. Dies kann auf die korrekte Positionierung der Bauteile im Bauraum zurückgeführt werden. Diese werden in Abhängigkeit der Blechdicken positioniert. Ein wichtiger Erfolgsfaktor ist die homogene Vernetzung der FEM-Modells mit Viereck-Elementen. Das abgebildete FEM-Modell weist eine weitestgehend homogene Vernetzung auf. Der Anteil von Dreieck-Elemente liegt bei dem Beispiel im unteren einstelligen Bereich und erfüllt die Randbedingungen. Die Dreieck-Elemente treten vor allem lokal an Rundungen und Querschnittsänderungen auf, siehe Abbildung 7.3. Die Implementierung verschiedener Fügeverfahren wird an dem FEM-Modell erfolgreich durchgeführt. Dabei werden die Fügeelemente entlang des jeweiligen Flansches mit dem gleichen Abstand eingefügt bzw. erstellt. Der Abgleich der Nummerierungskonvention der PIDs für die Zuordnung der Bauteile zu Baugruppen und der Einbeziehung von Materialien wird an dem FEM-Modell ebenfalls bestätigt. Die Einbindung der Anbindungspunkte und Auswerteknoten funktioniert.

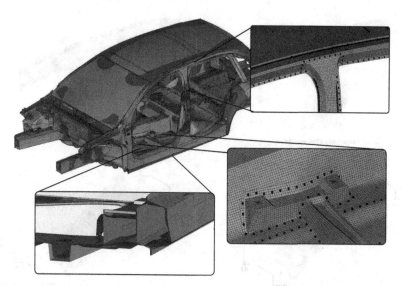

Abbildung 7.3: Vergleich von Referenzmodell (dunkelgrau) mit automatisiert erstelltem FEM-Modell (hellgrau) und Analyse der Modellierungsgüte; eigene Darstellung

An weiteren Durchläufen wird die Variabilität der Geometriemodellerstellung getestet. Dafür werden die Bauräume der Bauteile und deren Querschnitte verändert. Außerdem werden andere Fügegruppen eingeladen und die oberen Kriterien erneut geprüft. Die aufgestellten Anforderungen werden erfüllt. Die Grenzen der automatisierten Geometriemodellerzeugung werden sichtbar. Die Kombination beliebiger Fügegruppen miteinander funktioniert nicht. Bauteile können nicht beliebig weggelassen werden, da diese zum Teil aufeinander referenzieren, um die Anbindungen darzustellen. Zwar haben weitere Durchläufe FEM-Modelle erzeugt, welche die Kriterien erfüllen, aber unter anderen Randbedingungen können Kriterien auch nicht erfüllt werden. Daher sollten die FEM-Modelle vor der Simulation auf die Kriterien geprüft werden. Abbildung E.12 in Anhang E.3 zeigt weiterer Durchläufe mit verschiedenen Varianten.

Geometrische Abweichungen im automatisiert erstellten Modell zu dem Referenzmodell sind auf fehlerhafte Eingangsdaten zurückzuführen. Diese können in der Synthese entstehen, bspw. durch Abweichungen im Bauraum oder ein fehlendes Bauteil aufgrund eines geringen Detaillierungsgrades. Eine versetzte Lage der Bauräume zueinander kann zu Fehlern in der Vernetzung führen oder die Modellierungsgüte reduzieren. Wissen aus der SQL-Datenbank kann fehlerhaft sein, wenn z.B. die Namenskonvention nicht hinreichend beachtet wird. In Abbildung 7.4 sind zwei Fehler dargestellt. Diese Fehler können zu Abweichungen in der Abbildung des korrekten physikalischen Verhaltens führen.

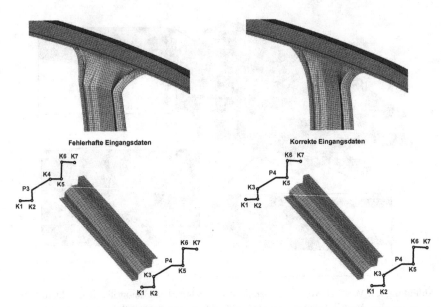

Abbildung 7.4: Auswirkungen der Fehler in den Eingangsdaten der Geometriemodellerstellung
an zwei Beispielen: oben: Fehlerhafte Bauraumpositionierung relativ zu einander,
unten: fehlerhafte Namenskonvention der Punkte; eigene Darstellung in Anlehnung
an [Koc16]

Neben der Auswirkungen der Geometriemodellerstellung auf die Modellierungsgüte ist die
Berechnungsmodellerstellung für die korrekte Abbildung des physikalischen Verhaltens entscheidend. Randbedingungen, die Einbindung von Zusatzkomponenten und das Aufbringen
von Lasten ist an Standards zu orientieren und mit bereits validierten Berechnungsmodellen
zu vergleichen. Diese Referenzmodelle stellen ebenfalls einen abstrahierten Modellgrad
des realen Fahrzeugs dar und enthalten demnach Annahmen und Vereinfachungen. Der
Detaillierungsgrad ist im Vergleich zu dem hier generierten Prozess höher. Deshalb wird
der Bauteilumfang der detaillierten FEM-Modelle an den Bauteilumfang der automatisiert
erzeugten FEM-Modelle angepasst. Damit erfolgt in einem ersten Schritt der Vergleich
des physikalischen Verhaltens. Ist dieses korrekt, werden in einem zweiten Schritt die
Abweichungen der absoluten Werte bzw. des Verhaltens miteinander verglichen. Diese
Informationen werden in der Auswertung erzeugt und werden für jede Lösungsvariante
ergänzt, vgl. Kapitel 5.2.3.

Die Anwendungen der Analysen aus Kapitel 6.2 werden erfolgreich auf die reduzierten
Referenzmodelle angewendet. Die Referenzmodelle werden schrittweise reduziert und die
Auswirkungen wegfallender Bauteile bis hin zu dem vergleichbaren Bauteilumfang geprüft.
Zunächst werden Zusatzkomponenten entfernt, dann entfallen Halter und Verstärkungen
und zuletzt die äußeren Seitenteile. Das physikalische Verhalten stimmt bei den Varianten

überein. Der Vergleich von dem ursprünglichen zu dem reduzierten FEM-Modell ergibt jedoch eine 43 % geringere dynamische Torsionssteifigkeit. Die statische Torsionssteifigkeit ist um 37 % verringert. Die Torsionsfrequenz liegt bei ca. 76 % und die Biegefrequenz bei ca. 70 % der ursprünglichen Werte. Sowohl bei der Modalanalyse und als auch bei der Analyse nach Periard und Kosfelder liegen die Werte um wenige Prozentpunkte auseinander. [Koc16] Abweichungen in den Größenordnungen tauchen bei allen Lösungsvarianten eines Durchlaufes auf. Die Verfahren sind für einen relativen Vergleich der Lösungsvarianten untereinander geeignet.

Die reduzierten FEM-Modelle werden zur Analyse der korrekten Abbildung des physikalischen Verhaltens der automatisiert erzeugten FEM-Modelle verwendet. Das Verhalten bei statischen Biege- und Torsionsbelastungen kann über das Verformungsbild verglichen werden. Hier wird die vertikale Verschiebung des FEM-Modells betrachtet. Abbildung 7.5 zeigt das physikalische Verhalten bei beiden FEM-Modellen. Abweichungen bei der Biegebelastung resultieren daraus, dass die Geometrie der Rückbank im Referenzmodell für sich gesehen eine höhere Steifigkeit hat. Ansonsten wird in der Biegebelastung eine hohe Übereinstimmung festgestellt. Das Verhalten bei der Torisonsbelastung ist nahezu identisch.

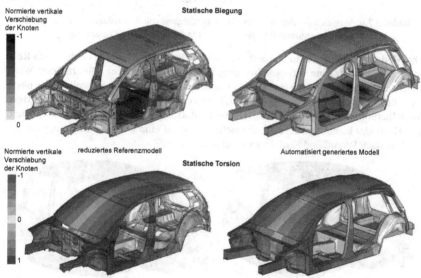

Abbildung 7.5: Vergleich des Verhaltens bei statischer Torsion und Biegung von dem reduzierten Referenzmodell und dem automatisiert generierten FEM-Modell, 10-fache Skalierung; eigene Darstellung

Das physikalische Verhalten der dynamischen Torsionssteifigkeit kann mit Hilfe des Verlaufes der Steifigkeit bzgl. der Frequenz beurteilt werden. Der Verlauf der Kurven weist eine hohe Ähnlichkeit auf. Das physikalische Verhalten kann daher als korrekt angenommen werden. Bei dem Vergleich der Absolutwerte fällt auf, dass der minimale Wert des Referenzmodells bei einer höheren Frequenz auftritt. In Abbildung 7.6 sind die Verläufe dargestellt.

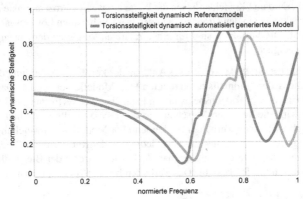

Abbildung 7.6: Vergleich der dynamischen Torsionssteifigkeit von dem reduzierten Referenzmodell und dem automatisiert generierten FEM-Modell; eigene Darstellung

Die Modalanalysen des automatisiert generierten FEM-Modells und des reduzierten Referenzmodells liefern eine Torsionsschwingung als erste Eigenfrequenz. Die absoluten Werte weichen weniger als 1 % von einander ab. Das deutet auf die korrekte Darstellung des physikalischen Verhaltens hin, vgl. Abbildung 7.7. Abweichungen können durch eine angepasste Modellierung der C-Säule entstehen. Da die Modalanalyse und die Analyse nach Periard und Kosfelder kaum von einander abweichen, wird auf eine weitere Validierung von der Analyse nach Periard und Kosfelder verzichtet.

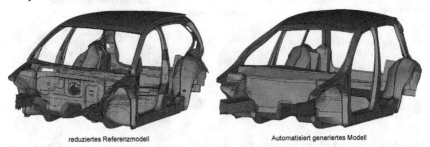

Abbildung 7.7: Vergleich der Modalanalyse von dem reduzierten Referenzmodell und dem automatisiert generierten FEM-Modell, Torsionseigenfrequenz in 10-facher Skalierung; eigene Darstellung

Zusammengefasst bilden die automatisiert generierten FEM-Modelle das physikalische Verhalten korrekt ab. Für andere Fahrzeugaufbauten ist das Verhalten zu überprüfen. Im Rahmen der Nutzwertanalyse werden die Grenzwerte eingetragen, dabei ist auf die Abweichungen im Rahmen von 30 % hinzuweisen. Da diese, wie bei den anderen Stufen, bei allen Lösungsvarianten eines Durchlaufes zu Stande kommen, ist die Abweichung akzeptabel. Eine Auswahl für die weitere Betrachtung des Crash-Verhaltens kann folglich getroffen werden. Für eine endgültige Auswahl einer Lösungsvariante sind die FEM-Modelle zu detaillieren, um das Crash-Verhalten zu prüfen.

7.3 Datenmanagement

Nach der Validierung der einzelnen Anwendungen in den vorherigen Kapiteln ist auch das Datenmanagement, die COSP, zu validieren. In Form eines Systemtests mit dem Anwendungsbeispiel können messbare Erfolgsfaktoren überprüft werden. Dazu zählen die in Kapitel 6.3 definierten Aufgaben.

Eine der Hauptaufgaben des Datenmanagements ist die Ansteuerung der Anwendungen. Ein Anwendungsbeispiel zeigt dies bis einschließlich der automatisierten Geometriemodellerstellung. Die nachfolgende Anbindung der Anwendungen ist nicht zielführend, sodass der letzte Schritt der Nutzwertanalyse manuell an das Datenmanagement anzubinden ist. Ohne Netzwerkanbindung sind der Abruf von Lizenzen und der Zugriff auf den SQL-Server nicht möglich. Das Datenmanagement stellt außerdem sicher, dass die jeweils nächste Anwendung nur gestartet werden kann, wenn die Ergebnisse des vorherigen Schrittes vorliegen. Das wird über die GUI umgesetzt, bei der solange die entsprechenden Schaltflächen für den Anwender gesperrt sind. [Szy16]

Die Verwaltung der Daten wird in mehreren Tests überprüft. Hierzu zählt das Exportieren von Projekten und das Importieren dieser auf andere Rechner unter anderen Nutzern. Die Ergebnisse jeder Anwendung können gezielt aufgerufen werden. Da die Daten lokal gespeichert werden, sofern es nicht anders eingestellt ist, ist auch die Datensicherheit gewährleistet. Der Zugriff zur Datenbank kann nur mit Leserechten erfolgen. Ohne diese ist nur der erste Hauptschritt der Synthese durchführbar. Anforderung AF-5.1, Tabelle 7.3, ist erfüllt. Zudem werden die nicht funktionalen Anforderungen wie Ergonomie, Zuverlässigkeit, Leistung und Effizient, Kompatibilität sowie Wartung und Übertragbarkeit validiert. Das Ergebnis ist positiv. [Szy16]

Insgesamt erfüllt das Datenmanagement die Anforderungen und vereint die einzelnen Anwendungen, sodass eine Automatisierung des gesamten Systems möglich ist. Das führt zu einer verknüpften Umsetzung des MBSE unter Einbeziehung des formalisierten Wissens aus den Anwendungen und des impliziten Wissens des Anwenders. Die Durchlaufzeit hängt von den Eingaben des Anwenders hab. Je mehr freie Variablen existieren, desto länger dauert ein Durchlauf in der Kombinatorik. Die Anwendungen der Analyse benötigen einen Bruchteil der Zeit. Eine Freigabe für die Implementierung wird erteilt (AF-1.9, Tabelle 7.3).

7.4 Gesamtsystem

Nach dem Abschluss der Validierungen der Anwendungen und des zusammenführenden Datenmanagements ist das Gesamtsystem anhand der Anforderungen aus Kapitel 3.2 zu validieren, siehe Tabelle 7.3. Die Auswirkungen der Strategien von MBSE, KBE und PDM werden detailliert thematisiert. Den Abschluss bildet die Diskussion der Umsetzung im Vergleich zu den vorgestellten Konzepten aus Kapitel 2.4.4 und die Zielerreichung.

Die erste Funktionsanforderungen AF-1.1, Tabelle 7.3, verlangt nach einer schnelleren Beurteilung der Auswirkungen von Parameteränderungen als bisher. Diese sind auf das Zusammenwirken von Merkmalen und Eigenschaften einer Karosserie bezogen. Unter Berücksichtigung dieser Forderung wird das Konzept ausgearbeitet, detailliert, aussagekräftige Analysen, die automatisiert werden können, ausgewählt und der Prozess umgesetzt. Damit wird eine Beurteilung zu dem frühen Zeitpunkt der Entwicklung mit wenigen Anforderungen überhaupt möglich, vgl. Kapitel 3.1. Die Validierung hat gezeigt, dass die Durchlaufzeit gering ist. Anforderung AF-1.2 fordert gleichzeitig eine ganzheitliche Betrachtung der Eigenschaften, um die Interessen weiterer Fachbereiche als Datenlieferanten und -abnehmer miteinzubeziehen. Daher wird in den drei Bereichen Technik, Wirtschaft und Umwelt ein Benchmarking durchgeführt, um die wesentlichen Eigenschaften zu identifizieren. Mit diesen einher gehen die Analysen. Sie werden nach Aufwand, Aussagegenauigkeit und Bedeutung ausgewählt. Bei der Auswahl wird die Verwendung bestehender Analysen geprüft, Anforderung AF-2.2. Eingesetzt werden z.B. die Sachbilanz der LCA per Schnittstelle zu dem Fachbereich, AF-2.5, und die Analysen der dritten Stufe. Daraus resultiert eine ganzheitliche Beurteilung, die nicht alles, sondern die wichtigen Eigenschaften in der frühen Phase umfasst. Diese sind die Eingangsdaten des Prozesses. Sie fließen in die PDD-Phasen Synthese, Analyse und Evaluation ein und beeinflussen den Prozess entsprechend. Anforderung AF-1.3 ist deshalb erfüllt, ebenso Anforderung AF-1.4 mit den Ausgabedaten. In der Synthese werden die Lösungsvarianten der Karosseriekonzepte kombiniert und in Stücklisten ausgegeben. Basierend auf diesen werden die Analysen durchgeführt und dabei automatisiert Geometriemodelle generiert. Letztere können per *Catia V5*-Schnittstelle zur weiteren Detaillierung in der Konstruktion verwendet werden. Analog können die FEM-Modelle in der Berechnung weiter verwendet werden. Damit kann die Weiterverwendung der Daten sichergestellt werden, AF-2.4.

Der Prozess baut grundlegend auf dem in der vorliegenden Arbeit erweiterten Ansatz des CPM und PDD auf, vgl. Kapitel 3.3. Für die Phasen gelten die Anforderungen AF-1.4 bis AF-1.6. In der Anforderung AF-1.5 wird die Synthese als Ableitung der Merkmalsausprägungen aus den geforderten Eigenschaften beschrieben. Das Systemmodell verwendet die geforderten Eigenschaften als Eingangsdaten. Dazu zählen neben den geforderten Eigenschaften für die Analyse und Evaluation auch Hauptmaße und Aufbauausprägungen sowie zu verwendende Packagekomponenten. In der dreistufigen Analyse werden die Kombinationen der Merkmalsausprägungen betrachtet und deren Eigenschaften ermittelt (AF-1.6). Die Evaluation läuft ebenfalls wie gefordert ab. Deswegen werden die analysierten Eigenschaften mit Hilfe einer Nutzwertanalyse mit den geforderten Eigenschaften verglichen. Für die

Stufen werden Ranglisten nach Nutzwert für die am besten geeignetsten Lösungsvarianten aufgestellt. Somit ist AF-1.7 erfüllt.

Eine schnelle Beurteilung ist nur dann möglich, wenn das System existiert und die Arbeitsschritte darin automatisierbar sind, vgl. AF-1.8. Die Verwendung eines Systemmodells zur Versorgung der Produktmodelle für die Analyse kennzeichnet das MBSE, vgl. AF-2.1. In der Synthese wird das Systemmodell mit zwei Anwendungen umgesetzt. Dem Anwender wird im ersten Hauptschritt die Erstellung eines Maßkonzeptes abgenommen. Die Nutzung der Beziehungen zwischen den Maßen und der Prüfung ist eine Routinetätigkeit, die automatisiert abläuft. Durch die Kombinatorik im zweiten Hauptschritt wird dem Anwender teils eine Routinetätigkeit abgenommen, indem bekannte Lösungsmuster miteinander, auch zu neuen, kombiniert werden. Erst durch die Automatisierung kann ein größerer Lösungsraum betrachtet werden. Das Datenmanagement übernimmt für jede Lösungsvariante bei den Analysen die Bereitstellung der Daten aus dem Systemmodell, siehe AF-2.3. Durch die Automatisierung der Analysen mit ihren Anwendungen können diese Ergebnisse für eine Vielzahl von Lösungsvarianten liefern. Der Anwender wählt die Analyse aus und die Bereitstellung der Daten, Durchführung der Analysen und das Zusammentragen der Ergebnisse werden vom Gesamtsystem übernommen. Das gilt für die ersten beiden Stufen der Analyse und Evaluation. Die dritte Stufe läuft unter Berücksichtigung des Aufwands und der Notwendigkeit, die FEM-Modelle zu kontrollieren, teilautomatisiert ab. Eine weitere Automatisierung für die dritte Stufe ist daher nicht empfehlenswert. Insgesamt ist die Anforderung AF-1.8 erfüllt.

In den Kapiteln 7.1 bis 7.3 wird die Umsetzung validiert und freigegeben (AF-1.9), da die Systeme als robust beurteilt werden (AF-2.8). Sie bilden das physikalische Verhalten korrekt ab. Bei der Anwendung der Umsetzung nach einer Erweiterung des formalisierten Wissens sind die mit der Methodik erzeugten Ergebnisse erneut zu prüfen.

Der Prozess basiert auf der Erhebung, Analyse und Strukturierung von Wissen. Dafür wird in Kapitel 4 das erforderliche Wissen zusammengetragen. Formalisiertes Wissen fließt in die Synthese ein. Im ersten Hauptschritt werden mathematische und statistische Beziehungen verwendet. Sie stellen firmenspezifisches Wissen dar. Im zweiten Hauptschritt der Synthese werden die Lösungsmuster unter Randbedingungen miteinander kombiniert. Zum einen sind die Lösungsmuster selbst formalisiertes Wissen, zum anderen sind die Randbedingungen der Kombinatorik formalisiertes Wissen. Beides zusammen ist firmenspezifisches Wissen, das in der Datenbank zur Entwicklung, der Verteilung, Nutzung und Bewahrung von Wissen in Bezug auf die Kernprozesse des Wissensmanagements dient. In den Stufen der Analyse wird je nach Anwendung Wissen zum automatisierten Aufbau der Produktmodelle für jede Lösungsvariante verwendet. Auch die automatisierte Geometriemodellerstellung greift auf formalisiertes Wissen in Form der *SFE Concept* Bibliothek zurück. All das Wissen ist firmenspezifisch und stammt aus den Fachabteilungen. Darunter fällt dort explizit vorhandenes Wissen und das implizite Wissen der Experten, mit deren Hilfe das Wissen analysiert, strukturiert und formalisiert wird. Das Gesamtsystem nutzt Wissen für den wertschöpfenden Prozess, in dem dieses gezielt miteinander verknüpft wird, um neues

Wissen über die Auswirkungen und Parameteränderungen zu generieren. Das Gesamtsystem trägt so zur Erhöhung des Reifegrads bei. Anforderungen AF-2.6 ist erfüllt.

Neben der Verwendung bestehender Analysen ist auch die Kompatibilität im Unternehmen herzustellen, siehe Anforderung AF-2.7. Hierbei wird die Software für die Anwendungen entsprechend der IT-Infrastruktur des Unternehmens ausgewählt. Außerdem sind die Eingangsdaten so definiert, dass sie aus Produktentwicklungsprozessen in der frühen Phase vorliegen und entnommen werden können. Analog funktioniert die Einbindung der Ausgabedaten.

Die Bedienung der Anwendung wird von den involvierten Experten als benutzerfreundlich angesehen. Bei einer Implementierung wird weiteres Optimierungspotential erwartet. Für diese Umsetzung gilt AF-4.1 als erfüllt.

Die Datensicherheit ist zum einen aufgrund des lokalen Speichers gegeben. Zum anderen kann das Gesamtsystem ab dem zweiten Hauptschritt der Synthese nur mit den Leserechten für die SQL-Datenbank betrieben werden. Ein Zugriff auf die Daten ohne diese Rechte ist nicht möglich. Alle nachfolgenden Schritte sind nur mit dem Ergebnis aus der Datenbank durchführbar. AF-5.1 ist somit erfüllt. Tabelle 7.3 fasst die Erfüllung der Anforderungen zusammen.

Das Konzept zur Aktualisierung und Pflege wird in Kapitel 8 beschrieben. Dort wird die Erfüllung der Anforderungen AF-3.1 bis AF-3.3 überprüft.

Zusammengefasst werden die sechs Teilziele, Karosseriekonzepte unter der Anwendung von MBSE, KBE und PDM nach Vorlage des CPM und PDD zu generieren, zu analysieren und zu bewerten, erfüllt. Das beispielhaft umgesetzte Gesamtsystem besteht aus einem Systemmodell und Produktmodellen, mit denen verschiedene Analysen durchgeführt werden. Mit Hilfe der Automatisierung und des formalisierten Wissens in den Anwendungen werden Lösungsvarianten für herstellbare Karosserie erzeugt, deren Eigenschaften analysiert und hinsichtlich der geforderten Eigenschaften bewertet. Die Auswirkungen von Parametervariationen auf die Eigenschaften und Merkmale der Karosserie können vor allem bei mehreren Durchläufen schnell und ganzheitlich beurteilt werden. Das Hauptziel wird somit erreicht und die Methodik kann zur Steigerung der Effektivität und Effizienz in Produktentwicklungsprozessen beitragen.

Im Vergleich zu den in Kapitel 2.4.4 diskutierten Konzepten kombiniert die Methodik die Strategien des MBSE und KBE in allen Phasen des PDD gezielt miteinander, um deren Vorteile zu nutzen. Es werden sowohl ein Systemmodell erstellt wie auch fachspezifische Produktmodelle für die Analysen. Diese sind nicht nur auf technische Eigenschaften bezogen, sondern betrachten auch wirtschaftliche und ökologische Eigenschaften. Das formalisierte Wissen wird im Vergleich zu den Konzepten auch zur Verteilung, Nutzung und der Bewahrung von Wissen implementiert. Die Kompatibilität zur IT-Struktur besteht ebenfalls wie auch die Integration in bestehende Produktentwicklungsprozesse durch abgestimmte Eingangs- und Ausgabedaten. Das Verhältnis von Nutzen zu Aufwand wird positiv beurteilt, da dem Anwender Routinetätigkeiten abgenommen werden. Außerdem bekommt der Anwender Unterstützung beim Vergleich der Lösungsvarianten in Form einer Bewertung. Insgesamt wird

Tabelle 7.3: Überprüfung der Anforderungen für die Methodik - Teil I, F: Fest-, M: Mindest-, W: Wunschforderung; eigene Darstellung

Gliederung		Bezeichnung	Werte, Daten	Art	Erfüllung
Funktion	AF-1.1	Parameteränderungen schnell beurteilen	t < Ist-Zustand	M	✓
	AF-1.2	Karosseriekonzepte ganzheitlich beurteilen	Technisch, wirtschaftlich, ökologisch	F	✓
	AF-1.3	Geforderte Eigenschaften als Eingangsdaten berücksichtigen		F	✓
	AF-1.4	Karosserievarianten erstellen	Stückliste, Geometriemodelle	F	✓
	AF-1.5	Merkmalsausprägungen aus geforderten Eigenschaften ableiten	Merkmale	F	✓
	AF-1.6	Merkmale analysieren, um Eigenschaften zu ermitteln	Eigenschaften	F	✓
	AF-1.7	Bewertungsverfahren für die Evaluation einbinden	Vergleich zwischen geforderten und ermittelten Eigenschaften	F	✓
	AF-1.8	Anwender durch Automatisierung Routine-Tätigkeiten abnehmen	Hoher Automatisierungsgrad	F	✓
	AF-1.9	Gesamtsystem validieren und freigeben		F	✓
Aufbau	AF-2.1	Systemmodell und Produktmodelle verwenden		F	✓
	AF-2.2	Verwendung von bestehenden Produktmodellen prüfen		W	✓
	AF-2.3	Zentrales Datenmanagement erstellen		F	✓
	AF-2.4	Weiterverwendung der Daten ermöglichen		F	✓
	AF-2.5	Schnittstellen zu anderen Fachbereichen berücksichtigen		W	✓
	AF-2.6	Wissen aus den Fachabteilungen implementieren	Formalisiertes Wissen	F	✓
	AF-2.7	Kompatibilität des Konzeptes im Unternehmen herstellen		F	✓
	AF-2.8	Systeme robust gestalten	Hohe Robustheit	M	✓
Nutzung	AF-4.1	Benutzerfreundliche Bedienung	Intuitiv, einfach	F	✓
Sicherheit	AF-5.1	Sicherheit und Wissensschutz berücksichtigen	Rollen verteilen	F	✓

der Methodik eine hohen Konformität bzgl. KBE und MBSE bescheinigt. Zudem ist der Grad der Automatisierung hoch und die Anwendbarkeit anhand von einem Anwendungsbeispiel demonstriert. Für den identifizierten Handlungsbedarf wird somit eine Lösungsmöglichkeit gezeigt. Das Gesamtsystem kann je nach Detaillierungsgrad und Aufwand um Merkmale in der Synthese und Anwendungen in der Analyse erweitert werden. Dabei ist die Komplexität des Gesamtsystem zu berücksichtigen. Die Ausdetaillierung des Prozesses und dessen Umsetzung sind firmenspezifisch ausgerichtet. Dieser Prozess ist deshalb nicht ohne Anpassungen übertragbar. Insbesondere das formalisierte Wissen ist nicht übertragbar und muss bei der Umsetzung der Methodik in anderen Unternehmen neu erhoben, analysiert und strukturiert werden. Das Gleiche gilt für weitere firmenspezifische Entscheidungen, bspw. über die IT-Infrastruktur sowie die Aufbau- und Ablauforganisation. Eine Übertragbarkeit der Methodik in andere fahrzeugnahe Bereiche ist möglich, z.B. Flugzeugbau. Dort werden

Merkmale und Eigenschaften unter ähnlichen Randbedingungen betrachtet. Die Übertragung in andere Bereiche ist vorstellbar, dann müssen die Beziehungen von Eigenschaften und Merkmalen grundlegend überarbeitet werden.

8 Implementierung der Methodik und ihrer Anwendungen

Für eine Implementierung des Gesamtsystems als Start der Betriebsphase im Unternehmenskontext werden im Folgenden die notwendigen Schritte beschrieben. Außerdem wird das Konzept zur Verwaltung, Pflege und Aktualisierung dargestellt. Abschließend wird die weitere Verwendung thematisiert. Abbildung 8.1 zeigt die Gliederung dieses Kapitels.

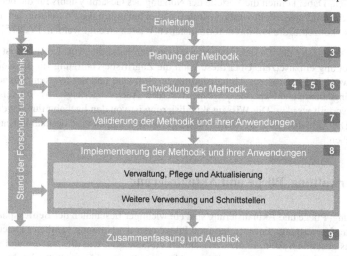

Abbildung 8.1: Gliederung des achten Kapitels; eigene Darstellung

Die Implementierungsphase nach der VDI-Richtlinie 5610 ist Teil der Umsetzung. Im Rahmen der vorliegenden Arbeit bezeichnet die Implementierungsphase die notwendigen Schritte, um die beispielhafte Umsetzung der Methodik in das Unternehmen einzuführen. [VDI15] In einem ersten Schritt ist die Einbindung der Umsetzung in die Aufbau- und Ablauforganisation zu klären. Da die Schnittstellen zur Organisation berücksichtigt sind, sind Zeitpunkt und Ziel der Nutzung des Gesamtsystem definierbar. Der Einsatz kann gestartet werden, sobald die Dokumente mit den Eingangsdaten, vgl. Kapitel 3.3.1, vorliegen. Die Anwendung des Gesamtsystems und deren Ausgabedaten haben weiterführende Änderungen in der Organisation zur Folge. Dazu zählt eine Verlagerung der Kapazitäten hin zur Anwendung der Methodik in der frühen Phase, und weg von den bisherigen Iterationsschleifen im späteren Verlauf des Entwicklungsprozesses.

Für den Betrieb des Gesamtsystems sind die Rollen eines KBE-Projektes zuzuweisen und damit klare Aufgaben und Verantwortungen zu vergeben und Regeln aufzustellen. Für die Kapazitätsplanung sollten diese Rollen berücksichtigt werden. Anwender und die Abnehmer

© Springer Fachmedien Wiesbaden GmbH, ein Teil von Springer Nature 2018
J. Hasenpusch, *Methodik zur Beurteilung eigenschaftsoptimierter Karosseriekonzepte in Mischbauweise*, AutoUni – Schriftenreihe 123,
https://doi.org/10.1007/978-3-658-22227-7_8

der Daten sind in den beteiligten Fachbereichen zu bestimmen. Zudem sind für Verwaltung, Pflege und Aktualisierung bestimmte Rollen zu vergeben, um die Todesspirale zu verhindern, siehe Kapitel 8.1.

Alle betroffenen Personen, vom Anwender über Datenabnehmer bis zum Experten, sind über die Ziele und den Nutzen des Gesamtsystems aufzuklären. Die VDI-Richtlinie 5610 empfiehlt für diese Schaffung von Transparenz einen Lenkungsausschuss einzusetzen. Neben der Erstellung von allgemeinem Informationsmaterial sind u.a. spezifische Schulungsunterlagen zu erstellen. Dabei können die Vorteile der Nutzung des Gesamtsystems für die beteiligten Fachbereiche herausgestellt werden. Zum Beispiel bekommt die Produktion herstellbare Karosseriekonzepte, die mit ihrem formalisierten Wissen erzeugt werden. [VDI15]

Für die Verteilung des Gesamtsystems und die Bereitstellung von Lizenzen ist die IT-Fachabteilung einzusetzen. Über diese kann die Zugriffsberechtigung für die Rollen gesteuert werden. Eine spätere Aktualisierung der Software und des Wissens können über Wissensingenieure und Experten eingespeist werden. Auch Änderungen von Anwendungen können verteilt werden. Die Wissensaktualisierung ist von den Fachabteilungen durchzuführen. Die Aktualisierung der wissensbasierten Anwendungen wird deshalb in Kapitel 8.1 beschrieben.

8.1 Verwaltung, Pflege und Aktualisierung

Verwaltung, Pflege und Aktualisierung sind ein wichtiger Bestandteil der Betriebsphase. Bei schlechter Verwaltung, einer zu geringen Pflege oder der Nutzung veralteter Datenstände droht das gesamte System in die Todesspirale zu gelangen. Um dies zu vermeiden, wird in diesem Kapitel ein Konzept zur Pflege, Aktualisierung und Verwaltung der Anwendungen beschrieben. Anschließend werden die betreffenden Anforderungen aus Kapitel 3.2.3 überprüft.

Für die Verwaltung werden zwei Fachabteilungen benötigt. Für die Verwaltung von Software, deren Lizenzen, den Zugriffsberechtigungen wird die erste Fachabteilung, die Unternehmens IT benötigt. Die beteiligten Anwender sind so zu schulen, dass sie eine Hilfestellung bei Problemen liefern können. Dafür sind Support-Kanäle, z.B. eine Hotline einzurichten. Für die Verwaltung im Rahmen einer Weiterentwicklung und der Koordination der Pflege und Aktualisierung ist die Rolle des Wissensingenieurs in einer zweiten Fachabteilung zu besetzen. Dieser soll sicherstellen, dass das System wertschöpfend eingesetzt werden kann. Hierbei beachtet er die Zukunftsfähigkeit des Gesamtsystems. Hierzu zählen die Vorbereitung von Änderungen in der Struktur von Merkmalen, in den Beziehungen zu den Eigenschaften, in der Auswahl der betrachteten Eigenschaften und in der Planung von Updates, um aktuelle und wiederum unterstützte Softwareversionen zu nutzen und die Einbindung anderer Anwendungen. Er ermittelt Optimierungspotential, plant Verbesserungen und leitet die Umsetzungen und Validierungen an. Der Wissensingenieur koordiniert darüber hinaus die Erweiterung und Aktualisierung des formalisierten Wissens innerhalb der Anwendungen sowie deren Abstimmung untereinander. Dafür steht er in engem Austausch mit den Experten der Fachabteilungen, um neues implizites oder explizites Wissen in die Anwendungen einzubinden. Im Rahmen der beispielhaften Umsetzung sind die Wissensstände zu erweitern und zu aktualisieren.

Im ersten Hauptschritt der Synthese ist das formalisierte Wissen zu den Packagedaten zu aktualisieren. Neue Antriebskonzepte sind mit ihren Anbindungspunkten zu hinterlegen, damit die Bauräume korrekt positioniert werden können. Für neue Topologien ist das Wissen zu ergänzen. Die statistischen Beziehungen sind für elektrisch angetriebene Fahrzeuge bspw. zunächst zu erheben und dann zu formalisieren und abzuspeichern.

Die Funktion der SQL-Datenbank des zweiten Hauptschrittes ist ein wesentlicher Bestandteil der Methodik. Die abgespeicherten Materialien, Strukturen, Fertigungsverfahren und Verbindungen sind mit neuen Fahrzeuggenerationen zu aktualisieren. Die Einbindung weiterer Strukturen außerhalb der unternehmensspezifisch bekannten ist darüber hinaus denkbar. Jede Erweiterung und Aktualisierung der Daten ist auf ihre Vollständigkeit zu überprüfen. Dazu zählt das Vorhandensein von Grenzwerten für die Auswahl geeigneter Lösungsmuster. Sind keine Grenzwerte definiert, kann keine Auswahl erfolgen. Auch fehlerhaft eingetragene Werte sind zu vermeiden, bspw. Zahlendreher, die Grenzwerte vertauschen. Daraus können zunächst Karosseriekonzepte generiert werden, die herstellbar erscheinen, dann jedoch im späteren Verlauf wegen nicht vorhandener Herstellbarkeit aussortiert werden. Das hat vermeidbare Iterationsschleifen zur Folge. Die Lösung besteht aus einer Eingabeoberfläche, die erst bei allen notwendigen Eingaben die Übertragung in die Datenbank übernimmt und vorher einen Check der Werte durchführt, vgl. AF-3.3.

Bei den Anwendungen der Analyse sind die Produktmodelle zu aktualisieren und an das formalisierte Wissen aus der Synthese anzupassen. Bei der einfachen Materialkostenabschätzung werden Materialpreise aus der Datenbank entnommen. Diese sind zu hinterlegen, um die Abschätzbarkeit der Eigenschaft zu gewähren. Das gilt für die Berechnung der Fertigungszeit mit den Prozesszeiten und bei der Sachbilanz der LCA mit den Legierungselementen der verwendeten Materialien.

Geometriemodelle der Lösungsvarianten werden automatisiert erzeugt, wenn die Kompatibilität der *SFE Concept* Bibliothek mit der SQL-Datenbank gegeben ist. Für neue Topologien sind dort neue Bauteile und Fügegruppen abzuspeichern. Innerhalb derer ist jede Geometrie darstellbar, sofern sie über die gleiche Anzahl von Bauteilen und diese eine gleiche Anzahl von K-Punkten verfügt, vgl. Abbildung E.11. Die Informationen zu Verträglichkeiten zwischen den Fügegruppen werden aus der SQL-Datenbank entnommen.

Eine Erweiterung der Nutzwertanalyse wird bei weiteren Eigenschaften notwendig. Das gilt auch für die FEM-Analysen. In der Summe werden hier die Aktualisierungsmöglichkeiten wie in AF-3.1 beschrieben, siehe Tabelle 3.2 auf Seite 63. Die oben beschriebene Eingabeoberfläche ermöglicht die einfache Aktualisierung, sodass neben der Festanforderung AF-3.1 auch AF-3.3 erfüllt ist.

Die Anforderung AF-3.2 verlangt nach Anreizen für die Systempflege in den Fachabteilungen, die nicht direkt Datenabnehmer sind. Die Produktion bekommt zum Beispiel herstellbare Karosseriekonzepte nach ihren Vorgaben. Eine Überprüfung und Übertragung der Daten in die Serienproduktion kann einfacher ausfallen als zuvor. Das gilt auch für andere Bereiche. Insgesamt wird auch Anforderung AF-3.2 erfüllt, siehe Tabelle 8.1.

Tabelle 8.1: Überprüfung der Anforderungen für die Methodik - Teil II, F: Fest-, W: Wunschforderung; eigene Darstellung

Gliederung		Bezeichnung	Werte, Daten	Art	Erfüllung
Aktualisierung, Pflege	AF-3.1	Aktualisierung vorsehen		F	✓
	AF-3.2	Anreize zur Aktualisierung setzen		W	✓
	AF-3.3	Aktualisierung einfach gestalten		W	✓

8.2 Weitere Verwendung und Schnittstellen

Die beispielhafte Umsetzung der Methodik weist Schnittstellen mit dem zugrundeliegenden Entwicklungsprozess auf, sodass die Eingangsdaten direkt daraus verwendet und die Ausgabedaten wiederum eingespeist werden. Das vorliegende Kapitel thematisiert eine Nutzung der Anwendungen ohne das Gesamtsystem und die Erweiterung der FEM-Modelle für Crash-Berechnungen.

Der Einsatz der Anwendungen des ersten Hauptschritts der Synthese ist in der Konzeptauslegung denkbar, um bspw. Maßkonzepte zu erstellen. Eine Verwendung der SQL-Datenbank ist für die Beantwortung von spezifischen Fragen zu Verträglichkeiten von Materialien und Fügeverfahren denkbar. Sie stellt einen Wissensspeicher dar, der zur weiteren Verteilung und Bewahrung von Wissen genutzt werden kann.

Da die Anwendungen der ersten beiden Stufen der Analyse auf den Stücklisten basieren, ist ihr Einsatz außerhalb des Gesamtsystems möglich. Die Nutzwertanalyse ist anwendbar, sofern die Eigenschaften vorliegen. Detaillierte Analysen können aussagekräftigere Ergebnisse liefern. Diese werden in die Nutzwertanalyse eingetragen, sodass eine Bewertung der Lösungsvarianten durchgeführt wird.

Die automatisierte Geometriemodellerstellung hat den Vorteil, dass u.a. aus vorhandenen Querschnitten berechnungsfähige FEM-Modelle generiert werden. In dem Gesamtsystem werden die Querschnitte aus der Datenbank passend skaliert übergeben und können verarbeitet werden. In der frühen Phase ist das notwendig, um Berechnungsmodelle zu erzeugen. In späteren Phasen von Produktentwicklungsprozessen gibt es einen Zeitpunkt, zu dem Querschnittsdaten aufgebaut werden, um bestimmte Eigenschaften abzustimmen. Technische Analysen zur Evaluation des NVH- und Crash-Verhaltens gehören nicht dazu, weil FEM-Modelle hier noch nicht vorliegen. Die Geometriemodellerstellung und die SQL-Datenbank aus dieser Methodik können verwendet werden, um zu diesem Zeitpunkt die benötigten FEM-Modelle zu erzeugen. Diese können dann analysiert, die Ergebnisse ausgewertet und Rückschlüsse auf die Merkmale gezogen werden. Abbildung 8.2 zeigt diese mögliche Verwendung.

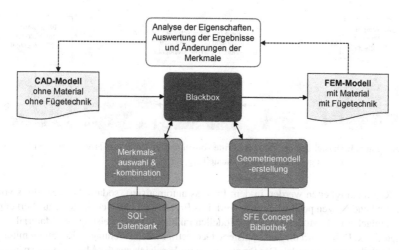

Abbildung 8.2: Beurteilung des Verhaltens von Karosserien durch eine Prozess, der aus CAD-Modellen in der frühen Phase FEM-Modelle ableitet; eigene Darstellung

Mit Hilfe von Experteninterviews werden verschiedene Prozesse untersucht um FEM-Modelle aus den CAD-Daten zu erstellen. Unter der Berücksichtigung von Anforderungen werden die Prozesse bewertet und der geeignetste Prozess zur Umsetzung ausgewählt. Für die Erfassung der Querschnittsdaten wird ein Geometrieadapter verwendet. Dieser wird einmalig konstruiert und passt sich der Lage der Querschnittsebenen an. Der Geometrieadapter ist so entworfen, dass die Querschnittsdaten in einer für die automatisierte Geometriemodellerstellung und SQL-Datenbank lesbaren Namenskonvention ausgegeben werden. Diese Rohdaten werden an die Koordinatensysteme, die in der Anwendung genutzt werden, angepasst. Deswegen werden alle Querschnitte zunächst in den Ursprung des globalen Koordinatensystems verschoben. Dort wird die Lage der Ebenen und die Rotationswinkel bestimmt, um die Ebenen in eine Ursprungsebene zu drehen. Diese Winkel nutzt die automatisierte Geometriemodellerstellung in umgekehrter Reihenfolge, um die Querschnitte im Raum zu positionieren. Aus den Querschnittsdaten werden auch die Bauraumabmessungen abgeleitet. In der SQL-Datenbank werden anhand der Rohdaten zu den Bauteilen mit einer Prozedur passende Materialien, Wandstärken und Fügeverfahren zugeordnet. Aus diesen werden zusammen mit den Rohdaten der Querschnitte, deren Rotationswinkeln und Bauräumen die Austauschdaten erstellt. Aus diesen Daten wird ein Geometriemodell erzeugt und zu FEM-Modellen vernetzt, vgl. Abbildung 8.3. [Mei17]

Abbildung 8.3: Darstellung der Prozessschritte vom einfachen CAD- zum FEM-Modell mit Material und Fügetechnik; eigene Darstellung

Die Routinetätigkeiten werden in dem Prozess automatisiert, sodass das Verhältnis von Aufwand und Nutzen positiv bewertet wird. Das Ergebnis ist eine Schnittstelle zur Verknüpfung einfacher CAD-Modelle zu FEM-Modellen inklusive der Zuweisung von Material und Fügetechnik. Dabei wird die automatisierte Geometriemodellerstellung in Kopplung mit der SQL-Datenbank angewendet. Der Prozess kann im Vergleich zur der Methodik zu späteren Zeitpunkten in Produktentwicklungsprozessen Verwendung finden. Die Validierung wird an Beispielen mit begrenztem Bauteilumfängen durchgeführt. In Abbildung 8.4 wird das FEM-Modell mit den Querschnitten aus dem CAD-Modell verglichen. [Mei17]

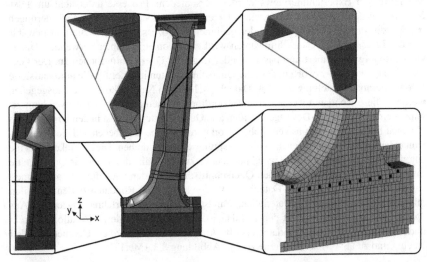

Abbildung 8.4: Vergleich der Querschnitte von CAD- und FEM-Modell; eigene Darstellung in Anlehnung an [Mei17]

Im Rahmen der Methodik wird auf die Beurteilung des Crash-Verhaltens verzichtet, siehe Kapitel 5.2.3. Da die Beurteilung des Crash-Verhaltens in der frühen Phase jedoch wichtig

ist, können hier noch nachfolgende Untersuchungen zur Abhängigkeit vom Detaillierungsgrad der Modelle durchgeführt werden, siehe Abbildung 8.5. Insbesondere die Kombination
mit automatisierten Auswerteverfahren und anschließender Optimierung ist interessant.
[Stö17] Hier können dem Anwender Routinetätigkeiten abgenommen werden, um das
Verhältnis von Nutzen zu Aufwand zu verbessern.

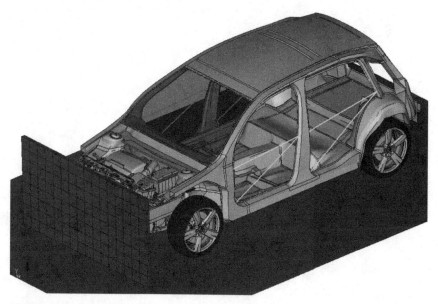

Abbildung 8.5: Fahrzeug mit Komponenten und Barriere für Crash; aus [Stö17]

9 Zusammenfassung und Ausblick

Dieses Kapitel bildet den Abschluss der vorliegenden Dissertation. Vom Ziel ausgehend werden Vorgehen und Ergebnis resümiert, kritisch hinterfragt und Potentiale für die weitere Entwicklung angeführt. Abbildung 9.1 zeigt die Gliederung.

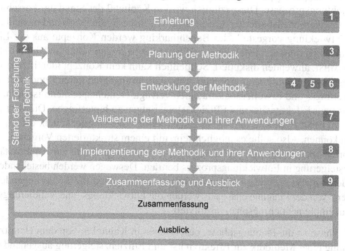

Abbildung 9.1: Gliederung des neunten Kapitels; eigene Darstellung

9.1 Zusammenfassung

Ziel der vorliegenden Dissertation ist die Entwicklung einer Methodik zur Effektivitäts- und Effizienzsteigerung im Entwicklungsprozess. Informationen werden zu einem früheren Zeitpunkt generiert, sodass Entscheidungen fundiert getroffen und Iterationsschleifen reduziert werden können. Dazu werden in einem strukturierten Vorgehen in der vorliegenden Arbeit wissensbasierte Systeme im Rahmen des Knowledge Based Engineering (KBE) und des Characteristics-Properties Modelling (CPM) entwickelt. Diese werden mit dem Fokus des Model Based Systems Engineering (MBSE) miteinander zu einem Entwicklungsprozess verknüpft. Der Prozess durchläuft auf Basis geforderter Eigenschaften die drei Teilprozesse des Property-Driven Development (PDD): Synthese, Analyse und Evaluation. Mit Hilfe des Prozesses ist so eine schnelle und ganzheitliche Beurteilung der Zusammenhänge von Merkmalen und Eigenschaften eines Produktes möglich. Durch die Anwendung können Auswirkungen von Parametervariationen effektiver und effizienter beurteilt werden. Die dementsprechend entwickelte Methodik und ihr Prozess werden zur Veranschaulichung

© Springer Fachmedien Wiesbaden GmbH, ein Teil von Springer Nature 2018
J. Hasenpusch, *Methodik zur Beurteilung eigenschaftsoptimierter Karosseriekonzepte in Mischbauweise*, AutoUni – Schriftenreihe 123,
https://doi.org/10.1007/978-3-658-22227-7_9

am Beispiel von Karosseriekonzepten umgesetzt: Aus definierten geforderten Eigenschaften und Hauptmaßen eines Fahrzeugs werden mittels des umgesetzten Gesamtsystems Karosseriekonzepte generiert und ihre Eigenschaften analysiert und bewertet.

Der Handlungsbedarf resultiert aus einem Benchmarking von Strategien zur Effektivitäts- und Effizienzsteigerungen in Entwicklungsprozessen und einer Bestandsaufnahme aktueller Entwicklungsprozesse. Diesbezüglich wird in Kapitel 2 der Stand der Forschung und Technik zur eigenschaftsbasierten (CPM, PDD), wissensbasierten (KBE) und modellbasierten (MBSE) Entwicklung vorgestellt. Im Benchmarking werden Konzepte aus der Literatur, welche zur Steigerung von Effektivität und Effizienz beitragen sollen und dafür CPM, PDD, KBE oder MBSE anwenden diskutiert. Schließlich kann kein Konzept identifiziert werden, das MBSE und KBE mit einem erhöhten Automatisierungsgrad vereint und über Pflege-, Aktualisierungs- und Erweiterungsstrategien verfügt. Dementsprechend ist der tatsächliche Beitrag zur Effektivitäts- und Effizienzsteigerungen zu hinterfragen. Die vorgestellten Theorien zu CPM, PDD, KBE und MBSE zeigen jedoch die Möglichkeiten, diesen Beitrag leisten zu können. Also sollte es möglich sein, mit einem strukturierten Vorgehen, welches die Theorien berücksichtigt, ein Konzept zu entwickeln, das somit zur Effektivitäts- und Effizienzsteigerung in Entwicklungsprozess beiträgt. Deswegen werden bestehende Vorgehensmodelle analysiert und zu einem strukturierten Vorgehen für die vorliegende Arbeit kombiniert. Von der Planungsphase aus werden die Entwicklungs- und Validierungsphasen bis hin zur Implementierungsphase absolviert.

Die erste Phase ist die Planungsphase, beschrieben in Kapitel 3. Von dem Hauptziel, der Entwicklung einer Methodik zur Effektivitäts- und Effizienzsteigerung ausgehend werden sechs Teilziele abgeleitet. Demnach wird von dem Prozess der Methodik gefordert, dass Lösungsvarianten generiert, analysiert und bewertet werden. Zudem werden MBSE, KBE und Datenmanagement berücksichtigt. Die Teilziele bilden die Basis für die ersten Anforderungen. Sie werden mit Hilfe der Defizite bestehender Konzepte und den theoretischen Grundlagen von CPM, PDD, KBE und MBSE detailliert. Unter Berücksichtigung dieser Anforderungen wird der Prozess der Methodik grundlegend erarbeitet. Bei der Ausarbeitung des Prozesses wird Wissen identifiziert, welches erhoben, analysiert und strukturiert werden muss, um den Prozess detaillieren, umsetzen und implementieren zu können.

In der zweiten Phase wird die Entwicklungsphase beschreiben. Sie besteht aus drei Teilphasen, die in jeweils einem Kapitel beschrieben werden. Zunächst wird das zuvor identifizierte Wissen in Kapitel 4 erhoben, analysiert und strukturiert. Beschrieben werden die Vorgehensweisen für Prozessumsetzungen, Software- und Datenbankentwicklungen sowie Randbedingungen der Steuerung, Integration und Kopplung von Client-Server-Architekturen. Innerhalb fahrzeugtechnischer und karosseriespezifischer Grundlagen wird für die Implementierung einer Datenbank Wissen zu den Strukturen, Materialien und Fügetechnik formalisiert. Außerdem werden Analysen von technischen, wirtschaftlichen und ökologischen Eigenschaften beschrieben. Folgend wird der grundlegende Prozess mit dem Wissen in der Workflowabgrenzung in Kapitel 5 detailliert ausgearbeitet. Auf Grundlage von MBSE werden ein Systemmodell für die Synthese und die Produktmodelle für die Analysen ausgewählt und erstellt. Basierend auf KBE wird die Implementierung von Wissen in den

Teilsystemen dargestellt. Für den Prozess wird auf Basis von PDD die Verwendung von System- und Produktmodellen in den Prozessschritten Synthese und Analyse ausgearbeitet und deren Ablauf beschrieben. Darauf aufbauend wird das Bewertungsverfahren in Abhängigkeit der Analysen erstellt. Der detaillierte Prozess wird mit Hilfe des Integrationsdesign und der Integrationsspezifikation in Kapitel 6 exemplarisch umgesetzt. Das Resultat ist ein Gesamtsystem aus mehreren Anwendungen und einer zentralen Plattform, der Co-Simulationsplattform (COSP). Mit der COSP werden die Anwendungen angesteuert und die Daten verwaltet. In den Anwendungen sind sowohl das Systemmodell als auch die Analysen und das Bewertungsverfahren realisiert. Mit eingangs geforderten Eigenschaften und definierten Hauptmaßen eines Fahrzeugs können mit Hilfe des Gesamtsystems Karosseriekonzepte generiert und diese hinsichtlich der Eigenschaften analysiert und bewertet werden.

In der dritten Phase, der Validierung, werden in Kapitel 7 messbare Erfolgsfaktoren zur Beurteilung der Effektivitäts- und Effizienzsteigerung abgeleitet und deren Erfüllungsgrad beurteilt. Hierbei werden die Anforderungen aus der Planungsphase geprüft, um daraus auf die Teilzeile und auf das Hauptziel schließen zu können. Zunächst werden die Funktionen der Anwendungen einzeln validiert. Der Fokus liegt auf der Analyse der Abbildung des physikalischen Verhaltens und von relativen Abweichungen zu vergleichbaren Produktmodellen. Weitestgehend fällt die Validierung der Teilsysteme positiv aus, ebenso die des Datenmanagements. Anschließend wird das Gesamtsystem validiert. Dazu werden die Anforderungen verwendet und auf ihre Erfüllung geprüft. Dieser Schritt wird ebenfalls positiv beurteilt, sodass daraus auf die erfolgreiche Erfüllung der Teilziele geschlossen wird. Diese tragen zur Erfüllung des Hauptziels bei. Abschließend wird die Methodik mit den Konzepten aus der Literatur verglichen und aufgezeigt, dass mit der strukturierten Entwicklung die erörterten Defizite vermieden werden.

Aufgrund der Validierung erfolgt die Freigabe zur Implementierung. Das entsprechende Konzept für die Implementierungsphase wird in Kapitel 8 vorgestellt. Zentrale Bestandteile sind die Rollenverteilung u.a. für Wissensingenieure und Experten sowie eine transparente Informationspolitik über Vorteile einer Implementierung des Gesamtsystems im Unternehmen. In diesem Zusammenhang werden Verwaltung, Pflege und Aktualisierung des Gesamtsystems erörtert. Abschließend wird eine mögliche weitere Verwendung der Methodik und ihrer Bestandteilen thematisiert, u.a. zur schnellen Erzeugung von berechenbaren FEM- aus groben CAD-Modellen der frühen Phase der Entwicklung erarbeitet.

Das Ergebnis dieser Arbeit zeigt, dass ein strukturiertes Vorgehen bei der Entwicklung einer Methodik unter Berücksichtigung von PDD, MBSE und KBE ein Konzept ermöglicht, das zur Steigerung der Effektivität und Effizienz im Entwicklungsprozess beitragen kann.

9.2 Ausblick

Das Vorgehen und die Ergebnisse der Dissertation werden kritisch hinterfragt und Potentiale für die weitere Entwicklung angeführt. Dieses Kapitel gliedert thematisch die vier Kategorien Vorgehen, Validierung und Implementierung, Erweiterung und Übertragbarkeit.

Vorgehen

Das Vorgehen in dieser Arbeit ist an den Vorgehensmodellen zur Entwicklung von KBE-Anwendungen und dem MVPE-Vorgehensmodell orientiert. Das Ergebnis demonstriert das erfolgreiche Vorgehen. Insbesondere die entstandenen Anwendungen und deren Integration in das Gesamtsystem zeigen, dass die Nutzung von Vorgehensmodellen themenspezifisch zu empfehlen ist. Je nach Ausrichtung des zu entwickelnden Gesamtsystems ist die Berücksichtigung weiterer Vorgehensmodelle zu prüfen.

Das systematische Vorgehen bei der Entwicklung der Methodik und das Streben nach Objektivierung durch methodische Unterstützung führen zu bewusst getroffenen Entscheidungen, diese sind jedoch personen- und unternehmensgebunden und unterliegen diesem Einfluss. Insofern ist das Ergebnis unter spezifischen Randbedingungen entstanden und als ein Ergebnis neben weiteren zu betrachten. Variiert werden könnten u.a. Eingangs- sowie Ausgabedaten und demnach der Prozess und die Gestaltung der Anwendungen. Folglich ist die Umsetzung der Methodik nicht ohne die Überprüfung der Randbedingungen übertragbar.

Validierung und Implementierung

Die Validierung zeigt die Möglichkeiten und Grenzen der Anwendungen, des Gesamtsystems und der Methodik. Als messbare Erfolgsfaktoren werden, nach dem Vorbild der Design Research Methodology, u.a. die Anforderungen der Planungsphase verwendet und deren Erfüllung überprüft. Daraus werden sowohl die Teilzeile als auch das Hauptziel als erfolgreich erfüllt eingestuft. Den tatsächlichen Beitrag zur Effektivitäts- und die Effizienzsteigerung im Entwicklungsprozess, sofern dieser überhaupt messbar ist, könnte nur eine Implementierung und der Betrieb des Gesamtsystems in der Ablauf- und Aufbauorganisation eines Unternehmens zeigen.

Für die Analyse und Evaluation werden die Eigenschaften der generierten Lösungsvarianten ermittelt und bewertet. Die Validierung zeigt eine hohe Genauigkeit der ausgewählten und erarbeiteten Analysen, dennoch existieren hier Abweichungen. Sie resultieren bspw. aus dem formalisiertem Wissen und den Annahmen bei der Erstellung und Anwendung der Produktmodelle, sodass sie bei allen Lösungsvarianten eines Durchlaufes auftreten. In der Bewertung werden die Lösungsvarianten relativ miteinander verglichen, sodass Abweichungen in allen Lösungsvarianten vernachlässigbar sind. Der Anwender wird jedoch bei Eingabe der Grenzwerte darauf hingewiesen. Die Aktualisierung des Wissens kann zur

Anpassung der Analysen führen. Sie sollten dann erneut validiert werden, bevor sie für die Nutzung freigegeben werden.

Erweiterung

Eine Erweiterung des formalisierten Wissens und die Aktualisierung und Pflege der Anwendungen ist notwendig. Nur dann kann die Gefahr der Todesspirale für das Gesamtsystem vermieden werden.

Das Gesamtsystem kann zur Beurteilung weiterer Eigenschaften ergänzt werden, z.B. Beurteilung des Crash-Verhaltens oder Beurteilung der Total Cost of Ownership (TCO). Dazu sind Anwendungen zu entwickeln und im Aufbau der COSP zu implementieren. Alternativ können Anwendungen ausgetauscht werden, um z.B. aussagekräftigere Ergebnisse für Eigenschaften zu erzielen. Die Verfügbarkeit der relevanten Merkmale ist zu berücksichtigen. Die Prüfung des physikalisch korrekten Crash-Verhaltens ist nicht Bestandteil der Umsetzung und deren Validierung. Für diese Untersuchungen sind die FEM-Modelle nach Expertenmeinung zu detaillieren. Die Geometriemodellerstellung kann hierfür erweitert werden. Automatisierte Auswerteverfahren zur Beurteilung des Crash-Verhaltens mit anschließender Optimierung sind interessant, um dem Anwender Routinetätigkeiten abzunehmen. Eine vollständige Automatisierung kann ebenfalls umgesetzt werden, der Aufwand dafür ist jedoch so hoch, dass er in einem ungünstigen Verhältnis zu dem Nutzen steht.

Die Anwendung des Gesamtsystems wird vom Anwender mit der Eingabe von geforderten Eigenschaften gestartet. Basierend auf dem ersten Durchlauf könnte eine intelligente Regelung für weitere Durchläufe die Randbedingungen anpassen und diese Durchläufe starten. Beispielsweise könnten die Grenzwerte geforderten Eigenschaften angepasst, weitere Eigenschaften einbezogen oder die Variationen von Merkmalen adaptiert werden. Eine intelligente Regelung könnt entscheiden, ob für weitere Analysen im Prozess zurück gegangen wird oder ob in einem neuen Durchlauf auf die Synthese neu durchgeführt wird. Mit letzterer Möglichkeit können Lösungsräume detaillierter untersucht werden.

Mit dem Gesamtsystem aus Systemmodell und Produktmodellen kann der Aufbau eines virtuellen Gesamtfahrzeugmodells angestrebt werden. Dieses Ziel erfordert angesichts der wachsenden Komplexität eine Einhaltung der Randbedingungen des MBSE und KBE, um das notwendige Wissen zu implementieren, dem Anwender Routinetätigkeiten abzunehmen und ein hohes Verhältnis von Nutzen zu Aufwand zu erhalten.

Übertragbarkeit

Neben einem Einsatz des Gesamtsystems sind auch die Einführung und der Betrieb von Teilsystemen in verschiedenen Fachbereichen möglich. In Kapitel 8.2 werden potentielle Einsatzgebiete dargelegt, z.B. die Verwendung der automatisierten Geometriemodellerstellung in Kopplung mit der SQL-Datenbank in einer späteren Phase in Produktentwicklungsprozessen. Analog kann die Nutzung anderer Anwendungen der Methodik in den Fachbereichen untersucht werden.

Die Umsetzung dieser Methodik in der vorliegenden Arbeit hat gezeigt, dass die Vorteile von MBSE und KBE kombinierbar sind, wenn ein hoher Automatisierungsgrad angestrebt und die Einführungs- und Aktualisierungskonzepte verfolgt werden. Bei einer Übertragung sollte ein ähnlich strukturiertes Vorgehen befolgt werden, um das Potential auszunutzen. Ohne Anpassungen ist dieser Prozess und folglich die Methodik nicht übertragbar. Das formalisierte Wissen stellt firmenspezifisches Wissen dar und muss bei einer Übertragung neu erhoben, analysiert und strukturiert werden. Daraus können Änderungen im Gesamtprozess resultieren. Im Allgemeinen ist die Methodik nicht nur auf andere Fahrzeugbereiche übertragbar, sondern kann auch für fahrzeugnahe Bereiche umgesetzt werden, z.B. Flugzeugbau. Dann müssen das formalisierte Wissen der Lösungsmuster und Produktmodelle angepasst werden. Bei einer Übertragung in andere Branchen sind der Ablauf des Prozesses, die Auswahl der Eingangs- sowie Ausgabedaten und die Gestaltung der Anwendungen neu zu definieren.

Die in der vorliegenden Arbeit entwickelte Methodik soll motivieren, das komplexe Thema Produktentwicklung mit den Strategien Model Based Systems Engineering (MBSE) und Knowledge Based Engineering (KBE) auch im Allgemeinen weiter zu entwickeln. Damit soll ein Beitrag zur Erreichung eines höheren Reifegrads in der Wissenstreppe in Richtung der wissensorientierten Unternehmensführung geleistet werden. Das in dieser Arbeit erweiterte Characteristics-Properties Modelling (CPM) kann angewandt werden, um komplexe Strukturen zu analysieren und die Effektivität und Effizienz prozessorientiert mit dem Property-Driven Development (PDD) mit Synthese, Analyse und Evaluation zu steigern.

Verzeichnis eigener Veröffentlichungen

[CHI⁺15] CUDOK, Anja ; HASENPUSCH, Jan ; INKERMANN, David ; HILLEBRAND, Andreas ; VIETOR, Thomas: Vorstellung einer Methodik zur Identifikation von Bauteilen mit Potential zur Gestaltung in Hybridbauweise. In: *Tagungsband zum DfX Symposium 2015*. München, 2015

[HHV15] HASENPUSCH, Jan ; HILLEBRAND, Andreas ; VIETOR, Thomas: Parametrische Methodik zur Entwicklung anforderungsoptimierter Karosseriestrukturen in Multi-Material-Bauweise. In: *Tagungsband zum Internationalen Leichtbausymposium Dresden 2015* Bd. 19. Dresden, 2015

[HHV16a] HASENPUSCH, Jan ; HILLEBRAND, Andreas ; VIETOR, Thomas: Erarbeitung eines Beziehungssystems zur Entwicklung eigenschaftsoptimierter Karosseriekonzepte in Mischbauweise. In: *Tagungsband zur Konferenz Entwerfen Entwickeln Erleben*. Dresden, 2016

[HHV16b] HASENPUSCH, Jan ; HILLEBRAND, Andreas ; VIETOR, Thomas: Methodische Variantenerzeugung zur Entwicklung eigenschaftsoptimierter Karosseriekonzepte in Mischbauweise. In: *Tagungsband zum DfX Symposium 2016*. Hamburg, 2016

© Springer Fachmedien Wiesbaden GmbH, ein Teil von Springer Nature 2018
J. Hasenpusch, *Methodik zur Beurteilung eigenschaftsoptimierter Karosseriekonzepte in Mischbauweise*, AutoUni – Schriftenreihe 123,
https://doi.org/10.1007/978-3-658-22227-7

Verzeichnis betreuter studentischer Arbeiten

[Koc16] KOCH, Florian: *Entwicklung eines Vorgehens zur Ermittlung technischer Eigenschaften für eine Bewertung von Karosseriekonzepten mithilfe numerischer Simulation.* Braunschweig, Technische Universität Braunschweig, Unveröffentlichte Abschlussarbeit, 2016

[Lus15] LUSCHER, Joost: *Wissensbasierte Konzeptentwicklung von Rohkarosserien in Multi-Material-Bauweise.* Braunschweig, Technische Universität Braunschweig, Unveröffentlichte Abschlussarbeit, 2015

[Mei17] MEIER, Gerhard-Johannes: *Prozessoptimierung zur fundierten Bewertung von Leichtbaumaßnahmen im Entwicklungsprozess des Fahrzeugaufbaus.* Chemnitz, Technische Universität Chemnitz, Unveröffentlichte Abschlussarbeit, 2017

[Mey15] MEYER, Christoph: *Anforderungsmanagement: Entwicklung einer programmtechnischen Unterstützung zur Ermittlung von Anforderungen und zur Erstellung eines Maßkonzepts eines Fahrzeugs.* Braunschweig, Technische Universität Braunschweig, Unveröffentlichte Abschlussarbeit, 2015

[Res16] RESTLE, Tanja: *Methodik zur Lösungsvariantenerzeugung von Fahrzeugkarosserien und anschließender Bewertung.* Braunschweig, Technische Universität Braunschweig, Unveröffentlichte Abschlussarbeit, 2016

[Stö17] STÖRMER, Nils: *Entwicklung eines Vorgehens zur Ermittlung technischer Eigenschaften von Karosseriekonzepten mithilfe numerischer Simulationen unter Berücksichtigung von Optimierungsstrategien.* Hamburg, HAW Hamburg, Unveröffentlichte Abschlussarbeit, 2017

[Szy16] SZYDLOWSKI, Bartosz: *Prozessentwicklung zur Effizienzsteigerung in der Fahrzeugentwicklungnim Rahmen einer Co-Simulation.* Wolfsburg, Ostfalia Hochschule für angewandte Wissenschaften, Unveröffentlichte Abschlussarbeit, 2016

[Tas17] TASCHE, Lennart: *Prozessoptimierung zur Effizienzsteigerung im Entwicklungsprozess von Karosseriekonzepten.* Hannover, Leibniz Universität Hannover, Unveröffentlichte Abschlussarbeit, 2017

© Springer Fachmedien Wiesbaden GmbH, ein Teil von Springer Nature 2018
J. Hasenpusch, *Methodik zur Beurteilung eigenschaftsoptimierter Karosseriekonzepte in Mischbauweise*, AutoUni – Schriftenreihe 123,
https://doi.org/10.1007/978-3-658-22227-7

Literaturverzeichnis

[Alt08] ALT, Oliver: *Car-Multimedia-Systeme modell-basiert testen mit SysML*. Darmstadt, Technische Universität Darmstadt, Dissertation, 2008

[Avg07] AVGOUSTINOV, Nikolay: *Modelling in Mechanical Engineering and Mechatronics: Towards Autonomous Intelligent Software Models*. London : Springer-Verlag, 2007. – ISBN 9781846289088

[Bar13] BARTELS, Sven: *Verknüpfung der konzeptbestimmenden Eigenschaften eines Fahrzeugs*. Braunschweig, Technische Universität Braunschweig, Unveröffentlichte Abschlussarbeit, 2013

[BC09] BLESSING, Lucienne T. ; CHAKRABARTI, Amaresh: *DRM, a Design Research Methodology*. London : Springer London, 2009. – ISBN 9781848825864

[Bim05] BIMAZUBUTE, R.: *Die Nachbereitung von Experteninterviews im expertenzentrierten Wissensmanagement*. Erlangen, FAU Erlangen-Nürnberg, Dissertation, 2005

[Bod06] BODENDORF, Freimut: *Daten- und Wissensmanagement*. Berlin : Springer-Verlag, 2006. – ISBN 978–3–540–28682–0

[Böh04] BÖHME, Michael: *Ein methodischer Ansatz zur parametrischen Produktmodellierung in der Fahrzeugentwicklung*. Berlin, Technische Universität Berlin, Dissertation, 2004

[Bra09] BRANZ, Petra: *Effizienz und Effektivität von Marketingkooperationen*. Köln : Josef Eul Verlag, 2009. – ISBN 9783899367713

[Bro17] BROCH, Florian: *Integration von ökologischen Lebenswegbewertungen in Fahrzeugentwicklungsprozesse*. Braunschweig, Technische Universität Braunschweig, Dissertation, 2017

[BS13] BRAESS, Hans-Hermann (Hrsg.) ; SEIFFERT, Ulrich (Hrsg.): *Vieweg Handbuch Kraftfahrzeugtechnik*. Wiesbaden : Springer Fachmedien Wiesbaden, 2013 (ATZ / MTZ-Fachbuch). – ISBN 9783658016906

[Bus14] BUSCHE, Ingo: *Ein Beitrag zur optimierten Konzeptauslegung von Fahrzeugen im Bereich der Elektromobilität*. Magdeburg, Otto-von-Guericke-Universität, Dissertation, 2014

[Con10] CONRAD, Jan: *Semantische Netze zur Erfassung und Verarbeitung von Informationen und Wissen in der Produktentwicklung*. Saarbrücken, Universität des Saarlandes, Dissertation, 2010

[Coo88] COOPER, Robert G.: The New Product Process: A Decision Guide for Management. In: *Journal of Marketing Management* Bd. 3. 1988, S. 238–255

© Springer Fachmedien Wiesbaden GmbH, ein Teil von Springer Nature 2018
J. Hasenpusch, *Methodik zur Beurteilung eigenschaftsoptimierter Karosseriekonzepte in Mischbauweise*, AutoUni – Schriftenreihe 123,
https://doi.org/10.1007/978-3-658-22227-7

[Coo14] COOPER, Robert G.: What's Next?: After Stage-Gate: Progressive companies
         are developing a new generation of idea-to launch processes. In: *Research-
         Technology Management*. 2014, S. 20–31

[DGF11] DUBBEL, Heinrich ; GROTE, K.-H ; FELDHUSEN, J.: *Dubbel: Taschenbuch für
         den Maschinenbau*. Berlin : Springer, 2011. – ISBN 9783642173059

[DIN03a] DIN: DEUTSCHES INSTITUT FÜR NORMUNG (Hrsg.): *DIN 8582: Fertigungs-
         verfahren Umformen*. Berlin : Beuth Verlag, 2003

[DIN03b] DIN: DEUTSCHES INSTITUT FÜR NORMUNG (Hrsg.): *DIN 8593: Fertigungs-
         verfahren Fügen*. Berlin : Beuth Verlag, 2003

[DIN09a] DIN: DEUTSCHES INSTITUT FÜR NORMUNG (Hrsg.): *DIN 69901-5: Pro-
         jektmanagement - Projektmanagementsysteme -Teil 5: Begriffe*. Berlin : Beuth
         Verlag, 2009

[DIN09b] DIN: DEUTSCHES INSTITUT FÜR NORMUNG (Hrsg.): *DIN EN ISO 14040:
         Umweltmanagement – Ökobilanz – Grundsätze und Rahmenbedingungen*. Berlin
         : Beuth Verlag, 2009

[DIN11] DIN: DEUTSCHES INSTITUT FÜR NORMUNG (Hrsg.): *DIN 6935: Kaltbiegen
         von Flacherzeugnissen aus Stahl*. Berlin : Beuth Verlag, 2011

[DO97]   DETER, T. ; OERTEL, C.: Einsatz eines Entwurfsystems beim Entwicklungspro-
         zess des Automobils. In: *ATZ* Bd. 10. 1997, S. 652–657

[DZ13]   DUDDECK, Fabian ; ZIMMER, Hans: Modular Car Body Design and Optimizati-
         on by an implicit Parametrization Technique via SFE Concept. In: *Lecture Notes
         in Electrical Engineering* Bd. 7. Berlin : Springer-Verlag, 2013, S. 413–424

[Ehr09] EHRLENSPIEL, Klaus: *Integrierte Produktentwicklung: Denkabläufe, Methoden-
         einsatz, Zusammenarbeit*. 4. München : Hanser, 2009. – ISBN 9783446420137

[ELK07] EHRLENSPIEL, Klaus ; LINDEMANN, Udo ; KIEWERT, Alfons: *Kostengünstig
         Entwickeln und Konstruieren: Kostenmanagement bei der integrierten Produkt-
         entwicklung*. Springer-Verlag Berlin Heidelberg, 2007. – ISBN 9783540742227

[ERZ14] EIGNER, Martin (Hrsg.) ; ROUBANOV, Daniil (Hrsg.) ; ZAFIROV, Radoslav
         (Hrsg.): *Modellbasierte Virtuelle Produktentwicklung*. Berlin : Springer Vieweg,
         2014. – ISBN 9783662438152

[ES09]   EIGNER, Martin ; STELZER, Ralph: *Produkt Lifecycle Management: Ein Leitfa-
         den für Product Development und Life Cycle Management*. Berlin Heidelberg :
         Springer-Verlag, 2009. – ISBN 9783540443735

[ESB16] ERNST, Hartmut ; SCHMIDT, Jochen ; BENEKEN, Gerd: *Grundkurs Informatik:
         Grundlagen und Konzepte für die erfolgreiche IT-Praxis – Eine umfassende,
         praxisorientierte Einführung*. Wiesbaden : Springer Vieweg, 2016. – ISBN
         9783658146337

[FG13] FELDHUSEN, Jörg ; GROTE, Karl-Heinrich: *Pahl/Beitz Konstruktionslehre: Methoden und Anwendung erfolgreicher Produktentwicklung.* Berlin : Springer, 2013. – ISBN 9783642295683

[Fie16] FIEDLER, Rudolf: *Controlling von Projekten: Mit konkreten Beispielen aus der Unternehmenspraxis – Alle Aspekte der Projektplanung, Projektsteuerung und Projektkontrolle.* Wiesbaden : Springer Fachmedien, 2016. – ISBN 9783658116248

[FKPT07] FAHRMEIR, Ludwig ; KÜNSTLER, Rita ; PIGEOT, Iris ; TUTZ, Gerhard: *Statistik: Der Weg zur Datenanalyse.* Berlin Heidelberg : Springer, 2007. – ISBN 9784540697138

[FL13] FUCHS, Stephan ; LIENKAMP, Markus: Parametrische Gewichts- und Effizienzmodellierung für neue Fahrzeugkonzepte. In: *ATZ.* 2013, S. 232–239

[Fri13] FRIEDRICH, Horst E. (Hrsg.): *Leichtbau in der Fahrzeugtechnik.* Wiesbaden : Springer Vieweg, 2013. – ISBN 9783834814678

[Fur14] FURIAN, Robert: *Wissensbasierte Softwareumgebung im Konstruktionsprozess.* Magdeburg, Universität Magdeburg, Dissertation, 2014

[GF14] GROTE, K.-H (Hrsg.) ; FELDHUSEN, J. (Hrsg.): *Dubbel: Taschenbuch für den Maschinenbau.* Berlin : Springer Berlin, 2014. – ISBN 9783642388903

[GH01] GASSMANN, Oliver ; HIPP, Christiane: Hebeleffekte in der Wissengenerierung: Die Rolle von technischen Dienstleistern als externe Wissensquelle. In: ALBACH, Horst (Hrsg.): *Zeitschrift für Betriebswirtschaft Ergänzungshefte* Bd. 1. Wiesbaden : Gabler-Verlag, 2001, S. 141–160

[GK07] GERO, John S. ; KANNENGIESSER, Udo: A function–behavior–structure ontology of processes. In: *Artificial Intelligence for Engineering Design, Analysis and Manufacturing* Bd. 21. 2007, S. 379–391

[GN06] GRABNER, Jörg ; NOTHHAFT, Richard: *Konstruieren von Pkw-Karosserien: Grundlagen, Elemente und Baugruppen, Vorschriftenübersicht, Beispiele mit CATIA V4 und V5.* 3. Berlin : Springer, 2006. – ISBN 9783540238843

[Gol11] GOLL, Joachim: *Methoden und Architekturen der Softwaretechnik.* Wiesbaden : Vieweg & Teubner, 2011. – ISBN 9783834815781

[Gra11] GRANDE, Marcus: *100 Minuten für Anforderungsmanagement: Kompaktes Wissen nicht nur für Projektleiter und Entwickler.* Wiesbaden : Vieweg & Teubner, 2011. – ISBN 9783834814319

[GS09] GOEDE, Martin ; STEHLIN, Marc: SuperLIGHT-Car project: An integrated research approach for lightweight car body innovations. In: *Innovative Developments for Lightweight Vehicle Structures.* Wolfsburg, 2009, S. 25–38

[GSL15]   GEMBARSKI, Paul C. ; STEBER, Gerhard ; LACHMAYER, Roland: Reifegrad-modellbasierte Entwicklung von Strukturbauteilen. In: *Tagungsunterlagen zum DfX-Symposium.* Herrsching, 2015

[Hah17]   HAHN, Janna: *Methodik zur eigenschaftsbasierten Fahrzeugkonzeption.* Magdeburg, Universität Magdeburg, Dissertation, 2017

[HCAM02] HICKS, B.J. ; CULLEY, S.J. ; ALLEN, R.D. ; MULLINEUX, G.: A framework for the requirements of capturing, storing and reusing information and knowledge in engineering design. In: HILLS, Philip (Hrsg.): *International Journal of Information Management* Bd. 22. 2002, S. 263–280

[Hei94]   HEINKE, Oliver: *Fahrzeugauslegung mit Hilfe von Eigenschaftsparametern: Möglichkeit oder Utopie.* Düsseldorf : VDI-Verlag, 1994. – ISBN 3183229129

[Her07]   HERFELD, Ulrich: *Matrix-basierte Verknüpfung von Komponenten und Funktionen zur Integration von Konstruktion und numerischer Simulation.* München, Technische Universität München, Dissertation, 2007

[Her10]   HERRMANN, Christoph: *Ganzheitliches Life Cycle Management: Nachhaltigkeit und Lebenszyklusorientierung in Unternehmen.* Berlin and Heidelberg : Springer, 2010 (VDI-Buch). – ISBN 9783642014215

[HHD12]   HILLEBRAND, Andreas ; HIRZ, Mario ; DIETRICH, Wilhelm: ConceptCar: A tool for early development phases supporting conceptual vehicle design and evaluation. In: *Grazer Symposium Virtuelles Fahrzeug.* Graz, 2012

[HM11]   HENNING, Frank ; MÖLLER, Elvira: *Handbuch Leichtbau: Methoden, Werkstoffe, Fertigung.* München Wien : Carl Hanser Verlag, 2011. – ISBN 9783446422674

[HW03]   HATCHUEL, Armand ; WEIL, Benoit: A new Aproach of innovative Design: An Introduction to C-K-Theory. In: *International Conference on Engineering Design.* Stockholm, 2003

[HWFV15] HABERFELLNER, Reinhard ; WECK, Oliver L. d. ; FRICKE, Ernst ; VÖSSNER, Siegfried: *Systems Engineering: Grundlagen und Anwendung.* Zürich : orell füssl Verlag, 2015. – ISBN 9783280040683

[ISO11]   ISO: INTERNATIONALE ORGANISATION FÜR NORMUNG (Hrsg.): *ISO/IEC 9075: Information technology - Database languages - SQL.* 2011

[KB90]   KOLLER, R. ; BERNS, S.: Strukturierung von Konstruktionswissen. In: *Konstruktion* Bd. 42. Düsseldorf : Springer-Verlag, 1990, S. 85–90

[KCK+08] KAISER, J.M. ; CONRAD, Jan ; KÖHLER, C. ; WANKE, W. ; WEBER, Christian: Classification of Tools and Methods for Knowledge Management in Product Development. In: *International Design Conference - Design.* 2008, S. 809–816

[Kla03] KLABUNDE, Steffen: *Wissensmanagement in der integrierten Produkt- und Prozessgestaltung: Best-Practice-Modelle zum Management von Meta-Wissen.* Wiesbaden : Deutscher Universitäts-Verlag, 2003. – ISBN 9783824491087

[Kle12] KLEIN, Bernd: *FEM: Grundlagen und Anwendungen der Finite-Element-Methode im Maschinen- und Fahrzeugbau.* Heidelberg : Springer Vieweg, 2012. – ISBN 9783834816030

[KP02a] KOSFELDER, M. ; PÉRIARD, F.: Ein modalanalytischer Ansatz zur Bestimmung der globalen Bewegungsformen von Kraftffahrzeugen: Teil 1: Methode. In: *28. Deutsche Jahrestagung für Akustik.* Bochum, 2002, S. 172–173

[KP02b] KOSFELDER, M. ; PÉRIARD, F.: Ein modalanalytischer Ansatz zur Bestimmung der globalen Bewegungsformen von Kraftffahrzeugen: Teil 2: Verifikation und Anwendung. In: *28. Deutsche Jahrestagung für Akustik.* Bochum, 2002, S. 174–175

[Krö02] KRÖGER, Matthias: *Methodische Auslegung und Erprobung von Fahrzeug-Crashstrukturen.* Hannover, Universität Hannover, Dissertation, 2002

[Kuc12] KUCHENBUCH, Kai: *Methodik zur Identifikation und zum Entwurf packageoptimierter Elektrofahrzeuge.* Braunschweig, Technische Universität Braunschweig, Dissertation, 2012

[Kud15] KUDRASS, Thomas (Hrsg.): *Taschenbuch Datenbanken.* München : Carl Hanser Verlag, 2015. – ISBN 9783446435087

[Küh14] KÜHNAPFEL, J. B.: *Nutzwertanalysen in Marketing und Vertrieb.* Wiesbaden : Springer Gabler, 2014. – ISBN 9783658055097

[Lin09] LINDEMANN, Udo: *Methodische Entwicklung technischer Produkte: Methoden flexibel und situationsgerecht anwenden.* Berlin and Heidelberg : Springer-Verlag Berlin Heidelberg, 2009. – ISBN 9783642014239

[Lut11] LUTZ, Christoph: *Rechnergestütztes Konfigurieren und Auslegen individualisierter Produkte: Rahmenwerk für die Konzeption und Einführung wissensbasierter Assistenzsysteme in die Konstruktion.* Wien, Technische Universität Wien, Dissertation, 2011

[Man09] MANDL, Peter: *Masterkurs Verteilte betriebliche Informationssysteme: Prinzipien, Architekturen und Technologien.* Wiesbaden : Vieweg & Teubner, 2009. – ISBN 9783834805188

[Mei10] MEIER, Andreas: *Relationale und postrelationale Datenbanken.* Heidelberg Dordrecht London New York : Springer, 2010. – ISBN 9783642052552

[Mey07] MEYWERK, Martin: *CAE-Methoden in der Fahrzeugtechnik.* Berlin Heidelberg : Springer-Verlag, 2007. – ISBN 9783540498667

[Mil07] MILTON, Nicholas R.: *Knowledge Acquisition in Practice: A steo-by-step Guide.* London : Springer-Verlag, 2007. – ISBN 9781846288616

[Mos14] MOSES, Stefan: *Optimierungsstrategien für die Auslegung und Bewertung energieoptimaler Fahrzeugkonzepte.* Berlin, Technische Universität Berlin, Dissertation, 2014

[MS12] MESCHEDER, Bernhard ; SALLACH, Christian: *Wettbewerbsvorteile durch Wissen: Knowledge Management, CRM und Change Management verbinden.* Berlin : Springer Gabler, 2012. – ISBN 9783642278952

[MSSF16] MÜNSTER, Marco ; SCHÄFER, Michael ; STURM, Ralf ; FRIEDRICH, Horst E.: Methodical development from vehicle concept to modular body structure for the DLR NGC-Urban Modular Vehicle. In: *Internationales Stuttgarter Symposium.* Stuttgart, 2016

[Mül07] MÜLLER, Marco: *Reifegradbasierte Optimierung von Entwicklungsprozessen: am besonderen Beispiel der produktionsbezogenen Produktabsicherung in der Automobilindustrie.* Saarbrücken, Universität des Saarlandes, Dissertation, 2007

[Mül10] MÜLLER, Alexander: *Systematische und nutzerzentrierte Generierung des Pkw-Maßkonzepts als Grundlage des Interior- und Exteriordesign.* Stuttgart, Universität Stuttgart, Dissertation, 2010

[Nah16] NAHRSTEDT, Harald: *Die Welt der VBA-Objekte: Was integrierte Anwendungen leisten können.* Wiesbaden : Springer-Verlag, 2016. – ISBN 9783658138905

[Neh14] NEHUIS, Frank: *Methodische Unterstützung bei der Ermittlung von Anforderungen in der Produktentwicklung.* Braunschweig, Technische Universität Braunschweig, Dissertatiton, 2014

[Nie88] NIEMERSKI, Siegmar: *Parametergesteuerte Karosserie-Generierung im PKW-Vorentwurf.* Berlin, Technische Universität Berlin, Dissertation, 1988

[Nor16] NORTH, Klaus: *Wissensorientierte Unternehmensführung: Wissensmanagement gestalten.* Wiesbaden : Springer Gabler, 2016. – ISBN 9783658116422

[NT95] NONAKA, Ikujiro ; TAKEUCHI, Hirotaka: *The Knowledge-Creating Company: How Japanese Companies Create the Dynamics of Innovation.* Oxford : Oxford University Press, 1995. – ISBN 0195092694

[Oph05] OPHEY, Lothar: *Entwicklungsmanagement: Methoden der Produktentwicklung.* Berlin : Springer-Verlag, 2005. – ISBN 3540206523

[PL11] PONN, Josef ; LINDEMANN, Udo: *Konzeptentwicklung und Gestaltung technischer Produkte: Systematisch von Anforderungen zu Konzepten und Gestaltlösungen.* 2. Heidelberg Dordrecht London New York : Springer-Verlag Berlin Heidelberg, 2011. – ISBN 9783642205804

[Poh08] POHL, Klaus: *Requirements Engineering: Grundlagen, Prinzipien, Techniken.* 2. Heidelberg : dpunkt.verlag GmbH, 2008. – ISBN 9783898645508

[Pri10] PRINZ, Alexander: *Struktur und Ablaufmodell für das parametrische Entwerfen von Fahrzeugkonzepten.* Braunschweig, Technische Universität Braunschweig, Dissertation, 2010

[PRR12] PROBST, Gilbert ; RAUB, Steffen ; ROMHARDT, Kai: *Wissen managen: Wie Unternehmen ihre Wertvollste Ressource optimal nutzen.* Wiesbaden : Springer Gabler, 2012. – ISBN 9783834945624

[Raa13] RAABE, Roman: *Ein rechnergestütztes Werkzeug zur Generierung konsistenter PKW-Maßkonzepte und paramterischer Designvorgaben.* Stuttgart, Universität Stuttgart, Dissertation, 2013

[RBW10] ROTH, D. ; BINZ, H. ; WATTY, R.: Generic structure of knowledge within the product development process. In: *Internation Design Conference - Design.* University of Zagreb : Faculty of Mechanical Engineering and Naval Architecture, 2010. – ISBN 9789537738037, S. 1681–1690

[Rot16] ROTHER, Klemens: Efficient computerbased methods for design of body structures. In: *Strategien des Karosseriebaus.* Bad Nauheim, 2016

[Rud98] RUDE, Sefan: *Wissensbasiertes Konstruieren.* Aachen : Shaker Verlag, 1998. – ISBN 9783826539855

[RW13] RUGE, Jürgen ; WOHLFAHRT, Helmut: *Technologie der Werkstoffe: Herstellung, Verarbeitung, Einsatz.* Wiesbaden : Springer Vieweg, 2013. – ISBN 9783658018801

[SAA+00] SCHREIBER, Guus ; AKKERMANS, Hans ; ANJEWIERDEN, Anjo ; HOOG, Robert d. ; SHADBOLT, Nigel ; VAN DE VELDE, Walter ; WIELINGA, Bob: *Knowledge engineering and management: The Common-KADS methodology.* Cambridge : The MIT Press, 2000. – ISBN 0262193000

[SAE09] SAE INTERNATIONAL (Hrsg.): *J1100: Motor Vehicle Dimensions.* 2009

[Sah11] SAHR, Christian A.: *Methodische Vorgehensweise der Werkstoffauswahl für die Karosserieentwicklung in Multi-Material-Bauweise: Dissertation.* Aachen : Forschungsges. Kraftfahrwesen Aachen, 2011. – ISBN 9783940374509

[SBK14] SANDHAUS, Gergor ; BERG, Björn ; KNOTT, Philip: *Hybride Softwareentwicklung: Das Beste aus klassischen und agilen Methoden in einem Modell vereint.* Berlin : Springer Vieweg, 2014. – ISBN 9783642550638

[Sch12] SCHUH, Günther (Hrsg.): *Innovationsmanagement.* Heidelberg : Springer Vieweg, 2012. – ISBN 9783642250491

[Sch13] SCHUMACHER, Axel: *Optimierung mechanischer Strukturen: Grundlagen und industrielle Anwendungen*. Berlin Heidelberg : Springer Berlin Heidelberg, 2013. – ISBN 9783642346996

[Sch14] SCHICKER, Edwin: *Datenbanken und SQL: Eine praxisorientierte Einführung mit Anwendungen in Oracle, SQL Server und MySQL*. Wiesbaden : Springer Vieweg, 2014. – ISBN 9783834817327

[SE00] SCHELKLE, E. ; ELSENHANS, H.H.: Integration innovativer CAE-Werkzeuge in die PKW-Konzeptentwicklung. In: *VDI-Berichte* Bd. 1559. 2000, S. 481–496

[Sie14] SIEBENPFEIFFER, Wolfgang (Hrsg.): *Leichtbau-Technologien im Automobilbau*. Wiesbaden : Springer Vieweg, 2014. – ISBN 9783658040246

[SL04] SPILLNER, Andreas ; LINZ, Tilo: *Basiswissen Softwaretest: Aus- und Weiterbildung zum Certified Tester ; Foundation Level nach ASQF- und ISTQB-Standard*. Heidelberg : dpunkt Verlag, 2004. – ISBN 9783898642569

[SR08] SEIFFERT, Ulrich (Hrsg.) ; RAINER, Gotthard (Hrsg.): *Virtuelle Produktentstehung für Fahrzeug und Antrieb im Kfz*. Wiesbaden : Vieweg & Teubner and GWV Fachverlage, 2008. – ISBN 9783834803450

[SSZS05] SCHUMACHER, Axel ; SEIBEL, Michael ; ZIMMER, Hans ; SCHÄFER, Michel: New optimization strategies for crash design. In: *LS-DYNA Anwenderforum*. Bamberg, 2005, S. 1–14

[Ste10] STECHERT, Carsten: *Modellierung komplexer Anforderungen*. Braunschweig, Technische Universität Braunschweig, Dissertation, 2010

[Ste12] STEINKE, Peter: *Finite-Elemente-Methode: Rechnergestützte Einführung*. Berlin Heidelberg : Springer-Verlag, 2012. – ISBN 9783642295058

[Sto01] STOKES, Melody: *Managing Engineering Knowledge: MOKA: Methodology for Knowledge Based Engineering Applications*. London : Professional Engineering Publishing, 2001. – ISBN 9780791801659

[Suh98] SUH, N. P.: Axiomatic Design Theory for Systems. In: *Research in Engineering Design* Bd. 10. 1998, S. 189–209

[Sze14] SZER, Benjamin: *Cloud Computing und Wissensmanagement: Bewertung von Wissensmanagementsystemen in der Cloud*. Hamburg : Diplomica Verlag, 2014. – ISBN 9783842882348

[Tes10] TESCH, Florian L.: *Bewertung der Strukturvariabilität von Pkw-Karosseriederivaten*. München, Technische Universität München, Dissertation, 2010

[Tsc83] TSCHÄTSCH, Heinz: *Praktische Betriebslehre*. Stuttgart : Teubner, 1983. – ISBN 9783519063049

[ULSA08] ULLMANN, Jeffrey D. ; LAM, Monica S. ; SETHI, Ravi ; AHO, Alfred V.: *Compiler: Prinzipien, Techniken und Werkzeuge*. München : Pearson Studium, 2008. – ISBN 9783863265748

[VBCJ04] VAJNA, Sandor ; BERCSEY, T. ; CLEMENT, St. ; JORDAN, A.: Autogenetische Konstruktionstheorie: Ein Beitrag für eine erweiterte Konstruktionstheorie. In: *Konstruktion* Bd. 56. Düsseldorf : Springer-Verlag, 2004

[VBWZ09] VAJNA, Sandor ; BLEY, Helmut ; WEBER, Christian ; ZEMAN, Klaus: *CAx für Ingenieure: Eine praxisbezogene Einführung*. Berlin : Springer, 2009. – ISBN 9783540360384

[VDA86] VDA: VEREIN DER AUTOMOBILINDUSTRIE (Hrsg.): *Qualitätskontrolle in der Automobilindustrie*. Frankfurt am Main, 1986 (Schriftenreihe des VDA: Sicherheit der Qualität vor Serieneinsatz)

[VDA03] VDA: VEREIN DER AUTOMOBILINDUSTRIE (Hrsg.): *Qualitätsmanagement in der Automobilindustrie*. Frankfurt am Main, 2003 (Schriftenreihe des VDA: Sicherheit der Qualität vor Serieneinsatz)

[VDI93] VDI: VEREIN DEUTSCHER INGENIEURE (Hrsg.): *Richtlinie 2221: Systematic approach to the development and design of technical systems and products*. Düsseldorf : Beuth Verlag, 1993

[VDI97] VDI: VEREIN DEUTSCHER INGENIEURE (Hrsg.): *Richtlinie 2225: Technisch-wirtschaftliches Konstruieren*. Düsseldorf : Beuth Verlag, 1997

[VDI09a] VDI: VEREIN DEUTSCHER INGENIEURE (Hrsg.): *Richtlinie 2209: 3-D-Produktmodellierung*. Düsseldorf : Beuth Verlag, 2009

[VDI09b] VDI: VEREIN DEUTSCHER INGENIEURE (Hrsg.): *Richtlinie 5610 Blatt 1: Wissensmanagement im Ingenieurwesen - Grundlagen, Konzepte, Vorgehen*. Düsseldorf : Beuth Verlag, 2009

[VDI15] VDI: VEREIN DEUTSCHER INGENIEURE (Hrsg.): *Richtlinie 5610 Blatt 2: Wissensmanagement im Engineering*. Düsseldorf : Beuth Verlag, 2015

[VH14] VIETOR, Thomas ; HOFFMANN, Charlotte-Angela: Es liegt im Auge des Betrachters ... Organisatorische Anforderungen an die Steuerung von modularen Baukästen in der Automobilindustrie. In: WISSENSCHAFTLICHE GESELLSCHAFT FÜR PRODUKTENTWICKLUNG E.V. (Hrsg.): *Wissenschaftliche Gesellschaft für Produktentwicklung WiGeP Newsletter* Bd. Ausgabe 2. 2014. – ISBN 1613–5504, S. 4–6

[VHH+04] VERSTEEGEN, Gerhard ; HESSELER, Alexander ; HOOD, Colin ; MISSLING, Christian ; STÜCKA, Renate: *Anforderungsmanagement: Formale Prozesse, Praxiserfahrungen, Einführungsstrategien und Toolauswahl*. Berlin : Springer, 2004. – ISBN 9783540009634

[Vog06] VOGLER, Petra: *Prozess- und Systemingetration: Evolutionäre Weiterentwicklung bestehender Informationssysteme mit Hilfe von Enterprise Application Integration.* Wiesbaden : Deutscher Universitäts-Verlag, 2006. – ISBN 383500333X

[VSS07] VÖLKER, Rainer ; SAUER, Sigrid ; SIMON, Monika: *Wissensmanagement im Innovationsprozess.* Heidelberg : Physica-Verlag, 2007. – ISBN 978–3–7908–1691–4

[VZN10] VIETOR, Thomas ; ZIEBART, Jan R. ; NEHUIS, Frank: Konstruktionsregeln für den Entwurf leichter, hochintegrierter Bauteile. In: *Konstruktion.* Düsseldorf : Springer-Verlag, 2010, S. 38

[WD03] WEBER, Christian ; DEUBEL, Till: New Theory-based Concepts for PDM and PLM. In: *International Conference on Engineering Design.* Stockholm, 2003

[Web11] WEBER, Christian: Design Theory and Methodology: Contributions to the Computer Support of Product Development/Design Processes. In: BIRKHOFER, Herbert (Hrsg.): *The Future of Design Methodology.* London : Springer-Verlag, 2011. – ISBN 9780857296146, S. 91–104

[Wed15] WEDENIWSKI, Sebastian: *Mobilitätsrevolution in der Automobilindustrie: Letzte Ausfahrt digital!* Springer-Verlag Berlin Heidelberg, 2015. – ISBN 978366244782

[Wei12] WEISSBACH, Wolfgang: *Werkstoffkunde: Strukturen, Eigenschaften, Prüfung.* Wiesbaden : Vieweg & Teubner, 2012. – ISBN 9783834815873

[WFO09] WALLENTOWITZ, Henning ; FREIALDENHOVEN, Arndt ; OLSCHEWSKI, Ingo: *Strategien in der Automobilindustrie.* Wiesbaden : Vieweg & Teubner and GWV Fachverlage, 2009. – ISBN 9783834807250

[Wie14] WIEDEMANN, Elias: *Ableitung von Elektrofahrzeugkonzepten aus Eigenschaftszielen.* München, Technische Universität München, Dissertation, 2014

[Win05] WINKELHOFER, G.: *Management- und Projektmethoden: Ein Leitfaden für IT, Organisation und Unternehmensentwicklung.* Berlin : Springer, 2005. – ISBN 9783540268130

[Zim15] ZIMMER, Matthias: *Durchgängiger Simulationsprozess zur Effizienzsteigerung und Reifegraderhöhung von Konzeptbewertungen in der Frühen Phase der Produktentstehung.* Stuttgart, Universität Stuttgart, Dissertation, 2015

A Methoden und Hilfsmittel im Entwicklungsprozess

Dieser Anhang ergänzt Kapitel 2 um weitere Informationen. Dazu zählen Ansätze zur Beschreibung des allgemeinen Vorgehens im Entwicklungsprozess (Anhang A.1) sowie von Tätigkeiten im Requirement Engineering (Anhang A.2). Weiterhin werden Methoden und Hilfsmittel zur Ideengenerierung und zur Bewertung und Auswahl vorgestellt, siehe Anhang A.3. Passend dazu werden die Kriterien der Entscheidungshilfe für Auswahlverfahren vorgestellt. Abschließend wird das Test-Operate-Test-Exit-Schema (TOTE-Schema) vorgestellt.

A.1 Ansätze zur Beschreibung des Entwicklungsprozesses

In Kapitel 2.1 wird auf Ansätze zur allgemeinen Beschreibung des Vorgehens im Entwicklungsprozess verwiesen. Diese werden im Folgenden kurz vorgestellt.

- Autogenetische Konstruktionstheorie (AKT)
  Bercsey und Vajna vergleichen den Entwicklungsprozess von Produkten mit der Evolution von Lebewesen, [VBCJ04]. In der AKT ist die Entwicklung eines Produktes die fortlaufende Optimierung von bestehenden Lösungen. In jedem Evolutionsschritt werden alle Eigenschaften an die geänderten Randbedingungen angepasst, sodass die Lösungen gleichwertig, aber nicht gleichartig sind.

- Axiomatic Design Theory for Systems (ADT)
  Suh [Suh98] beschreibt den Entwicklungsprozess in der ADT als Transformation von Kundenanforderungen in Funktionsanforderungen, die in Konstruktionsparameter übersetzt werden, sodass Prozessparameter entstehen. Ermöglicht wird dies über mathematische Beziehungen. Dazu werden die Anforderungen und die Konstruktionsparameter als Vektoren geschrieben und über die so genannte Design Matrix miteinander verknüpft. Im Idealfall sollte die Design Matrix nur auf der Diagonalen besetzt sein, jede Anforderung sollte also möglichst nur von einem Konstruktionsparameter abhängen (Unabhängigkeitsaxiom).

- Characteristics-Properties Modelling (CPM)
  Weber [Web11] gliedert die Parameter im Entwicklungsprozess im CPM in Produktmerkmale und Produkteigenschaften. Die Merkmale beschreiben die Gestalt des Produktes. Das Ziel jedes Entwicklungsprozesses ist die Festlegung ihrer Ausprägungen, sodass die Forderungen an die Eigenschaften erfüllt werden. Daraus werden dann die Herstellungsunterlagen angefertigt. Merkmale sind direkt durch den Entwickler beeinflussbar. Dazu gehören Teilestruktur, Positionen, Geometrien, Materialien und Oberflächenbeschaffenheiten. Die Forderungen betreffen die Eigenschaften eines Produktes. Sie beschreiben das Verhalten eines Produktes. Dieses resultiert aus der Kombination der Merkmalsausprägungen. Die Eigenschaften können daher nicht direkt über den Entwickler beeinflusst werden. Ein entscheidender Erfolgsfaktor der Produktentwicklung ist daher die effektive und effiziente Untersuchung der Beziehungen zwischen Merkmalen und Eigenschaften.

© Springer Fachmedien Wiesbaden GmbH, ein Teil von Springer Nature 2018
J. Hasenpusch, *Methodik zur Beurteilung eigenschaftsoptimierter Karosseriekonzepte in Mischbauweise*, AutoUni – Schriftenreihe 123,
https://doi.org/10.1007/978-3-658-22227-7

- Concept-Knowledge-Theory (C-K-Theory)
  Hatchuel und Weil haben die C-K-Theory entwickelt. In der C-K-Theory basiert der Entwicklungsprozess auf den Bereichen Konzeptraum und Wissensraum, [HW03]. Eine erfolgreiche Entwicklung funktioniert nur durch die Symbiose der beide Bereiche. Während der Konzeptraum der Entwicklung von Lösungen dient, werden die Lösungen im Wissensraum analysiert. Von dem Wissensraum aus werden Lösungen entwickelt, bezeichnet als Disjunction. Der Konzeptraum wird dadurch vergrößert. Die Analyse der Lösungen führt wiederum zur Erweiterung des Wissensraumes, bezeichnet als Conjunction. Mit diesem Wissen können neue Lösungen entwickelt und damit kann der Konzeptraum erweitert werden.

- Function-Behaviour-Structure (FBS)
  Gero und Kannengiesser beschreiben mit dem FBS Modell den Entwicklungsprozess als Transformation der geforderten Funktionen in die Produktstruktur, vergleichbar mit der ADT. In einem Zwischenschritt wird das Produktverhalten betrachtet. Die FBS ermöglicht die differenzierte Betrachtung unterschiedlicher Sichtweisen auf den Prozess. Unterschieden wird zwischen der erwarteten, der interpretierten und der externen Welt, [GK07].

A.2 Requirement Engineering

Im Requirement Engineering (RE) werden in der Literatur die Tätigkeiten zur Ermittlung, Ergänzung, Überprüfung, Dokumentation und Abstimmung von Anforderungen sowie im Anforderungsmanagement die Verwaltung beschrieben. Die Abgrenzungen variieren, siehe Kapitel 2.2. Im Folgenden wird ein Überblick der Tätigkeiten gegeben.

Die Ermittlung der Anforderungen beinhaltet im ersten Schritt die Ermittlung der Anforderungsquellen. Dies können Personen, Produkte und Dokumente sein, [Poh08]. Zu den Personen gehören Kunden und am Entwicklungsprozess Beteiligte. Außerdem können von unternehmenseigenen Produkten und denen der Konkurrenz Anforderungen ermittelt werden. Als Dokumente werden u.a. Normen oder Gesetze bezeichnet. Aus diesen Quellen können Anforderungen auf Basis der oben beschriebenen Empfehlungen ermittelt werden. Darauf aufbauend müssen weitere Rahmenbedingungen ermittelt werden, [FG13]. Sind die bekannten Anforderungsquellen analysiert, sollen Methoden zum Ergänzen und Erweitern der Anforderungen verwendet werden, um den nachträglichen Änderungsaufwand zu minimieren. Feldhusen und Grote [FG13] schlagen die Arbeit mit der Hauptmerkmalliste und der Szenariotechnik vor, siehe Kapitel 2.3. Im nächsten Schritt müssen die Anforderungen untereinander auf potentielle Zielkonflikte analysiert und ggf. entsprechend angepasst werden. Außerdem ist die Abstimmung mit dem Auftraggeber wichtig, um bei der Entwicklung den Ansprüchen der von ihm gestellten Aufgabe gerecht zu werden, [FG13].

Die ermittelten Anforderungen werden zur Abstimmung und Verwaltung während der Entwicklung dokumentiert. Die oft in der Literatur erwähnte Anforderungsliste ist nicht die einzige Möglichkeit zur Dokumentation, [FG13, Ste10]. Datenbanken sind ebenfalls geeignet. Stechert [Ste10] verweist auf die erweiterten Möglichkeiten der Speicherung und den gezielten Abruf. Unabhängig von dem Speichermedium empfiehlt Grande [Gra11] Regeln zur Dokumentation von Anforderungen.

Mit den ermittelten und dokumentierten Anforderungen endet der Arbeitsschritt Klären und Präzisieren der Aufgabenstellung, [VDI93].

A.3 Methoden und Hilfsmittel

Neben den in Kapitel 2.3.1 beschriebenen diskursiven Methoden werden auch intuitiv betonte Methoden zur Ideengenerierung benannt. Letztere werden hier beschrieben.

- Brainstorming
  Als Brainstorming wird die Sammlung von Ideen aus einer Gruppendiskussion heraus bezeichnet. Dabei soll eine Vielzahl an Lösungsideen generiert werden. Durch die gezielte Zusammensetzung der Gruppe mit aufgeschlossenen Personen aus verschiedenen Fachbereichen sollen vorurteilslos unkonventionelle Lösungsideen gefördert werden. Das erfordert eine zielgerichtete Vorbereitung von der Einladung der Teilnehmer bis hin zur Problemdefinition. Die Durchführung muss mit Regeln gesteuert werden. Nach dem eigentlichen Brainstorming werden die Ergebnisse ausgewertet. [FG13, Lin09, Ehr09]

- Delphimethode
  Die Delphimethode oder auch -analyse kann als spezielle Expertenbefragung in mehreren Runden definiert werden. Zunächst werden die Experten unabhängig voneinander zu Lösungsansätzen für ein Problem befragt. Die Ansätze werden zusammengetragen und in einer zweiten Runde den Experten vorgelegt. Sie sollen diese nun ergänzen. Die Ergebnisse werden zusammengetragen. In einer dritten Runde sollen die Experten die Lösungsansätze hinsichtlich ihrer Umsetzbarkeit bewerten und detaillieren. [FG13, Lin09]

- Galeriemethode
  Die Galeriemethode besteht aus mehreren Phasen und kann als eine erweiterte Variante des Brainstormings mit Skizzen als zentrales Hilfsmittel gesehen werden. Nach einer Einführungsphase zur Problemdarstellung generieren die Teilnehmer erste Lösungen mit Hilfe von Skizzen. Die folgende Assoziationsphase gibt der Methode ihren Namen. Die Skizzen werden, wie in einer Galerie die Gemälde, aufgehängt. Die Teilnehmer überblicken und diskutieren die Ergebnisse. Die zweite Ideenbildungsphase folgt, angeregt aus der Assoziationsphase. Mit den Ideen aus beiden Phasen wird in der Selektionsphase eine Auswahl getroffen. [FG13, Ehr09]

- Methode 635
  Wie auch die Galeriemethode, kann die Methode 635 als erweiterte Variante des Brainstormings auf der Basis von Skizzen gesehen werden. Nach einer eingehenden Analyse der Problemstellung entwickeln die Teilnehmer Lösungsvarianten. In einer ersten Runde werden in fünf Minuten drei Lösungen skizziert und stichwortartig beschrieben. In den nachfolgenden Runden werden die Lösungen reihum kurz analysiert und darauf

basierend drei weitere Lösungsvarianten skizziert. Alle 5 Minuten werden die Skizzen weitergereicht, bis sie einmal reihum gelangt sind. [FG13, Lin09]

- Synektik
  Die Synektitk setzt auf die Bildung von Analogien zur Entwicklung von Lösungsideen. Nach der ausführlichen Analyse der Problemstellung in der Gruppe werden persönliche Analogien aus anderen Fachbereichen gebildet. Sie werden analysiert und mit dem Problem verglichen. Daraus sollen sich neue Ideen entwickeln, die anschließend ausgearbeitet werden. [FG13, Ehr09, Lin09]

Ergänzend zu Kapitel 2.3.2 werden Methoden und Hilfsmittel zur Bewertung und Auswahl kurz vorgestellt. Außerdem werden die Herausforderungen einer Gewichtung von Kriterien und Regeln zur Festlegung von Punkteskalen thematisiert.

- Vorteil-/Nachteil-Vergleich
  Der Vor-/Nachteil-Vergleich wird auch Argumentenbilanz genannt. Zum einen können Lösungsvarianten relativ miteinander verglichen werden. Zum anderen können Lösungsvarianten absolut mit Sollgrößen geforderter Eigenschaften verglichen werden. Dafür werden im ersten Schritt die zu betrachtenden Alternativen ausgewählt. Im zweiten Schritt werden die Kriterien bspw. von den geforderten Eigenschaften abgeleitet. Im letzten Schritt sind Ausprägungen der Kriterien für die Alternativen einzutragen. [Lin09, Ehr09, FG13]

- Auswahlliste
  Mit der Auswahlliste kann die Zahl der Lösungsalternativen schnell reduziert werden. Voraussetzung sind eindeutige und leicht einzuschätzende Kriterien. Sie müssen binär beurteilt werden können: *ja* oder *nein*. Sie werden nach ihrer Wichtigkeit sortiert. Sind die Kriterien zwingend zu erfüllen, werden diese am Anfang untersucht. Erfüllt eine Alternative ein Kriterium nicht, muss die Alternative ab dieser Feststellung nicht mehr weiter untersucht werden. Informationsmängel müssen markiert und beseitigt werden. Alternativen, die alle Kriterien erfüllen, werden weiterverfolgt. [Ehr09, Lin09]

- Paarweiser Vergleich
  Mit dem Paarweisen Vergleich können Lösungsalternativen hinsichtlich eines Kriteriums gegenübergestellt werden. Mit Hilfe einer Matrix werden die Lösungsvarianten miteinander verglichen. Dabei muss der Anwender festlegen, welche Lösungsvarianten im direkten Vergleich das Kriterium besser erfüllen oder ob die Alternativen gleichwertig sind. Mit Hilfe eines Punkteschlüssels wird bewertet, bspw. mit -1, 0 und 1. Die Punkte werden je Lösung summiert und ergeben dann eine Rangfolge. [Lin09, Ehr09]

- Punktbewertung
  Bei der Punktbewertung wird der Erfüllungsgrad der Bewertungskriterien für die Lösungen mit Punkten bewertet. In der gewichteten Punktbewertung werden die Kriterien ihrer Bedeutung nach gewichtet. Die Punktzahlen für alle Bewertungskriterien werden entsprechend einem Gewichtungsfaktor summiert und fließen in die Rangliste mit ein. Im ersten Schritt werden die Kriterien festgelegt und im zweiten gewichtet. Als Hilfsmittel ist hier der Paarweise Vergleich für die Gewichtung der Kriterien geeignet. Bei

der einfachen Punktebewertung entfällt dieser Schritt. Anschließend werden die Eigenschaften der Kriterien beschrieben. Nach einer zuvor festgelegten Punkteskala werden die Lösungsalternativen bewertet. Wertfunktionen und Wertskalen sind ein geeignetes Hilfsmittel, um die Punktevergabe transparent zu gestalten. Die vergebenen Punkte werden mit der Gewichtung der Kriterien multipliziert und je Lösungsalternative aufsummiert. [Ehr09, Lin09, FG13, Küh14]

- Technisch-wirtschaftliche Bewertung
  Die technisch-wirtschaftliche Bewertung entstammt der Richtlinie VDI 2225, [VDI97]. Sie basiert zum Großteil auf den Schritten der Punktbewertung. Bei der Addition der gewichteten Punkte für jede Lösungsalternative wird zwischen der technischen und der wirtschaftlichen Wertigkeit unterschieden. Das setzt voraus, dass die Kriterien in technische und wirtschaftliche Kategorien getrennt sind. Mit deren Hilfe können die Alternativen in einem Stärke-Diagramm dargestellt werden. [VDI97, Ehr09]

- Nutzwertanalyse
  Die Nutzwertanalyse (NWA) basiert auf einer gewichteten Punktbewertung und erweitert das Prinzip der technisch-wirtschaftlichen Betrachtung. Dafür werden die Kriterien zu Beginn strukturiert. Es entsteht eine Zielsystem, das je nach Komplexität mit mehreren Stufen mit abnehmender Hierarchie in vertikaler Richtung und verschiedenen Themenbereichen in horizontaler Richtung besteht. Die Kriterien werden je Zielstufe und Pfad gewichtet und ergeben mittels Multiplikation die Einzelgewichte der Kriterien, die der Bewertung dienen. Diese Gewichtungen fließen wie bei der Punktbewertung ein und erzeugen die Nutzwerte der Lösungsalternativen. Visuell können die Ergebnisse in Nutzwertprofilen dargestellt werden, um dem Anwender eine bessere Übersicht zu ermöglichen. [Lin09, Ehr09, Küh14, FG13]

Der Zusammenhang zwischen betrachteten Eigenschaften und der Gewichtung der Kriterien für die Bewertung und die Auswahl der Lösungen in Abbildung A.1 verdeutlicht. Bei Vorauswahl A würde Lösungsvariante 2 vermutlich aussortiert werden. Deshalb kann der Anwender in der Endbewertung nicht mehr feststellen, dass Lösungsvariante 2 dort am besten bewertet werden würde. Die Gefahr ist bei der Vorauswahl B reduziert, da höher gewichtete Kriterien in der Vorauswahl bewertet werden. Eine absolute Sicherheit die richtige Lösungsvariante auszuwählen kann auch bei bewusster Verteilung der Kriterien auf die Stufen und deren Gewichtung nicht garantiert werden, siehe Vorauswahl B.

Die Festlegung der Punkteskala soll nach Kühnapfel [Küh14] und Winkelhofer [Win05] unter Berücksichtigung dieser Regeln getroffen werden:

- Alle Kriterien einer Bewertung sollen die gleiche Punkteskala und die gleiche Bewertungsrichtung haben. Bei einer Skala von 1 bis 4 ist die 1 für alle Kriterien der schlechteste und 4 für alle Kriterien der beste Wert.

- Der Punkt 0 soll nicht in der Skala vorkommen, damit auch niedrige Werte berücksichtigt werden können, außer wenn ein Ausschlusskriterium angestrebt wird.

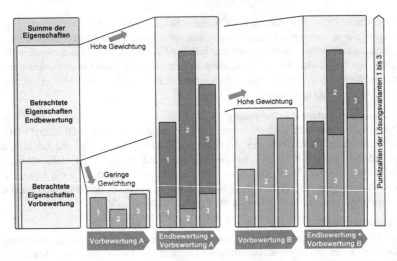

Abbildung A.1: Mehrstufige Evaluation mit unterschiedlicher Gewichtung zur Verdeutlichung des Zusammenhangs zwischen betrachteten Eigenschaften und deren Gewichtung; Punktzahl von den Lösungsvarianten 1, 2 und 3 in den Vorbewertungen A und B sowie in der Endbewertung inklusive der Vorbewertungen; eigene Darstellung

- Die Punkteskala soll eine begrenzte Punktespanne haben und gleichzeitig eine ausreichende Differenzierung aufweisen. Ist die Punkteskala in frühen Phasen zu detailliert, 1 - 100, täuscht sie Scheingenauigkeit vor. Ist sie in späteren Phasen zu grob, 1 - 3, verfälscht sie das Ergebnis ebenfalls.

- Punkteskalen sollen keine Sprünge aufweisen, bspw. 1, 3 und 9, außer wenn es explizit verlangt wird, besonders gute und schlechte Eigenschaften der Alternativen zu identifizieren.

Im Rahmen der Planung des grundlegenden Prozesses wird für die Evaluation die Entscheidungshilfe (Kapitel 2.3.2) für die Auswahl eines geeigneten Auswahlverfahrens angewendet, siehe Kapitel 3.3.4. Dazu wird das Umfeld der zu treffenden Entscheidung in dem Prozess wird mit Hilfe verschiedener Kriterien bewertet:

- Mit dem ersten Kriterium wird die *Erkennbarkeit der Eigenschaften* zu dem Zeitpunkt der Entscheidung beurteilt. Die Steuerung der Evaluation und der Analysen im Prozess soll auf der Basis der geforderten Eigenschaften stattfinden. Daher wird zu den geforderten Eigenschaften, bspw. Gewicht, im Prozess jeweils eine Analyse durchgeführt, z.B. einfache Schätzverfahren für das Gewicht. Die dadurch gegebene Erkennbarkeit der Eigenschaften wird als hoch eingestuft.

- Die *Wichtigkeit der Entscheidung* im Rahmen der Methodik ist als hoch zu bewerten, da der weitere Entwicklungsverlauf darauf basieren soll. Das Informationsdefizit wird reduziert und eine Entscheidung kann aufgrund der Automatisierung schnell und ganzheitlich getroffen werden. Das beeinflusst den gesamten späteren Entwicklungsprozess, da hier ausgeschlossene Lösungen dauerhaft ausgeschlossen bleiben. Gerade spätere Iterationsschleifen sollen damit vermieden werden.

- Eine *Korrekturmöglichkeit* nach der Entscheidung ist, ohne das System der Methodik in Frage zu stellen, schwierig.

- Die *Neuheit des Entscheidungsproblems* ist von mittlerer Bedeutung. Zum einen wird die Auswahl eines zu verfolgenden Konzeptes in jedem Entwicklungsprozess getroffen. Zum anderen sind Zeitpunkt und die Informationsverfügbarkeit neu.

- Dagegen ist die *Komplexität des Entscheidungsproblems* hoch. Das zeigen die vielen vorgestellten Konzepte, mit denen eine Steigerung von Effektivität und Effizienz angestrebt wird.

- Die Bedeutung der verfügbaren *Zeitdauer* für die zu treffende Entscheidung ist gering, da sie unter den Zielen der Steigerung von Effektivität und Effizienz schnell und ganzheitlich zu treffen ist.

A.4 TOTE-Schema

Das Test-Operate-Test-Exit-Schema (TOTE-Schema) kann mit einem Regelkreis verglichen werden. Analog eines Soll-Ist-Vergleiches wird beim Test überprüft, ob das Ziel erreicht ist. Sollte das nicht der Fall sein, wird der gegebene Zustand verändert. Dieser Schritt wird als Operate bezeichnet. Anschließend wird wieder der Test durchgeführt. Ist das Ziel erreicht, wird der Regelkreis verlassen: Exit. Wird das Ziel nicht erreicht, wird der Zustand wieder verändert. Der Regelkreis wird durchlaufen, bis das Ziel erreicht ist oder bis ein Abbruch initiiert wird. Abbildung A.2 stellt das TOTE-Schema dar. [Ehr09]

Abbildung A.2: TOTE-Schema; eigene Darstellung in Anlehnung an [Ehr09]

B Wissensmanagement

Das Wissensmanagement ist zentraler Bestandteil der vorliegenden Arbeit. Insbesondere die Strategien der wissensbasierten Entwicklung (KBE) für die Gestaltung von wissensbasiertes Systemen (KBS) werden berücksichtigt. In Kapitel 2.4.1 und 2.4.2 sind Grundlagen beschrieben. Ergänzendes Wissen zu diesen Themen wird im Folgenden angeführt.

Das Wissensmanagement kann in acht Kernprozesse unterteilt werden:

* *Wissensziele* sollen zur Steuerung des Wissensmanagements messbar definiert werden. Außerdem sollen sie die Unternehmensziele ergänzen. Dabei können strategische, normative und operative Ziele unterschieden werden.

* *Wissensidentifikation* bezeichnet den Umgang mit der Selektion der wesentlichen Informationen und die Identifikation der Wissensträger intern wie extern. Ausschlaggebend sind hier die definierten Wissensziele.

* Für den *Wissenserwerb* stehen viele Wissensquellen zur Verfügung, die mit unterschiedlichen Hilfsmitteln verwendet werden können.

* *Wissensentwicklung* beschreibt die Erzeugung von neuem Wissen. Dazu sollen gezielt Hilfsmittel eingesetzt oder Randbedingungen geschaffen werden, um den Prozess zu fördern. Implizites Wissen soll externalisiert werden.

* Die *Wissensverteilung* ist eine zentrale Unternehmensaufgabe. Hier werden Wege und Hilfsmittel benötigt, das explizite und implizite Wissen im Unternehmen zu verteilen.

* Das alleinige Wissen ist ohne Problemstellung nutzlos. Daher bezeichnet die *Wissensnutzung* die Anwendung des Wissens auf Problemstellungen.

* *Wissensbewahrung* beinhaltet die Selektion, Speicherung und Aktualisierung von Wissen.

* In der *Wissensbewertung* soll das Wissensmanagement anhand des bewahrten Wissens im Vergleich zu den Wissenszielen validiert werden.

Die Spirale des Wissens von [NT95] setzt die vier Formen (Kombination, Externalisierung, Internalisierung und Sozialisation) miteinander in Verbindung, Abbildung B.1. Auf der Grundlage von bestehendem implizitem und explizitem Wissen wird über die vier Formen Wissen erzeugt und transformiert, sodass es dem Unternehmen und seinen Mitarbeitern zum Aufbau von Kompetenzen zur Verfügung steht, [Nor16].

Das SECI-Modell von [NT95] beschreibt vier Formen der Wissenserzeugung und -transformation:

* *Sozialisation* definiert die direkte Weitergabe von implizitem Wissen zwischen Personen, bspw. das Lernen durch Beobachtung und Nachahmung. Unternehmen profitieren nur bedingt, da der Wissensaustausch nur personenbezogen verläuft.

© Springer Fachmedien Wiesbaden GmbH, ein Teil von Springer Nature 2018
J. Hasenpusch, *Methodik zur Beurteilung eigenschaftsoptimierter Karosseriekonzepte in Mischbauweise*, AutoUni – Schriftenreihe 123,
https://doi.org/10.1007/978-3-658-22227-7

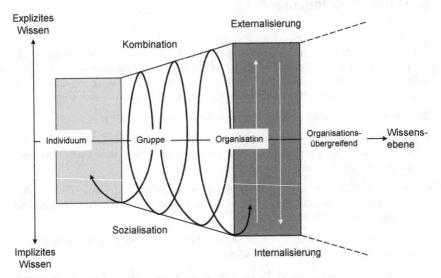

Abbildung B.1: Spirale des Wissens zur Wissenerzeugung und -transformation; eigene Darstellung
in Anlehnung an [NT95]

- *Externalisierung* beschreibt die Transformation von implizitem in explizites Wissen.
  Bisher nur personengebundenes Wissen wird als neues Wissen für ein Unternehmen
  erzeugt.

- *Kombination* bezieht sich auf die Erzeugung von neuem explizitem Wissen aus bestehendem explizitem Wissen. Im Gegensatz zu der Externalisierung wird das Wissen nicht
  vermehrt, sondern bestehendes Wissen zusammengefasst oder anders dargestellt.

- *Internalisierung* bezeichnet die Transformation von explizitem in implizites Wissen.
  Personen erlernen explizites Wissen bspw. durch dessen Anwendung.

KBE-Anwendungen gliedert Lutz [Lut11] bezüglich des Grads der wissensbasierten Unterstützungen in Konfiguration und in Auslegung und Konstruktion. Abbildung B.2 zeigt die
Einordnung der KBS.

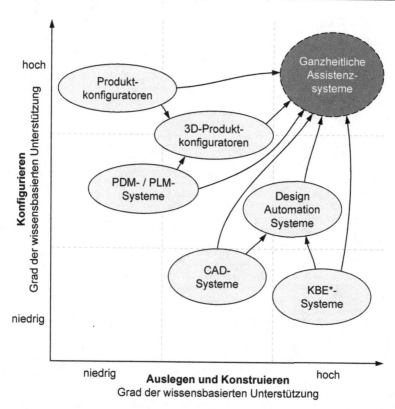

Abbildung B.2: Einordnungen von KBE-, PDM-, CAD- und Design Automation Systemen sowie Produktkonfiguratoren und ganzheitliche Assistenzsystem. KBE*-Systeme bezeichnen hier ausschließlich die IT-basierte Unterstützung zur Auslegung und Konstruktion; eigene Darstellung in Anlehnung an [Lut11]

C Produktmodelle

In diesem Abschnitt des Anhangs werden Produktmodelle aus zwei Perspektiven dargestellt. Zum einen werden die Eingangsdaten für Analysen mit geringem und hohem Aufwand in Anhang C.1 dargestellt. Die Produktmodelle dern Analysen benötigen diese Eingangsdaten. Zum anderen wird die Formel zur Berechnung des Bauteilschwerpunks hergeleitet, ihrerseits Teil des Produktmodells zu Gewichtsabschätzung.

C.1 Analysen in Abhängigkeit von Eingangsdaten

Die Zusammenhänge zwischen den Merkmalen und den Eigenschaften werden in den Abbildung C.1 für Analysen mit geringem Aufwand und in Abbildung C.2 für Analysen mit höherem Aufwand dargestellt.

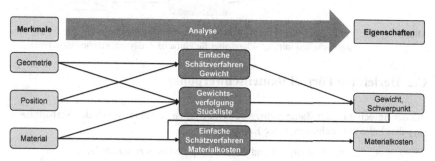

Abbildung C.1: Einfache Analysen in Abhängigkeit von Eingangsdaten zur Ermittlung von Eigenschaften; eigene Darstellung

© Springer Fachmedien Wiesbaden GmbH, ein Teil von Springer Nature 2018
J. Hasenpusch, *Methodik zur Beurteilung eigenschaftsoptimierter Karosseriekonzepte in Mischbauweise*, AutoUni – Schriftenreihe 123,
https://doi.org/10.1007/978-3-658-22227-7

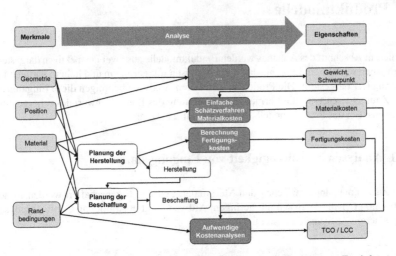

Abbildung C.2: Aufwendige Analysen in Abhängigkeit von Eingangsdaten zur Ermittlung von Eigenschaften mit „...."-Platzhalter für einfache Analysen; eigene Darstellung

C.2 Herleitung Formel Bauteilschwerpunkt

Bei der Berechnung der Bauteilschwerpunktes werden in Abhängigkeit des Verhältnisses r_{BTk} drei Fälle unterschieden, siehe Kapitel 5.2.1:

- $A_{QSj} < A_{QSm-1}$ dann ist $r_{BTk}<1$ und der Schwerpunkt liegt näher an A_{QSm-1}
- $A_{QSj} = A_{QSm-1}$ dann ist $r_{BTk}=1$ und der Schwerpunkt liegt genau in der Mitte
- $A_{QSj} > A_{QSm-1}$ dann ist $r_{BTk}>1$ und der Schwerpunkt liegt näher an A_{QSj}

Für $r_{BTk} = 1$ kann die Lage des Bauteilschwerpunktes mit

$$v_{BTk} = v_{QSj} + \frac{1}{2} \cdot \left(v_{QSm-1} - v_{QSj}\right) \tag{C.1}$$

berechnet werden. [Res16]

Für die anderen Fälle mit $r_{BTk} \neq 1$ wird ein Momentengleichgewicht um das globale Koordinatensystem erstellt. Dazu wird das Verhältnis der Querschnitte zu einander verwendet, um den Bauraum des Bauteils zu abstrahieren. Abbildung C.3 zeigt das Momentengleichgewicht schematisch.

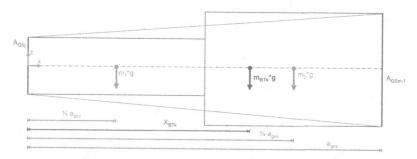

Abbildung C.3: Bestimmung des Bauteilschwerpunktes mit Hilfe eines Momentengleichgewichtes; eigene Darstellung in Anlehnung an [Res16]

Für die Lage des Bauraumschwerpunktes X_{BTk} ergibt sich aus Abbildung C.3

$$\frac{1}{4} \cdot a_{ges} \cdot m_1 \cdot g + \frac{3}{4} \cdot a_{ges} \cdot m_2 \cdot g = X_{BTk} \cdot (m_1 + m_2) \cdot g \tag{C.2}$$

Dabei ist X_{BTk} über einen Faktor der Gesamtlänge bestimmbar

$$X_{BTk} = f \cdot a_{ges} \tag{C.3}$$

Wird dieser Wert in Gleichung C.2 eingesetzt und gekürzt, resultiert

$$\frac{1}{4} \cdot a_{ges} \cdot r \cdot m_2 + \frac{3}{4} \cdot a_{ges} \cdot m_2 = f \cdot a_{ges} \cdot (1 + r) \cdot m_2 \tag{C.4}$$

und

$$\frac{1}{4} \cdot r + \frac{3}{4} = (1 + r) \cdot f \tag{C.5}$$

Nach dem Faktor umgestellt, kann dieser wie folgt berechnet werden

$$f = \frac{1}{4} + \frac{1}{2} \cdot \frac{1}{1+r} \tag{C.6}$$

Der Faktor kann dann in Gleichung C.1 eingesetzt werden und führt zu

$$v_{BTk} = v_{QSj} + \left(\frac{1}{4} + \frac{1}{2} \cdot \frac{1}{1+r}\right) \cdot (v_{QSm-1} - v_{QSj}) \tag{C.7}$$

D Ergänzung der Erhebung, Analyse und Strukturierung des Wissens

Das in Kapitel 3.4 identifizierte und in Kapitel 4 erhobene, analysierte und strukturierte Wissen wird in diesem Anhang ergänzt. In Anhang D.1 werden Vorgehensmodelle in der Softwareentwicklung vorgestellt. Datenbankmodelle werden in Anhang D.2 beschrieben. Anschließend wird das erhobene und analysierte Wissen bzgl. Strukturen, Umformverfahren, Materialien und Fügeverfahren in Anhang D.3 strukturiert aufgelistet.

D.1 Vorgehensmodelle Softwareentwicklung

Nachfolgend wird eine Übersicht verschiedener Vorgehensmodelle in der Softwareentwicklung gegeben.

Das Wasserfallmodell entspricht dem sequentiellen Durchlauf einer Entwicklung von der Anforderungsermittlung bis zum Betrieb. In jeder Phase werden Ergebnisse erstellt, die der nächsten Phase als Eingangsparameter dienen. Die jeweils nächste Phase wird erst bei erfolgreicher Absolvierung der vorherigen gestartet. In der Praxis sind Rücksprünge zu frühen Phasen jedoch oft unvermeidbar. Sie sollten wegen des hohen Änderungsaufwands aller bis dahin erarbeiteten Ergebnisse und wegen des damit verbundenen Zeitverlustes jedoch weitestgehend vermieden werden. [Gol11, SBK14]

In der Evolutionären Entwicklung werden die beschriebenen Phasen von der Anforderungsermittlung bis zum Betrieb sequentiell in mehreren Durchläufen abgearbeitet. Bei dem ersten Durchlauf entsteht eine Software, die in den nächsten Durchläufen weiterentwickelt wird. Das entspricht der Evolution des Ergebnisses. Rückschritte zwischen den Phasen sind nicht erlaubt. Änderungen werden beim nächsten Durchlauf umgesetzt. [Gol11]

Das V-Modell wird in Kapitel 2.4.3, auf MBSE bezogen, als MVPE-Vorgehensmodell erwähnt. Die oben beschriebenen Phasen werden auch hier durchlaufen. Rückschritte sind möglich. Bei dem Durchlauf wird zwischen Gesamt- und Teilsystemen unterschieden. Daher werden zunächst die Phasen zur Entwicklung des Gesamtsystems durchlaufen und dann die für die Teilsysteme. Für die Testphase werden dagegen zuerst die Teilsysteme getestet und dann das Gesamtsystem. [Gol11, SBK14]

Bei dem inkrementellen Prototyping werden Anforderungen anfangs definiert und anschließend Prototypen evolutionär entwickelt. Mit jedem neuen Durchlauf wird der bestehende Prototyp schnellstmöglich weiterentwickelt. Damit kann der Auftraggeber schon frühzeitig Funktionen erleben und seine Rückmeldung geben. [Gol11]

Darüber hinaus existiert das Concurrent Engineering. Dort werden gleichzeitig mehreren Prototypen für Teilsysteme entwickelt. Deren Weiterentwicklung mündet in ein Gesamtsystem. Dabei werden die Phasen nicht gleichzeitig bearbeitet. [Gol11]

© Springer Fachmedien Wiesbaden GmbH, ein Teil von Springer Nature 2018
J. Hasenpusch, *Methodik zur Beurteilung eigenschaftsoptimierter Karosseriekonzepte in Mischbauweise*, AutoUni – Schriftenreihe 123,
https://doi.org/10.1007/978-3-658-22227-7

Im Extreme Programming werden Zyklen durchlaufen: Innerhalb eines Zyklus entsteht ein Prototyp, der anschließend getestet wird. Die Zyklen müssen aufeinander abstimmt werden, sodass die Anforderungen erfüllt werden. Ein Zyklus beinhaltet Aufgaben von der Anforderungsermittlung bis zur Freigabe für ausgewählte Funktionen. Wie beim inkrementellen Prototyping soll der Auftraggeber früh die Funktionen erleben und Feedback geben. [SBK14, Gol11]

Scrum startet mit dem Product Backlog. Dort sind die Anforderungen definiert, die mit User Stories spezifiziert werden. Für die Earbeitung eines Prototypen einer Software werden die User Stories priorisiert und umzusetzende ausgewählt. Die Umsetzung wird als Sprint bezeichnet und ist mit einem Zyklus des Extreme Programming vergleichbar. Im Vergleich zum Extreme Programming werden jedoch keine Methoden vorgegeben. [SBK14, Gol11]

D.2 Datenbankmodelle

Datenbanken dienen der Speicherung von Daten. Vier Varianten von Datenbanken werden in der Literatur [Sch14, Kud15, Mei10] unterschieden. Ihre Struktur und die Speicherung der Daten sind zu differenzieren:

- Relationale Datenbanken
  Eine relationale Datenbank besteht aus Relationen in tabellarischer Form. Daten werden in zweidimensionalen Tabellen gespeichert. Somit wird eine Relation zwischen Attributen und Tupeln hergestellt. Unter Attributen werden Eigenschaften und Merkmale verstanden und unter Tupeln die zugeordneten Elemente der Relation. Die Attribute stehen in den Spalten und Tupel in den Zeilen einer Tabelle. Die Relationen können für eindeutig unterscheidbare Objekte (Entitäten) untereinander in Beziehungen gesetzt werden. Das entspricht dem Relationsschema und kann mit dem Entity-Relationship-Modell (ERM) visualisiert werden. Realisiert werden die Beziehungen über so genannte Primär-Fremdschlüsselbeziehungen. Diese setzen die Daten in den Tabellen miteinander in Verbindung. Auf diese Verbindungen greifen die übersetzten Anfragen zu. Sie wählen und kombinieren die Daten gezielt mit Hilfe algebraischer Operatoren.

- Objektorientierte Datenbanken
  Objektorientierte Datenbanken bestehen aus untereinander abhängigen Objekten. Der verwendeten Ansätze entsprechen zum Großteil denen der objektorientierten Programmierung. Den Objekten werden Attribute zugeordnet und in Klassen eingeordnet. Der Aufruf erfolgt über Methoden. Im Vergleich zu relationalen Datenbanken ist der Aufbau einer objektorientierten Datenbank komplexer und damit aufwendiger in Erstellung und Pflege, jedoch auch realitätsnäher.

- Objektrelationale Datenbanken
  Relationale Datenbanken können um den Ansatz der Objektorientierung erweitert werden. Sie werden dann als objektrelationale Datenbank bezeichnet. Beziehungen zwischen Relationen in mehreren Tabellen können auf ein Objekt bezogen werden. Das kann den

Umgang mit den Daten vereinfachen. Durch die Objektorientierung wird die Anzahl von Beziehungen bei algebraischen Operatoren gemindert.

* Hierarchische und netzwerkartige Datenbanken
Hierarchische Datenbanken setzen Daten mit hierarchischen Baumstrukturen logisch zueinander in Beziehung. Der unflexible hierarchische Aufbau der Datenbank wird in der Weiterentwicklung um den netzwerkartigen Aufbau erweitert.

D.3 Parameter für die Datenbank

Zunächst werden Abhängigkeiten aus Abbildung D.1 beispielhaft beschrieben. Anschließend werden die Parameter für die Datenbank beschrieben. Sie resultieren hauptsächlich aus der Erhebung, Analyse und Strukturierung des Wissen aus Kapitel 4.3.

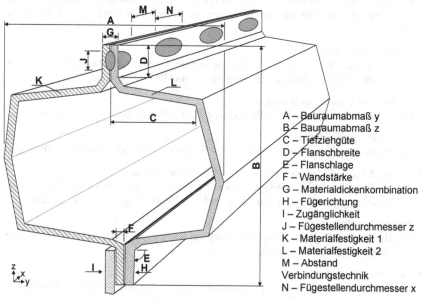

A – Bauraumabmaß y
B – Bauraumabmaß z
C – Tiefziehgüte
D – Flanschbreite
E – Flanschlage
F – Wandstärke
G – Materialdickenkombination
H – Fügerichtung
I – Zugänglichkeit
J – Fügestellendurchmesser z
K – Materialfestigkeit 1
L – Materialfestigkeit 2
M – Abstand Verbindungstechnik
N – Fügestellendurchmesser x

Abbildung D.1: Darstellung der Verbindung zwischen zwei Querschnitten zur Veranschaulichung wichtiger Merkmale; die Auflistung der Merkmale gilt für beide Bauteile, die durch Tiefziehen umgeformt werden; eigene Darstellung

Die Merkmale aus Abbildung D.1 sind überwiegend geometrischer Art und von mehreren Randbedingungen abhängig: Die *Bauraumabmaße A* und *B* geben die Grenzen nach außen vor. Diese können auch von weiteren Randbedingungen abhängig sein. Die *Ziehtiefe C* ist von der Ziehgüte des verwendeten Materials abhängig und beeinflusst die *Wandstärke F* sowie den geometrischen Verlauf des Querschnitts. Die *Wandstärke F* am Flansch ist entscheidend für die Auslegung der Fügestelle. Die Auswahl des geeigneten Fügeverfahrens hängt von der *Materialdickenkombination G* und den *Materialfestigkeiten K* und *L* ab. Vom Prozess abhängig sind auch die *Flanschbreite D, Flanschlage E, Fügerichtung H* und *Zugänglichkeit I.* Davon sind die *Fügestellendurchmesser J* und *N* und deren *Abstand M* beeinflusst. Bei Bauteilen, die mit anderen Fertigungsverfahren hergestellt und umgeformt werden, sind zum Teil andere Merkmale maßgebend, z.B. beim Gießen, Strangpressen oder generativen Verfahren. Die Auswahl des Fertigungsverfahrens bedingt auch die Auswahl des Materials für ein Bauteil.

Die als wesentlich identifizieren Parameter einer Struktur sind:

- Bezeichnung des Bauteils
  Zur Identifizierung und zu der Funktionszuordnung werden die Bauteile bezeichnet.

- Anzahl und Name der Querschnitte eines Bauteils
  Für die geometrische Beschreibung eines Bauteils werden mindestens zwei Querschnitte benötigt. Die Anzahl und die Anordnung der Querschnitte sind von der Topologie abhängig.

- Anzahl der Strukturen je Bauteil
  Die Anzahl ist abhängig von der Bauweise und der Funktion der Bauteile, z.B. Strangpressprofile aus einer Struktur oder Bauteile aus drei Blechstrukturen.

- Position der Bauteile im Bauraum
  Die Anordnung der Bauteile im Bauraum ist essenziell, z.B. Innen- und Außenbauteil.

- Wandstärken eines Bauteils
  Die Wandstärken eines Bauteil sind von der Fertigung und den Verbindungen abhängig.

- Anzahl, Lage und Maße der Verbindungsstellen eines Bauteils
  Bei den Bauteilen sind die Verbindungen mit anderen Bauteilen über Verbindungsstellen, z.B. Flansche, zu berücksichtigen. Dazu sind ihre Anzahl, Lage und Maße wichtig.

- Breite eines Bauteils
  Die Breite eines Bauteils ist für die Auslegung wichtig. Hierbei sind fertigungsseitige Randbedingungen zu berücksichtigen.

- Tiefe eines Bauteils
  Die Tiefe eine Bauteils beschreibt, wie die Breite, eine fertigungsseitige Randbedingung. Sie wird auch von der Ziehtiefe der Materialien beeinflusst.

- Radien eines Bauteils
  Die Radien in der Struktur der Bauteile beschreiben den geometrischen Verlauf zwischen den Geraden in der Struktur. Sie werden von den Fertigungsverfahren beeinflusst.

Die den Umformverfahren zugeordneten Parameter sind:

- Bezeichnung des Umformverfahrens
  Zur Identifizierung werden die Umformverfahren bezeichnet.

- Materialien
  Die umformbaren Materialklassen werden hier bestimmt.

- Wandstärke
  Hier wird zugeordnet, welche minimalen und maximalen Wandstärken mit dem Umformverfahren herstellbar sind.

- Breite
  Die minimal und maximal herstellbaren Bauteilbreiten werden zugewiesen.

- Tiefe
  Die minimal und maximal herstellbaren Bauteiltiefen werden zugeordnet.

- Radien
  Hier wird festgelegt, welche minimalen und maximalen Radien mit dem Umformverfahren
  herstellbar sind.

Die ausgewählten Parameter für die Materialien sind:

- Bezeichnung der Legierung
  Zur Identifizierung und der Zuordnung wird die Legierung bezeichnet und anhand der
  Klassen, u.a. mit der Einteilung nach dem Materialgefüge und dem Urformverfahren zur
  Unterscheidung von Blech- und Gusslegierungen, detailliert eingeteilt.

- Umformverfahren
  Die Auswahl der Materialien wird in Abhängigkeit von den Umformverfahren getroffen.
  Die Zuordnung, mit welchen Umformverfahren die Legierungen bearbeitet wird, wird
  formalisiert.

- Behandlungsarten
  Neben den Umformverfahren sind weitere Behandlungsarten für die Verbesserung der
  Eigenschaften anwendbar.

- Ziehtiefe
  Die Tiefe einer Struktur ist von der möglichen Ziehtiefe eines Umformverfahrens und der
  Tiefziehgüte des Materials abhängig.

- Materialstärke
  Die minimal und maximal herstellbare Wandstärke ist für die Auswahl des Materials für
  eine Struktur zu berücksichtigen.

- E-Modul
  Der Elastizitätsmodul ist eine wichtige Eigenschaft für die Auslegung.

- Streckgrenze
  Die Streckgrenze definiert die maximal ertragbare Last aus der elastische Verformung.

- Zugfestigkeit
  Die Zugfestigkeit bezeichnet die maximal ertragbare Last bei Zugbelastung.

- Druckfestigkeit
  Die Druckfestigkeit bezeichnet die maximal ertragbare Last bei Druckbelastung.

- Bruchdehnung
  Mit der Bruchdehnung wird die Verformungseigenschaft der Legierung bis zu deren Versagen beschrieben.

- Materialkosten
  Materialkosten können den Materialien beschaffungsspezifisch zugeordnet werden.

- Legierungselemente
  Für eine LCA sind Legierungselemente und deren prozentualer Anteil in einer Legierung ausschlaggebend.

Folgende Parameter der Fügeverfahren werden abgeleitet:

- Bezeichnung des Fügeverfahrens
  Zur Identifizierung und der Zuordnung der Fügeverfahren wird eine Benennung und die Einteilung in die relevanten Gruppen nach DIN 8593 vorgenommen. Außerdem wird nach der Größe der Fügeelemente gegliedert, sofern diese vorhanden sind.

- Verbindungsstellenbreite
  In Abhängigkeit von der Größer der Fügeelemente und der verwendeten Werkzeuge wird eine minimale Verbindungsstellenbreite bestimmt, z.B. bei einem Flansch.

- Anzahl Fügepartner
  Mit Fügeverfahren können unterschiedlich viele Fügepartner verbunden werden.

- Vorzugsfügerichtung
  Unter Berücksichtigung des Verhältnisses der Materialstärken und der Festigkeiten der Fügepartner existieren Vorzugsfügerichtungen.

- Zugänglichkeit
  Hier wird vermerkt, welche Zugänglichkeit der Verbindungsstelle erforderlich ist.

- Materialdicken
  Die Vorzugsfügerichtung ist von der Materialdickenkombination abhängig. Auch einzelne Materialstärken dürfen bestimmte Werte nicht überschreiten.

- Materialfestigkeiten
  Die Vorzugsfügerichtung ist von dem Verhältnis der Materialfestigkeiten abhängig. Auch einzelne Materialfestigkeiten dürfen bestimmte Werte nicht überschreiten.

- Fügestellenabstand
  Hier wird vermerkt, welcher Abstand zu den nächsten Fügestellen mindestens notwendig ist.

- Klebstoffeinsatz
  Die Eigenschaften einer Verbindungsstelle können mit Hilfe von Klebstoffen bei mechanischen Fügeverfahren verbessert werden.

- Prozesszeit
  Die Prozesszeit hängt von der Verfahrzeit in Abhängigkeit der Fügemaschinen und der Zeit zur Erstellung einer Verbindungsstelle ab.

- Fügekosten
  Anlog zu den Materialkosten können maschinenspezifische Fügekosten abgeschätzt werden.

E Umsetzung

Dieser Abschnitt des Anhangs hat weitere Informationen zur Umsetzung der Methodik (Kapitel 6). Der Aufbau der SQL-Datenbank wird um Beispiele aus dem SQL-Code ergänzt, siehe Anhang E.1. Außerdem werden grafische Benutzeroberflächen (GUI) in Anhang E.2 abgebildet. In Anhang E.3 werden Hintergründe zur automatisierte FEM-Modellerstellung beschrieben. Zum Schluss folgt ein VBA Beispiel.

E.1 SQL-Datenbank

In der zweiten Prozedur werden die Verbindungen zwischen zwei Baugruppen nacheinander auf ihre Fügbarkeit überprüft. Alle fügbaren Baugruppen werden in eine Fügegruppentabelle übertragen, in der dann die Verbindungen zu den nächsten Baugruppe auf Verträglichkeit überprüft werden. Abbildung E.1 zeigt diese Überprüfung:

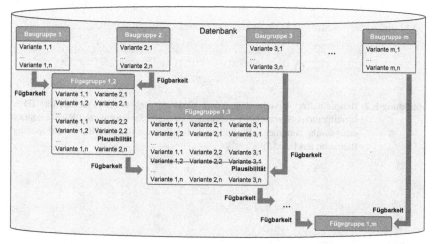

Abbildung E.1: Ablauf der Fügegruppenerstellung durch Überprüfung der Fügbarkeit und der Plausibilität; eigene Abbildung in Anlehnung an [Res16, Tas17]

Die Realisierung der vorgestellten Abfrageprozeduren wird in SQL umgesetzt. Dazu werden im Folgenden mehrere Beispiele gezeigt.

© Springer Fachmedien Wiesbaden GmbH, ein Teil von Springer Nature 2018
J. Hasenpusch, *Methodik zur Beurteilung eigenschaftsoptimierter Karosseriekonzepte in Mischbauweise*, AutoUni – Schriftenreihe 123,
https://doi.org/10.1007/978-3-658-22227-7

```
WHILE @ZählerIDStrukNeu <= @IDStrukNeuMax
    BEGIN
    ------------------------------------------------Bauraumanpassung
    SET @QS1ABRneu3 = @QS1WertA - ((SELECT AchseABRBegrenzung FROM #Struktur WHERE IDS = @IDS) * (SELECT QS1NeuAchseA
    SET @QS1BBRneu3 = @QS1WertB - ((SELECT AchseBBRBegrenzung FROM #Struktur WHERE IDS = @IDS) * (SELECT QS1NeuAchseB
    SET @QS2ABRneu3 = @QS2WertA - ((SELECT AchseABRBegrenzung FROM #Struktur WHERE IDS = @IDS) * (SELECT QS2NeuAchseA
    SET @QS2BBRneu3 = @QS2WertB - ((SELECT AchseBBRBegrenzung FROM #Struktur WHERE IDS = @IDS) * (SELECT QS2NeuAchseB
    SET @QS3ABRneu3 = @QS3WertA - ((SELECT AchseABRBegrenzung FROM #Struktur WHERE IDS = @IDS) * (SELECT QS3NeuAchseA
    SET @QS3BBRneu3 = @QS3WertB - ((SELECT AchseBBRBegrenzung FROM #Struktur WHERE IDS = @IDS) * (SELECT QS3NeuAchseB
    SET @QS4ABRneu3 = @QS4WertA - ((SELECT AchseABRBegrenzung FROM #Struktur WHERE IDS = @IDS) * (SELECT QS4NeuAchseA
    SET @QS4BBRneu3 = @QS4WertB - ((SELECT AchseBBRBegrenzung FROM #Struktur WHERE IDS = @IDS) * (SELECT QS4NeuAchseA
    SET @QS5ABRneu3 = @QS5WertA - ((SELECT AchseABRBegrenzung FROM #Struktur WHERE IDS = @IDS) * (SELECT QS5NeuAchseA
    SET @QS5BBRneu3 = @QS5WertB - ((SELECT AchseBBRBegrenzung FROM #Struktur WHERE IDS = @IDS) * (SELECT QS6NeuAchseA
    SET @QS6ABRneu3 = @QS6WertA - ((SELECT AchseABRBegrenzung FROM #Struktur WHERE IDS = @IDS) * (SELECT QS6NeuAchseA
    SET @QS6BBRneu3 = @QS6WertB - ((SELECT AchseBBRBegrenzung FROM #Struktur WHERE IDS = @IDS) * (SELECT QS6NeuAchseB
    SET @QS7ABRneu3 = @QS7WertA - ((SELECT AchseABRBegrenzung FROM #Struktur WHERE IDS = @IDS) * (SELECT QS7NeuAchseA
    SET @QS7BBRneu3 = @QS7WertB - ((SELECT AchseBBRBegrenzung FROM #Struktur WHERE IDS = @IDS) * (SELECT QS7NeuAchseB

    SET @Blechdicke = (SELECT Blechdicke FROM #StrukturNeu WHERE IDSN = @ZählerIDStrukNeu)

    SET @FlanschZuweisungMax = (SELECT MAX (IDFZ) FROM #FlanschZuweisung2)
    SET @ZählerIDStrukNeu += 1

    WHILE @FlanschZuweisungZähler <= @FlanschZuweisungMax
        BEGIN
            SET @FL1Struktur2 = (SELECT FL1 FROM #FlanschZuweisung2 WHERE IDFZ = @FlanschZuweisungZähler)
            SET @FL2Struktur2 = (SELECT FL2 FROM #FlanschZuweisung2 WHERE IDFZ = @FlanschZuweisungZähler)
            SET @FL3Struktur2 = (SELECT FL3 FROM #FlanschZuweisung2 WHERE IDFZ = @FlanschZuweisungZähler)
            SET @FL4Struktur2 = (SELECT FL4 FROM #FlanschZuweisung2 WHERE IDFZ = @FlanschZuweisungZähler)

            SET @Relevant1Struktur2 = (SELECT Relevant1 FROM #FlanschZuweisung2 WHERE IDFZ = @FlanschZuweisungZähler)
            SET @Relevant2Struktur2 = (SELECT Relevant2 FROM #FlanschZuweisung2 WHERE IDFZ = @FlanschZuweisungZähler)

            INSERT INTO #BauraumAnpassung4
                SELECT FL1,FL2,FL3,FL4 ,IDS ,QS1ABRneu4 ,QS1BBRneu4,QS2ABRneu4,QS2BBRneu4,QS3ABRneu4,QS3BBRneu4,QS4ABR
                FROM sfBauraumAnpassung4 (@IDS2, @FL1Struktur2, @FL2Struktur2, @FL3Struktur2, @FL4Struktur2, @Relevant
            SET @FlanschZuweisungZähler += 1
        END
    END
END
```

Abbildung E.2: Beispielhafter Ausschnitt aus dem Code der ersten Abfrageprozedur; ID = Identifikations-Nummer, SA = Strukturanpassung, Str = Struktur, BRA5 = Bauraumanpassung Nummer 5, FL = Flansch, fk =Fremdschlüssel, BRneu = angepasster Bauraum; aus [Lus15]

```
SET @CreateTable = 'CREATE TABLE ##AlleUnterbaugruppen_'+CAST((@UserName) as nvarchar(max))+'
                    ([IDTBG] [int] identity(1,1),
                    [IDV] [int] NULL,
                    [BG1] [nvarchar](max) NULL,
                    [IDBG1] [int] NULL,
                    [BG1BT1] [nvarchar](max) NULL,
                    [BG1BT2] [nvarchar](max) NULL,
                    [BG1BT3] [nvarchar](max) NULL,
                    [BG2] [nvarchar](max) NULL,
                    [IDBG2] [int] NULL,
                    [BG2BT1] [nvarchar](max) NULL,
                    [BG2BT2] [nvarchar](max) NULL,
                    [BG2BT3] [nvarchar](max) NULL,
                    [BG3] [nvarchar](max) NULL,
                    [IDBG3] [int] NULL,
                    [BG3BT1] [nvarchar](max) NULL,
                    [BG3BT2] [nvarchar](max) NULL,
                    [BG3BT3] [nvarchar](max) NULL,
                    [FV] [nvarchar](max) NULL)'

EXEC (@CreateTable)

-- in Schleife alle UBG eintragen

SET @i = 1

WHILE @i <= @AnzVerbindungen

    BEGIN

        SET @InsertTableUBG = 'INSERT INTO ##AlleUnterbaugruppen_'+CAST((@UserName) as nvarchar(max))+'
                    (IDV, BG1, IDBG1, BG1BT1, BG1BT2, BG1BT3, BG2, IDBG2,
                    BG2BT1, BG2BT2, BG2BT3, BG3, IDBG3, BG3BT1, BG3BT2, BG3BT3, FV)
            SELECT  UBG.IDV, UBG.BG1, UBG.IDBG1, UBG.BG1BT1, UBG.BG1BT2, UBG.BG1BT3, UBG.BG2, UBG.IDBG2,
                    UBG.BG2BT1, UBG.BG2BT2, UBG.BG2BT3, UBG.BG3, UBG.IDBG3, UBG.BG3BT1, UBG.BG3BT2, UBG.BG3BT3, UBG.FV
            FROM    ##Unterbaugruppe'+CAST((@i) as nvarchar(max))+'_'+CAST((@UserName) as nvarchar(max))+' as UBG'

        EXEC (@InsertTableUBG)

        SET @i += 1

    END
```

Abbildung E.3: Beispielhafter Ausschnitt aus dem Code der zweiten Abfrageprozedur zur Erzeugung von Tabellen in einer WHILE-Schleife; aus [Res16]

```
SET @Spalten = ([IDVar] [int] identity(1,1)
SET @x = 1
SET @y = 1.
WHILE @x < @MaxFügegruppen
    BEGIN
        SET @Str1 = CREATE TABLE ##Variante@x_@UserName

        WHILE @y <= @x+1
            BEGIN
                SET @zus = , [IDV@y] [smallint] NULL,
                [BG@y1] [nvarchar](5) NULL, [IDBG@y1] [smallint] NULL,
                [BG@y2] [nvarchar](5) NULL, [IDBG@y2] [smallint] NULL,
                [BG@y3] [nvarchar](5) NULL, [IDBG@y3] [smallint] NULL,
                [FV@y] [nvarchar](max) NULL
                SET @zus1 += @zus
                SET @y += 1
            END

        EXEC (@Str1 + @Spalten + @zus1 + ')')
        SET @x += 1
        Set @y = 1
END
```

Abbildung E.4: Beispielhafter Ausschnitt aus dem Code der zweiten Abfrageprozedur zur Erzeugung von Tabellen mit dynamischer Breite in mehreren WHILE-Schleifen; aus [Tas17]

E.2 GUI für Interaktionen

Für die Interaktion des Anwenders mit der Co-Simulationsplattform (COSP) bzw. den Anwendungen existieren grafische Benutzeroberflächen (GUI). Mit deren Hilfe kann der Anwender Prozess starten, Werte definieren und eine Auswahl treffen. Die Abbildungen zeigen einige Oberflächen.

Abbildung E.5: Startseite der COSP; aus [Szy16]

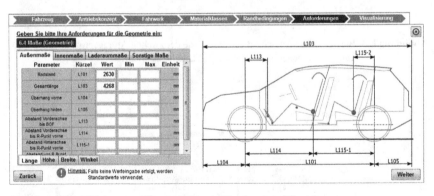

Abbildung E.6: GUI des ersten Hauptschrittes der Synthese; aus [Szy16]

Abbildung E.7: Umsetzung der Auswahl der Lösungsvarianten in der ersten Stufe der Analyse und Evaluation; aus [Res16]

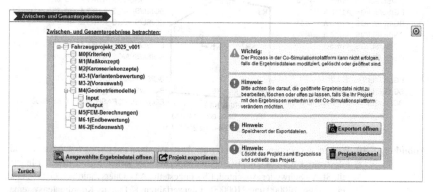

Abbildung E.8: GUI der Datenverwaltung der COSP mit Im- und Export; aus [Szy16]

E.3 Automatisierte Geometriemodellerstellung

Für die automatisierte Geometriemodellerstellung ist die Einhaltung der Namenskonventionen ein wichtiger Erfolgsfaktor. Die Austauschdateien enthalten die Daten entsprechend, siehe Abbildungen E.9 und E.10.

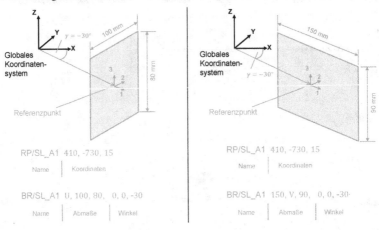

Abbildung E.9: Beispiel der Namenskonvention einer Austauschdatei mit den Positionen und den Bauräumen der Bauteile, RP - Referenzpunkt, BR - Bauraum, SL - Schweller, A1 - Querschnitt A1, Koordinatensysteme x, y, z und 1, 2, 3 und U, V, W; eigene Darstellung in Anlehnung an [Koc16]

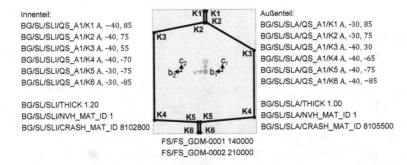

Abbildung E.10: Beispiel der Namenskonvention einer Austauschdatei mit Geometrie, Material und Fügetechnik der Bauteile, BG - Baugruppe, SL - Schweller, SLI - Schweller Innenteil, SLA - Schweller Außenteil, FS - Fügestelle, A1 - Querschnitt A1, GDM-000x - Fügestelle, 140000 und 2100000 - Fügeverfahren, K-Punkte, Koordinatensysteme a, b, c und u, v, w; eigene Darstellung in Anlehnung an [Koc16]

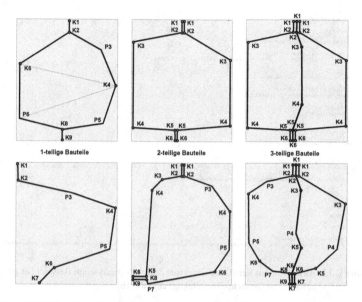

Abbildung E.11: Topologie 1-, 2- und 3-teiliger Bauteile mit 6 K-Punkten und einer unterschiedlichen von P-Punkten, Nummerierung ist fortlaufend; eigene Darstellung

Mit der automatisierten Geometriemodellerstellung können innerhalb kurzer Zeiträume verschiedene Varianten erstellt werden.

Abbildung E.12: FEM-Modelle verschiedener Durchläufe des Gesamtsystems; eigene Darstellung

E.4 VBA-Code-Beispiel

Dieses Beispiel zeigt einen Ausschnitt des Codes in VBA zur Realisierung der geometrieabhängigen Gewichtsabschätzung.

```
For i = 1 To AnzVerschBauteile Step 1

  BTFlächeninhalt = 0

  ReDim BTAnzKnoten(AnzQuerschnitteBauteil(i))

  For j = 1 To AnzQuerschnitteBauteil(i) Step 1
    BTAnzKnoten(j) = WBBauteileigenschaften.Worksheets(2).Cells(m + j, 2).Value
  Next

  BTMaxAnzKnoten = Application.Max(BTAnzKnoten())

  ReDim LängeQSAbschnitt(BTMaxAnzKnoten)
  ReDim LängeQuerschnitt(AnzQuerschnitteBauteil(i))

  For j = 1 To AnzQuerschnitteBauteil(i) Step 1
    LängeQuerschnitt(j) = 0
  Next

  ' Länge der Querschnitte

  With WBBauteileigenschaften.Worksheets(2)

  For j = 1 To AnzQuerschnitteBauteil(i) Step 1
    For k = 1 To BTAnzKnoten(j) - 1 Step 1
      LängeQSAbschnitt(k) = ((.Cells(m + j, 2 + k + 1).Value - .Cells(m + j, 2 + k).Value) ^ 2 + (.Cells(m + j, 2 + k + 1 + 20).Value - _
      .Cells(m + j, 2 + k + 20).Value) ^ 2) ^ (1 / 2)
      LängeQuerschnitt(j) = LängeQuerschnitt(j) + LängeQSAbschnitt(k)
    Next
  Next

  End With

  ' Fläche berechnen

  BTFlächeninhalt = 0

  For j = 1 To AnzQuerschnitteBauteil(i) - 1 Step 1
    BTFlächeninhalt = BTFlächeninhalt + 0.5 * (LängeQuerschnitt(j) + LängeQuerschnitt(j + 1)) * WBBauteileigenschaften.Worksheets(1).Cells
  Next
```

Abbildung E.13: Ausschnitt aus dem Code der ersten Stufe der Analyse am Beispiel der geometrieabhängigen Gewichtsabschätzung; aus [Res16]